中文版
AutoCAD 2012
室内设计自学手册

张友龙　李建平　编著

U0274235

中国铁道出版社
CHINA RAILWAY PUBLISHING HOUSE

内 容 简 介

本书是一本应用于室内设计入门的图书，主要讲解了进行室内设计时需要掌握的设计知识和AutoCAD软件应用。

该书共分10章，包括AutoCAD快速入门，绘制与编辑图形对象，室内设计常用图例、室内设计与工程图基础，以及装饰、室内等工程应用。

以实际户型和业主的需求为出发点，将设计理念清楚而正确地呈现于设计图上，真正展现专业知识与设计能力，可作为专业设计人员、欲进入装修和室内设计行业的人员、大专院校设计专业学生和爱好者提高实战设计技能的最佳工具书。

图书在版编目（CIP）数据

中文版AutoCAD 2012室内设计自学手册 / 张友龙，
李建平编著. — 北京：中国铁道出版社，2012.10
ISBN 978-7-113-15001-3

Ⅰ．①中… Ⅱ．①张… ②李… Ⅲ．①室内装饰设计
—计算机辅助设计—AutoCAD软件 Ⅳ．①TU238-39

中国版本图书馆CIP数据核字（2012）第146921号

书　　名：中文版AutoCAD 2012室内设计自学手册
作　　者：张友龙　李建平　编著

策　　划：刘　伟　　　　　　　　　读者热线电话：010-63560056
责任编辑：刘　伟　　　　　　　　　编辑助理：王　婷
责任印制：赵星辰

出版发行：中国铁道出版社（100054，北京市西城区右安门西街8号）
印　　刷：三河市华丰印刷厂
版　　次：2012年10月第1版　　　2012年10月第1次印刷
开　　本：787mm×1 092mm　1/16　印张：25　字数：584千
书　　号：ISBN 978-7-113-15001-3
定　　价：49.80元

前　言

针对当今日益火爆的室内设计行业，结合作者多年的工作经验，我们策划出版了《中文版 AutoCAD 2012 室内设计自学手册》一书，将作者在实际工作中积累的知识与经验，通过本书来进行详细讲解。

本书将 AutoCAD 软件操作与室内设计紧密结合。通过学习本书，读者在学会 AutoCAD 软件操作和绘图技巧的同时，还能了解和掌握室内设计的原理、工艺和设计方法，积累丰富的从业经验，以便快速应用到实际工作中。

本书结构

本书讲解了使用 AutoCAD 进行室内设计的详细知识，结构图如下。

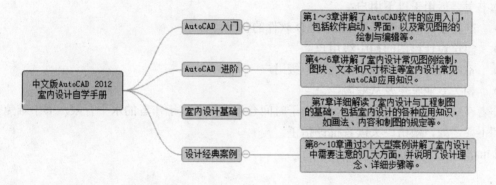

室内设计及施工图绘制特点

本书内容简洁，讲解透彻，包括了丰富的教学案例，并通过详细的图形与注释说明操作过程，是一本从事 AutoCAD 室内设计用户的入门好书。

合理的层次结构

本书由浅入深，以典型案例来诠释基本功能，简化了教学过程，便于读者接受，同时以实际工作中的设计项目为例，深入浅出地讲解了室内设计基本技法和施工图绘制方法与技巧。既照顾了初学 AutoCAD 的读者，也让有一定基础的读者有所收获。

专业务实的教学内容

知识点全面、通俗、实用，全书内容都紧扣"室内设计"这一主题，坚持规范作图，同时体现软件的工具效应，也是作者多年的经验总结。

丰富实用的案例

本书在案例的选取上，非常重视案例的代表性，尽量避免重复，以最少的内容达到最好的教学效果。本书采用了几套完整的室内装潢设计图纸，具有全面系统的特点，以便进行案例教学。图纸包括室内原建平面图、拆建平面图、室内家具布置图、地面铺装平面图、顶棚平面图、电气开关平面图、立面图和节点图等内容。

多媒体教学光盘

借助案例教学录像的直观、生动、交互性好等优点，使读者轻松领会各种知识和技术，达到无师自通的效果。

超值附赠

除随书附带案例文件、视频演示外，还附赠大量室内装潢设计图库和多套室内设计图纸集，其中包括沙发、桌椅、床、台灯、人物、挂画、坐便器、门窗、灶具、电视、冰箱、空调、音响绿化配景等，利用这些图块可以大大提高室内设计的工作效率，真正做到物超所值。

适用的用户群

本书主要适用于以下用户：

- 准备学习或正在学习 AutoCAD 软件的初级读者
- 建筑设计绘图的初中级用户
- 室内装饰设计与施工图的初中级用户
- 相关专业学生及从业者

作者在编写的过程力求严谨，但由于时间仓促，以及限于作者的水平有限，书中难免有疏漏和不妥之处，敬请广大读者批评指正。

E-mail：6v1206@gmail.com

编 者

2012 年 5 月

目　录

案例索引

第 1 章
AutoCAD 快速入门

通过本章的学习，读者应该了解 AutoCAD 2012 简体中文版的工作界面以及对象的基本操作，包括图形文件的打开、新建与保存等内容。

学习重点

- 了解 AutoCAD 工作界面构成
- AutoCAD 命令执行流程
- 文件的基本操作
- 了解变量的用途

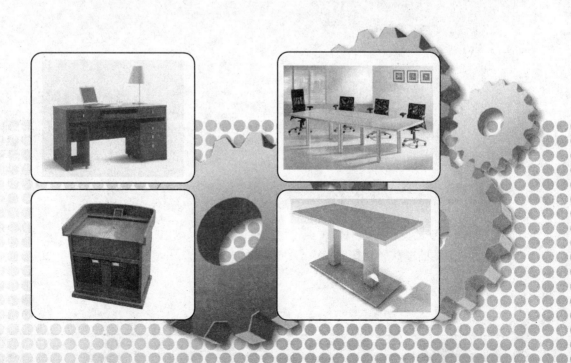

1.1 AutoCAD 概述

AutoCAD 是美国 Autodesk 公司开发的一款面向大众的计算机辅助设计软件，也是当今最优秀、最流行的计算机辅助设计软件之一，它拥有众多的应用领域和广泛的用户群。无论是普通的用户，还是所谓的高端用户，都可以利用 AutoCAD 来为自己的设计工作服务。

目前，AutoCAD 主要被运用于工程设计领域，包括建筑设计、装饰装修设计、机械设计、模具设计、工业设计等众多领域。由于 AutoCAD 操作简便易学，用户可以通过一段时间的学习来快速掌握该软件的使用方法，所以它成为当今非常受用户欢迎的计算机辅助设计软件。

1.2 AutoCAD 2012 的启动与退出

一般来说，软件的启动和退出操作比较容易，下面分别介绍一下。

1.2.1 AutoCAD 2012 的启动

1. 从"开始"菜单中启动

单击"开始/程序/Autodesk/AutoCAD 2012-Simplified Chinese/ AutoCAD 2012"菜单项，这样就可以启动 AutoCAD，如图 1-1 所示。

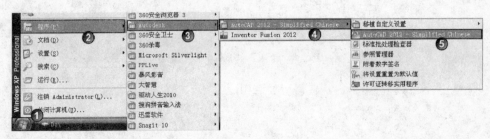

图 1-1

2. 从桌面上启动

通过前面的安装过程可以知道，桌面上生成了一个 AutoCAD 2012 快捷图标，利用这个图标就能快速启动 AutoCAD 2012，用鼠标双击该图标就可以启动软件，如图 1-2 所示。

图 1-2

1.2.2 AutoCAD 2012 的退出

AutoCAD 的退出方法有两种，一种是执行"文件>退出"菜单命令，另外一种是单击软件界面右上角的"关闭"按钮×。

1.3 熟悉 AutoCAD 2012 的界面

AutoCAD 的操作界面主要由标题栏、菜单栏、工具栏、绘图区域、命令提示行和状态栏构成，下面分别介绍一下。

1.3.1 认识 AutoCAD 2012 的工作空间

AutoCAD 2012 提供的工作空间有 3 种："二维草图与注释"、"三维建模"和"AutoCAD 经典"。AutoCAD 2012 的默认工作空间为"草图与注释"，如图 1-3 所示。

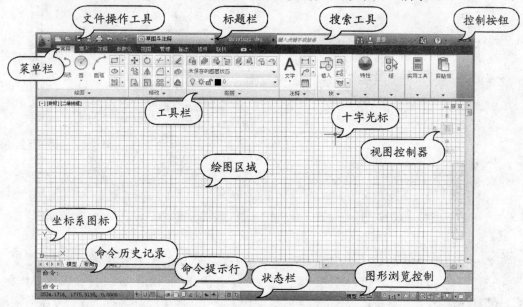

图 1-3

AutoCAD 2012 提供了 3 种工作空间，同时也提供空间切换功能，用户可以非常方便地在不同的工作空间之间切换。以从"二维草图与注释"空间切换到"三维建模"空间为例介绍切换的方法。

方法一：单击标题栏中的"工作空间"下拉列表，在列表中选择所需要的工作空间，如图 1-4 所示。

方法二：单击工作界面底部的状态栏中右侧的"切换工作空间"按钮，在弹出式菜单中选择"三维建模"命令，如图 1-5 所示，这样也可以将工作空间切换到"三维建模"。

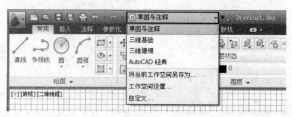

图 1-4

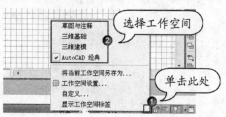

图 1-5

在上述操作过程中，如果用户选择的是"AutoCAD 经典"命令，那么就可以切换到"AutoCAD 经典"工作空间，如图 1-6 所示。总之，用户使用这两种方法可以随意切换这 3 种工作空间，这样便于根据工作需要选择不同的工作空间。

Tips

本书中使用的是"AutoCAD 经典"工作空间。

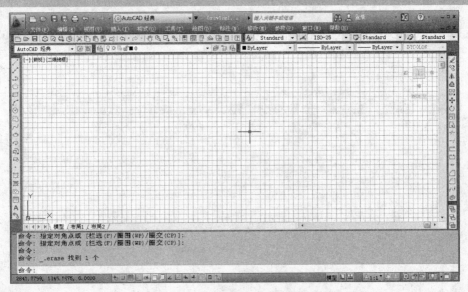

图 1-6

第一次启动 AutoCAD，绘图区域的背景色是系统默认的深灰色并显示出网格效果，如果用户觉得使用深灰色背景不习惯，那么可以自定义背景，比如定义为白色，具体操作如下：

Step 01 在命令提示行中输入 options 命令，系统弹出"选项"对话框，在"显示"选项卡中单击"颜色"按钮，如图 1-7 所示。

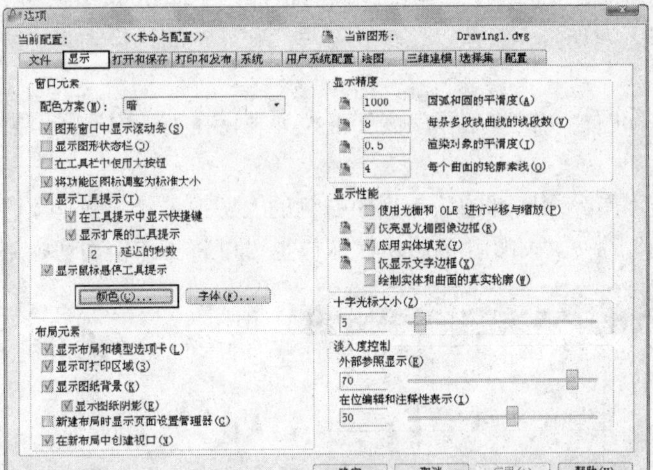

图 1-7

Tips

　　一般情况，打开"选项"对话框之后，"显示"选项卡就是当前工作选项卡，如果不是，则需要单击该选项卡，将其设置为当前工作选项卡。

Step 02 单击"颜色"按钮之后，系统弹出"图形窗口颜色"对话框，在"颜色"下拉列表框中单击▼按钮，在弹出的下拉列表中选择"白"，最后单击"应用并关闭"按钮，如图1-8所示。

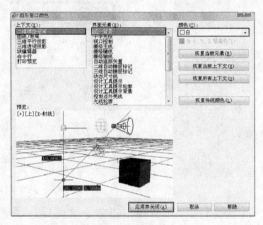

图1-8

Step 03 单击"选项"对话框中的"确定"按钮，完成背景颜色设置。此时，AutoCAD绘图区域的背景色就变成了白色，同理，采用这样的方法也可以设置其他的背景颜色。

1.3.2　标题栏

　　标题栏位于工作界面的顶部，用于显示当前正在运行的工作文件名等信息，如果是AutoCAD默认的图形文件，其名称为DrawingN.dwg（N是数字，比如Drawing1.dwg），如图1-9所示。

图1-9

　　单击标题栏右端的按钮，可以最小化、最大化或关闭应用程序窗口。标题栏最左边是应用程序的小图标，单击它将会弹出一个AutoCAD窗口控制下拉菜单，可以执行最小化或最大化窗口，恢复窗口，移动窗口，关闭AutoCAD等操作。

1.3.3　菜单栏

　　在标题栏的下面是就是菜单栏，菜单栏中包含了多个菜单选项，比如文件、编辑、视图、插入等，如图1-10所示。

图 1-10

单击标题栏最左端的"菜单浏览器"按钮可以打开"文件"菜单列表，将鼠标移至菜单中的相应命令位置，并单击鼠标左键，即可执行该命令，如图 1-11 所示。

单击其中任何一个菜单选项，均可以打开一个下拉菜单。例如，单击"插入"菜单项，打开一个包含"块…"、"外部参照…"等命令的下拉菜单，如图 1-12 所示。

图 1-11

图 1-12

在下拉菜单中，用户可以选择执行其中的相应命令来进行各项操作（选择命令表示执行，比如选择"字段"命令就可以打开"字段"对话框）。在下拉菜单中，用横线将功能相近或者相关的命令划分为组。

Tips

每个主菜单命令后面括号内的字母表示该菜单的热键，可以通过按【ALT+字母】组合键调用该菜单命令，如按【ALT+D】键会调用"绘图"菜单命令。

1.3.4 工具栏

在 AutoCAD 中，系统提供了多个已命名的工具栏。默认情况下，"常用"、"块和参照"、"提示"、"工具"、"视图"和"输出"等工具栏处于打开模块状态。

快速访问工具栏显示在 AutoCAD 窗口的顶部，位于菜单浏览器的旁边。它包含一些最常用的工具，如"新建"、"打开"、"保存"、"打印"、"撤销"和"重做"。用户可以从右键菜单中很容易地把工具从快速访问工具栏中移除，如果需要添加工具到快速访问工具栏中，只要在右键菜单中选择"自定义快速访问工具栏"选项，然后拖动自定义用户界面对话框中的命令到快速访问工具栏上即可。另外，利用右键菜单可以打开默认情况下关闭的菜单栏或访问其他工具栏，如图 1-13 所示。

如果要显示当前隐藏的工具栏，可在任意工具栏上右击，此时将弹出一个快捷菜单，通过选择命令可以显示或关闭相应的工具栏。单击工具栏上的向下小箭头标志，系统给出三种工具栏的缩放模式，方便大家使用和空间的扩展，如图 1-14 所示。

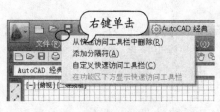

图 1-13

图 1-14

- 单击 □ 按钮可以新建一个工作文件。
- 单击 ▷ 按钮可以打开一个已经存在的工作文件。
- 单击 🖫 按钮可以保存当前工作文件。
- 单击 🖨 按钮可以进入打印设置面板并打印当前工作文件。
- 单击 ↺ 按钮可以撤销上一个操作步骤,如上一步绘制了一个圆,如果单击该按钮就可以取消绘制这个圆。
- 单击 ↻ 按钮可以恢复上一个被撤销的操作。比如,绘制了一条直线但是又被撤销了,这时就可以单击该按钮恢复被撤销的操作。
- 依次单击标题栏右端的按钮 ▬ ▫ ✕,分别可以最小化、最大化和关闭工作窗口。
- 通过 █ CAD ▬▬▬▬ 🔍 工具可以查看一些帮助信息,比如命令参考、用户手册等。

Tips

"通讯中心"和"收藏夹"这两项功能并不实用,这里就不做介绍了。

1.3.5 绘图窗口

在 AutoCAD 中,绘图窗口是用户绘图的工作区域,所有的绘图结果都反映在这个窗口中。可以根据需要关闭其周围和里面的各个工具栏,以增大绘图空间。如果图纸比较大,需要查看未显示部分时,可以单击窗口右边与下边滚动条上的箭头,或拖动滚动条上的滑块来移动图纸。

默认时,绘图区域处于最大化状态,其控制框位于菜单栏的左端,控制按钮位于菜单栏的右端,而标题栏则与 AutoCAD 的软件窗口标题栏重合,如图 1-15 所示。

单击菜单栏右端的"向下还原"按钮 🗗,可以使绘图区域处于非最大化状态,这时将清楚地显示出它相应的标题栏、控制框和控制按钮,如图 1-16 所示。

图 1-15

图 1-16

在绘图窗口中，除了显示当前的绘图结果外，还显示了当前使用的坐标系类型以及坐标原点、X轴、Y轴、Z轴的方向等。默认情况下，坐标系为世界坐标系（WCS）。

绘图窗口的下方有"模型"和"布局"选项卡，单击其标签可以在模型空间或图纸空间之间来回切换。

在绘图窗口中，用户可以对图形进行移动、缩放、旋转、修改等各种操作，并且可以手动控制图形在绘图区域中的显示范围。

1.3.6 命令行与文本窗口

"命令行"窗口位于绘图窗口的底部，用于接收用户输入的命令，并显示 AutoCAD 提示信息。"命令行"窗口可以拖放为浮动窗口，如图 1-17 所示。

"AutoCAD 文本窗口"是记录 AutoCAD 命令的窗口，是放大的"命令行"窗口，它记录了已执行的命令，也可以用来输入新命令。在 AutoCAD 2012 中，可以执行"视图>显示>文本窗口"命令、执行 TEXTSCR 命令或按【F2】键来打开 AutoCAD 文本窗口，它记录了对文档进行的所有操作，如图 1-18 所示。

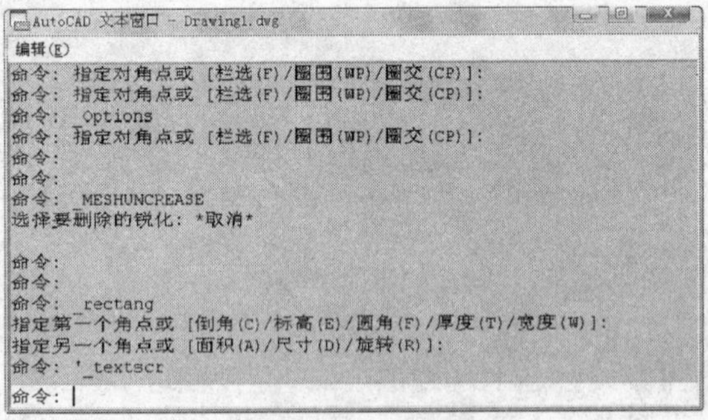

图 1-17

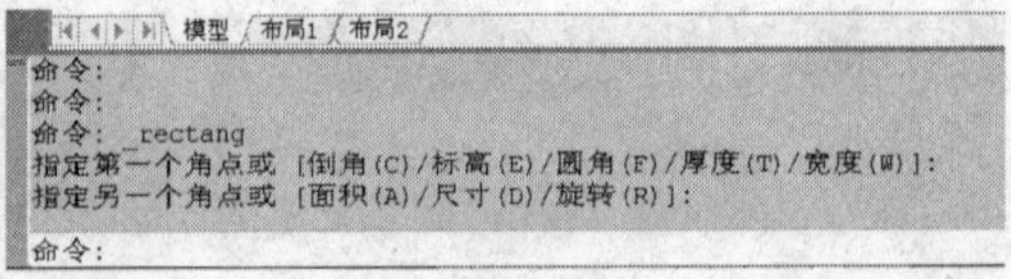

图 1-18

在"命令行"窗口中右击，AutoCAD 将显示一个快捷菜单，如图 1-19 所示。通过它可以选择最近使用过的 6 个命令，复制选定的文字或历史记录，粘贴文字，以及打开"选项"对话框。还可以按【BackSpace】或【Delete】键删除命令行中的文字；也可以选中命令，并执行"粘贴到命令行"命令，将其粘贴到命令行中。

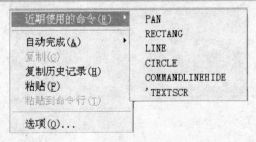

图 1-19

1.3.7 状态栏

状态栏用来显示 AutoCAD 当前的状态，如图 1-20 所示，如当前光标的坐标、命令和按钮的说明等。在绘图窗口中移动光标时，状态行的"坐标"区将动态地显示当前坐标值。坐标显示取决于所选择的模式和程序中运行的命令，共有"相对"、"绝对"和"无"三种模式。状态行中还包括如"捕捉"、"栅格"、"正交"、"极轴"、"对象捕捉"、"对象追踪"、DUCS、DYN、"线宽"、"模型"（或"图纸"）10 个功能按钮。

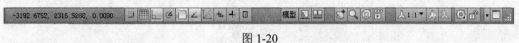

图 1-20

这是状态栏默认显示的内容，用户还可以自定义状态栏的内容，在状态栏上右击，在弹出的快捷菜单中选择"显示"命令，然后选择需要显示或隐藏的内容，如图 1-21 所示。

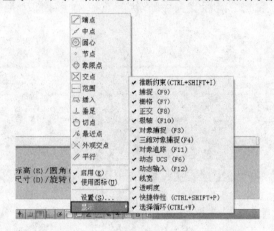

图 1-21

1.3.8 模型和布局选项卡

AutoCAD 提供了两种工作空间，一个是模型空间，另一个是图纸空间。

AutoCAD 在绘图区域的底部有一个"模型"选项卡和若干个"布局"选项卡，用户可随时通过单击选项卡在两个空间之间来回切换，如图 1-22 所示。

图 1-22

模型空间是系统默认的工作空间，启动 AutoCAD 之后，系统可直接进入模型空间。

在模型空间中，用户可以按任意比例绘制模型，并确定图形的测量单位。模型空间是一个三维环境，大部分的设计和绘图工作都是在模型空间的三维环境中进行的，即使是对于二维的图形对象也是如此。

图纸空间是一个二维环境，主要用于安排在模型空间中所绘制的对象的各种视图，以及添加诸如边框、标题栏、尺寸标注和注释等内容，然后打印输出图形。

1.4　控制命令窗口

命令窗口在 AutoCAD 软件中有着非常关键的作用，用户可以对命令窗口进行控制，包括浮动、固定、锚定、隐藏以及窗口大小的调整。

1.4.1　调整命令窗口的大小

通过拖动拆分条可以垂直调整命令窗口的大小。要调整命令窗口的大小，操作方法如下：将鼠标移动到拆分条上，鼠标变为 ￦ 形状，然后向上或向下拖动鼠标至需要的大小即可，如图 1-23 所示。

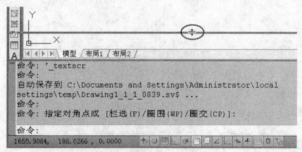

图 1-23

　　要调整命令窗口的大小，必须是在命令窗口没有锁定的前提下。窗口固定在底部时，拆分条定位在窗口的上边界；当窗口固定在顶部时，拆分条定位在窗口的下边界。

1.4.2　隐藏和显示命令窗口

用户可以自由控制命令窗口的显示与隐藏，要显示或隐藏命令窗口，选择"工具>命令行"菜单命令或按【Ctrl+9】组合键。

当第一次隐藏命令行窗口时，会出现一个提示窗口，如图 1-24 所示。

图 1-24

Tips

　　隐藏命令行时，用户仍然可以输入命令。但是，某些命令和系统变量将在命令行上返回值，因此，在这些情况下，建议用户显示命令行。

1.5　AutoCAD 命令的执行方式

　　使用 AutoCAD 进行绘图工作时，用户必须输入并执行相关命令，否则 AutoCAD 将不会自动操作。启动 AutoCAD 2012 之后，软件进入默认的图形编辑器状态，屏幕显示图形窗口，底部命令行提示显示"命令:"，这表示 AutoCAD 已处于命令状态并准备接受命令。

1.5.1　在命令提示行输入绘图命令并执行

　　这种方法就是通过键盘输入绘图命令。具体方法是：在命令提示行中的"命令:"提示符后输入相关命令，然后按【Enter】键（✓）或空格键执行命令。

　　例如，要绘制一个圆，命令执行方法如下：

命令:C ✓

接下来，AutoCAD 将显示 Circle（圆）命令的相应提示，如图 1-25 所示。

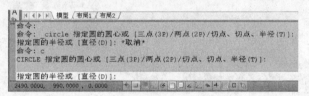

图 1-25

1.5.2　菜单命令执行方式

　　这种方法也是 AutoCAD 的一种比较常用的命令执行方式，尤其对 AutoCAD 绘图命令不熟悉的用户，这种方法极为管用。AutoCAD 可以用各种菜单执行命令，比如常用的下拉菜单和不常用的屏幕菜单。

　　下面举例说明下拉菜单命令的执行方式，例如要绘制一个矩形，命令执行过程如下：

Step 01 选择菜单栏中的"绘图"命令。

Step 02 在"绘图"下拉菜单中选择绘图命令（如"射线"命令），如图 1-26 所示。

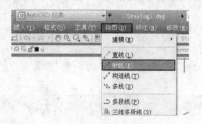

图 1-26

1.5.3 通过工具栏执行绘图命令

AutoCAD 提供了很多工具栏供用户使用，比如常用的"绘图"工具栏、"修改"工具栏、"标准"工具栏等，如图 1-27 所示。

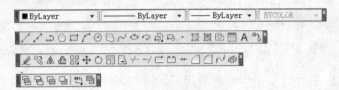

图 1-27

默认状态下，"绘图"工具栏位于绘图区域的左侧，"修改"工具栏位于绘图区域的右侧，"标准"工具栏位于绘图区域的上方。

下面举例说明如何通过工具栏执行绘图命令，例如要绘制一条直线，命令执行过程如下：

Step 01 单击"绘图"工具栏中的"直线"按钮，激活 Line（直线）绘图命令。

Step 02 根据命令提示行的提示开始绘图工作，如图 1-28 所示。

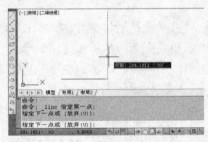

图 1-28

其他工具栏的命令执行方法与"绘图"工具栏一致，这里就不再赘述。

1.5.4 重复执行命令

AutoCAD 执行完某个命令后，如果要立即重复执行该命令，那么只需要在命令提示符出现后，按【Enter】键或者空格键即可。

例如，用 Line（直线）命令绘制一条直线后还需立即再绘制一条，那么只需要按【Enter】键或者空格键就可以重复执行 Line（直线）命令，具体如下：

```
命令: line ↙
指定第一点:
指定下一点或 [放弃（U）]:
指定下一点或 [放弃（U）]: ↙ //结束命令
命令:                      //按回车键或者空格键重复执行 Line（直线）命令
LINE 指定第一点:
指定下一点或 [放弃（U）]:
指定下一点或 [放弃（U）]: ↙ //结束命令
```

1.5.5 执行透明命令

AutoCAD 可以在某个命令的执行期间插入执行另一个命令，这个中间插入执行的命令必须在前面加一个撇号"'"作为前导，AutoCAD 称这种可从中间插入执行的命令为"透明命令"。

如在使用 Rectang（矩形）命令绘制矩形的同时，可以使用透明命令，具体操作过程如下：

Step 01 单击"绘图"工具栏中的"矩形"按钮，执行 Rectang（矩形）绘图命令，参见图 1-29 所示的第 1 步。

Step 03 在确定矩形的右上顶点之前，单击"标准"工具栏中的"平移"按钮，参见图 1-29 所示的第 3 步。

Step 02 在绘图区域的适当位置单击拾取一点作为矩形的左下顶点，参见图 1-29 所示的第 2 步。

Step 04 单击"平移"按钮，鼠标变成形状，此时按住鼠标左键进行拖动，即可移动绘图区。

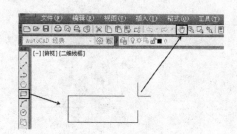

图 1-29

Step 05 按【Esc】键中止"平移"命令，系统提示用户继续确定矩形的右上顶点，中断的 Rectang（矩形）绘图命令恢复执行。

在上述操作过程中，相应的命令提示如下（这个命令提示完全反映了上述操作）：

```
命令: _rectang
指定第一个角点或 [倒角(C)/标高(E)/圆角(F)/厚度(T)/宽度(W)]:
指定另一个角点或 [面积(A)/尺寸(D)/旋转(R)]: '_pan
>>按 Esc 或 Enter 键退出，或单击右键显示快捷菜单。
正在恢复执行 RECTANG 命令。
```

在透明命令的提示前有符号">>"，它提醒用户当前正处于透明命令执行状态。当透明命令执行完成后，系统又回到原先命令的提示状态。AutoCAD 最常用的透明命令有 Help（寻求帮助）、Zoom（缩放）、Pan（实时平移）等命令。

1.6 轻松管理图形文件

如果用户要保留自己的工作成果，那么就应该以磁盘文件的形式将绘制的图形进行保存。在图形文件中存放的主要信息是图元。图元是系统预定义的最基本的图形对象之一，例如直线（Line）、圆弧（Arc）、圆（Circle）和文本（Text）等。每个图元都具有表示其大小和位置的几何属性，以及层、颜色、线宽和线型等非几何属性。在 AutoCAD 系统中，图形文件是以扩展名".dwg"保存的。文件扩展名由系统自动加到用户输入的文件名后面作为后缀。因此，用户在输入文件名时，只需要输入文件名，而不必输入扩展名。

1.6.1 新建文件（New）

在使用 AutoCAD 绘图时，首先要准备好绘图文件，就像在进行手工绘图前必须先准备好图纸一样，然后才能在上面画草图直至最后完成绘制正式图纸。

如果要创建新文件，可选择"文件>新建"菜单命令或者按【Ctrl+N】组合键，系统会弹出"选择样板"对话框，在"样板"列表框中选择一个合适的样板，然后单击"打开"按钮，即可完成新建工作，如图 1-30 所示。

图 1-30

Tips 参数详解

AutoCAD 默认的文件格式是".dwg"，如果在另一个应用程序中需要使用图形文件中的信息，可通过输出将其转换为以下几种特定格式。

（1）DXF 文件

DXF 文件包含可由其他 CAD 系统读取的图形信息。DXF 文件是文本或二进制文件，如果其他用户正使用能够识别 DXF 文件的 CAD 程序，那么以 DXF 文件保存图形就可以共享该图形。

（2）WMF 文件

许多 Windows 应用程序都在使用这种格式。WMF（Windows 图元文件格式）文件包含矢量图形或光栅图形格式，但只在矢量图形中创建 WMF 文件。矢量格式与其他格式相比，能实现更快的平移和缩放。

（3）光栅文件

可以为图形中的对象创建与设备无关的光栅图像。可以使用若干命令将对象输出到与设备无关的光栅图像中，光栅图像的格式可以是位图、JPEG、TIFF 和 PNG。

对象（包括着色视口和渲染视口中的对象）出现在屏幕上时，也显示在光栅图像中。

某些文件格式在创建时即为压缩形式，例如 JPEG 格式。压缩文件占用较少的磁盘空间，但有些应用程序可能无法读取这些文件。

（4）PostScript 文件

可以将图形文件转换为 PostScript 文件，很多桌面发布应用程序都使用该文件格式。其高分辨率的打印能力使其更适用于光栅格式，例如 GIF、PCX 和 TIFF。将图形转换为 PostScript 格式后，也可以使用 PostScript 字体。

（5）ACIS 文件

可以将某些对象类型输出到 ASCII（SAT）格式的 ACIS 文件中。

可将代表修剪过的 NURBS 曲面、面域和实体的 ShapeManager 对象输出到 ASCII（SAT）格式的 ACIS 文件中。其他一些对象，例如线和圆弧，将被忽略。

（6）3D Studio 文件

可以创建 3D Studio（3DS）格式的文件。

3DSOUT 仅输出具有表面特征的对象，即输出的直线或圆弧的厚度不能为 0。宽线或多段线的宽度、厚度不能为 0。圆、多边形网格和多面网格始终可以输出。实体和三维面必须有至少 3 个唯一顶点。如果必要，可将几何图形在输出时网格化。在使用 3DSOUT 之前，必须将 AME（高级建模扩展）和 AutoSurf 对象转换为网格。

3DSOUT 将命名视图转换为 3D Studio 相机，并将相片级真实感或相片级光线跟踪光源转换为最接近的 3D Studio 等效对象；点光源变为泛光光源，聚光灯和平行光变为 3D Studio 聚光灯。

（7）平板印刷文件

可以使用与平板印刷设备（SLA）兼容的文件格式写入实体对象。实体数据以三角形网格面的形式转换为 SLA。SLA 工作站使用该数据来定义代表部件的一系列图层。

1.6.2 打开现有的文件（Open）

要打开一个已有的图形文件，必须使用 Open 命令，Open 命令的执行方法有以下几种：

Step 01 选择"文件>打开"菜单命令，或者按【Ctrl+O】组合键，系统会弹出一个"选择文件"对话框，在"搜索"下拉列表中找到要打开文件的路径，然后选中待打开的文件，最后单击"打开"按钮，如图 1-31 所示。

Step 02 单击"打开"按钮右边的下拉按钮，会弹出一个下拉菜单，可以在该菜单中选择打开文件的方式，如图 1-32 所示。如果不修改文件，只是查看文件，则可以以只读方式打开文件。

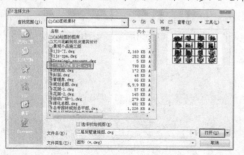

图 1-31

图 1-32

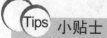 小贴士

在打开一些 CAD 文件时，经常会遇到找不到相应字体的情况，这时可以选择其他字体来代替。例如，如果打开某个文件，系统提示未找到字体:hztt2，那么就可以在图 1-33 所示的对话框中指定一个字体代替它。

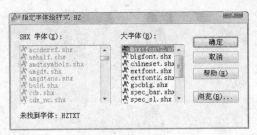

图 1-33

1.6.3 保存文件

绘制好图形后，必须将其存储在磁盘上，以便永久保存。要在磁盘上存储一个图形文件，可以视情况分别用几种不同的存储命令。

选择"文件>保存"菜单命令或者按【Ctrl+S】组合键进行保存，系统会弹出"图形另存为"对话框，在"保存于"下拉列表框中设置文件的保存路径，在"文件名"文本框中输入文件的名称，最后单击"保存"按钮，如图 1-34 所示。

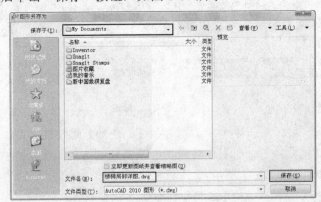

图 1-34

在绘图工作中，可以将一些常用设置（如图层、标注样式、文字样式、栅格捕捉等）内容设置在一个图形模板文件中（即另存为*.dwt 文件），以后绘制新图时，可在创建新图形向导中单击"使用模板"按钮来打开它，并开始绘图。

Tips 小贴士

如果误保存了文件，导致覆盖了原图，那么要想恢复数据该怎么办呢？

如果仅保存了一次，及时找到后缀为 BAK 的同名文件（默认情况是保存在 C:\Documents and Settings\user\Local Settings\Temp 文件夹下），将后缀改为 dwg，再在 AutoCAD 中打开就行了。如果保存了多次，原图就无法恢复了。

还可以选择"文件>另存为"菜单命令，或者按【Ctrl+Shift+S】组合键进行保存。这种保存方式相当于对原有文件的备份，保存之后原来的文件依然存在（两份文件的保存路径不同，或者文件名不同）。

1.6.4 自动保存文件和恢复备份文件

　　选择"工具>选项"菜单命令，在弹出的"选项"对话框中选择"打开和保存"选项卡，在"文件安全措施"选项区域中选中"自动保存"复选框，并设置每隔多少时间进行自动保存，如图 1-35 所示。这样可以防止用户因为忘记保存文件而造成数据丢失等情况。

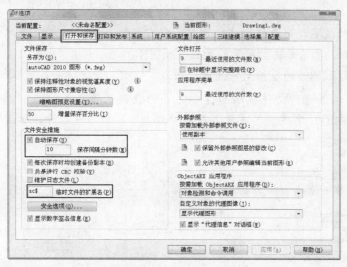

图 1-35

　　很多初学者或许都不知道文件自动保存的路径，不知道在什么地方找到自动保存的文件。切换到"选项"对话框中的"文件"选项卡，在"搜索路径、文件名和文件位置"列表框中可看到"自动保存文件位置"选项，展开此选项，便可以看到文件的默认保存路径（C:\Documents and Settings\Administrator\Local Settings\Temp，其中 Administrator 是系统用户名)，如图 1-36 所示，单击"浏览"按钮，可以改变文件的保存位置。

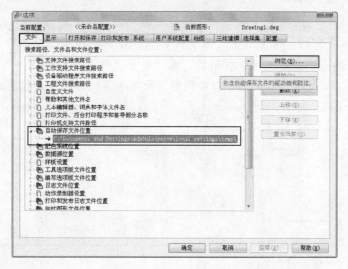

图 1-36

　　虽然设置了自动保存，但是一旦文件出错或者丢失，却不知道如何从备份文件中恢复图形，也是初学者比较头疼的问题。因为 AutoCAD 自动保存的文件是具有隐藏属性的文件，所以要先将隐藏文件显示出来。

案例 1：查找被备份的文件

Step 01 打开"我的电脑"，选择"工具>文件夹选项"菜单命令，如图 1-37 所示。

Step 02 在弹出的"文件夹选项"对话框中选择"查看"选项卡，在"高级设置"列表框中选中"显示所有文件和文件夹"单选按钮，然后单击"确定"按钮，如图 1-38 所示，便会将具有隐藏属性的备份文件显示出来。

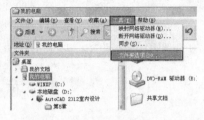

图 1-37

Step 03 找到自动保存的文件，因为这些文件的默认扩展名是".sv$"，所以不能直接用 AutoCAD 将文件打开，需要将其扩展名改为".dwg"之后才能打开，如图 1-39 所示。

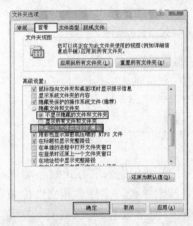

图 1-38

图 1-39

案例 2：文件加密保存

Step 01 选择"保存"菜单命令后，在弹出的"图形另存为"对话框中，选择对话框右上方"工具"下拉菜单中的"安全选项"菜单命令，如图 1-40 所示。

Step 02 系统会弹出"安全选项"对话框，在"用于打开此图形的口令或短语"文本框中输入密码，如图 1-41 所示。用户还可以切换到"数字签名"选项卡，设置数字签名。

图 1-40

图 1-41

Step 03 单击"确定"按钮后，系统还会弹出一个"确定密码"对话框，要求再输入一次先前设置的密码，如图 1-42 所示，两次密码必须完全相同。

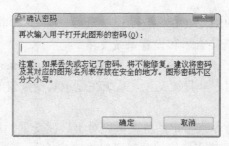

图 1-42

Step 04 密码设置好之后就可以保存文件了。在下次打开文件时，系统会要求用户输入密码，如果密码错误，则不能打开文件。

1.7 AutoCAD 命令与系统变量

在 AutoCAD 中提供了各种系统变量（System Variables），用于存储操作环境设置、图形信息和一些命令的设置（或值）等。利用系统变量可以显示当前状态，也可控制 AutoCAD 的某些功能和设计环境、命令的工作方式。

1.7.1 系统变量的作用和类型

系统变量通常有 6～10 个字符长的缩写名称，且都有一定的类型：整数型、实数型、点型、开关或文本字符串等，如表 1.1 所示。

表 1.1　系统变量的类型及说明

类　　型	说　　　明
整数型（用于选择）	该类型的变量用不同的整数值来确定相应的状态，如变量 SNAPMODE、OSMODE 等
整数型（用于数值）	该类型的变量用不同的整数值来进行设置，如变量 GRIPSIZE、ZOOMFACTOR 等
实数型	该类型的变量用于保存实数值，如变量 AREA、TEXTSIZE 等
点型（用于坐标）	该类型的变量用于保存坐标点，如变量 LIMMAX、SNAPBASE 等
点型（用于距离）	该类型的变量用于保存 X，Y 方向的距离值，如变量 GRIDUNIT、SCREENSIZE 等
开关	该类型的变量具有 ON/OFF 两种状态，用于设置状态的开关，如 HIDETEXT、LWDISPLAY 等
文本字符串	该类型的变量用于保存字符串，如变量 DWGNAME、SAVEFILE 等

有些系统变量具有只读属性，用户只能查看而不能修改只读变量。而对于不具有只读属性的系统变量，用户可以在命令行中输入系统变量名或者使用 SETVAR 命令来改变这些变量的值。

1.7.2 系统变量的查看和设置

通常，一个系统变量的取值都可以通过相关的命令来改变。例如，当使用 DIST 命令查询距离时，只读系统变量 DISTANCE 将自动保存最后一个 DIST 命令的查询结果。除此之外，用户可通过如下两种方式直接查看和设置系统变量。

方法一：在命令提示下，直接输入系统变量名称并按【Enter】键确定。对于只读变量，系统将显示其变量值。而对于非只读变量，系统在显示其变量值的同时还允许用户输入一个新值来设置该变量。

方法二：使用 setvar 命令来指定系统变量。对于只读变量，系统将显示其变量值。而对于非只读变量，系统在显示其变量值的同时还允许用户输入一个新值来设置该变量。

setvar 命令不仅可以对指定的变量进行查看和设置，还使用 "?" 选项来查看全部的系统变量。此外，对于一些与系统命令相同的变量，如 AREA 等，只能用 SETVAR 来查看。

在 AutoCAD 中，菜单命令、工具按钮、命令和系统变量大都是相互对应的。可以选择某一菜单命令，或单击某个工具按钮，或在命令行中输入命令和系统变量来执行相应命令。可以说，命令是 AutoCAD 绘制与编辑图形的核心。

1.7.3 使用系统变量

在 AutoCAD 中，系统变量用于控制某些功能和设计环境、命令的工作方式，它可以打开或关闭捕捉、栅格或正交等绘图模式，设置默认的填充图案，或存储当前图形和 AutoCAD 配置的有关信息。

系统变量通常是 6~10 个字符长的缩写名称。许多系统变量有简单的开关设置。例如，GRIDMODE 系统变量用来显示或关闭栅格，当在命令行的 "输入 GRIDMODE 的新值<1>:" 提示下输入 0 时，可以关闭栅格显示；输入 1 时，可以打开栅格显示。有些系统变量则用来存储数值或文字，例如 DATE 系统变量用来存储当前日期，如图 1-43 所示。

```
命令: DATE
DATE = 2454636.54226798 (只读)
命令:
```

图 1-43

1.8 设置绘图环境

设置工作环境是计算机辅助绘图的第一步，任何正式的工程制图都避免不了绘图环境的设置。比如在建筑或者机械制图中，设计人员首先要设置当前图纸的幅面（采用国标图幅 A_0、A_1、A_2、A_3 等），然后设置绘图单位，接着设定相关的图层及对象属性，最后设置部分辅助绘图功能（如捕捉、正交、栅格、对象捕捉等）。

1.8.1 设置绘图区域大小（Limits）

在 AutoCAD 中，Limits（图形界限）命令用于在当前的 "模型" 或布局选项卡上，设置并控制栅格显示的界限。

案例 3：设置绘图区域为 A4 大小

Step 01 按【Ctrl+N】键，打开"选择样板"对话框，如图 1-44 所示，选择默认的 acadiso.dwt 样板，然后单击"打开"按钮，即可新建一个图形文件。

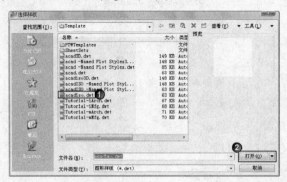

图 1-44

Step 02 系统默认在新建文件的绘图区域显示出网格效果，单击命令提示行下方的状态栏上的"栅格"按钮▦即可隐藏网格。

Step 03 执行"格式>图形界限"菜单命令，或者在命令行中输入 Limits 命，命令执行过程如下。

命令: limits ✓
重新设置模型空间界限:
指定左下角点或 [开(ON)/关(OFF)] <0.0000,0.0000>: ✓
指定右上角点 <420.0000,297.0000>: 210,297 ✓

1.8.2 设置绘图单位（Units）

单位设置对图纸绘制非常重要，因为单位是图形绘制的一个基准。无论是建筑制图还是机械制图，都要求精确，所以在绘图之前都需要设置好单位。

执行"格式>单位"菜单命令，或者在命令行中输入 Units（单位）命令，然后在"图形单位"对话框中设置相关参数，如图 1-45 所示。

图 1-45

Tips 参数要点

- "长度"是指定测量的当前单位及当前单位的精度。在"长度"参数栏中有"类型"和"精度"两个选项。
- 类型：设置测量单位的当前格式。其中，"工程"和"建筑"格式提供英尺和英寸显示，并假定每个图形单位表示一英寸。其他格式可表示任何真实世界单位。
- 精度：设置线性测量值显示的小数位数或分数大小。
- 角度：指定当前角度格式和当前角度显示的精度。
- 插入比例：控制插入到当前图形中的块和图形的测量单位。

　　如果块或图形创建时使用的单位与该选项指定的单位不同，则在插入这些块或图形时，对其按比例缩放。插入比例是源块或图形使用的单位与目标图形使用的单位之比。如果插入块时不按指定单位缩放，请选择"无单位"选项。

1.8.3　设置图层

　　确定一个图形对象，除了必须给出它的几何数据（如确定位置、形状等）以外，还要确定它的线型、线宽、颜色和状态等非几何数据。AutoCAD 称图形所具有的这些非几何信息为图形的属性。

　　为了根据图形的相关属性对图形进行分类，使具有相同属性的图形对象在同一组，AutoCAD 引入了"图层（Layer）"的概念，也就是把线型、线宽、颜色和状态等属性相同的图形对象放进同一个图层，便于用户对 CAD 图纸的管理。

　　引入"图层"概念之后，只要事先指定每一图层的线型、线宽、颜色和状态等属性，使凡是具有相同属性的图形对象都在同一图层上。这样，在绘制图形时，只需要指定每个图形对象的几何数据和其所在的图层就可以了。这样既可使绘图过程得到简化，又便于对图形的管理。

　　每个图层都可以被假想为一张没有厚度的透明片，在图层上画图就相当于在这些透明片上画图。各个图层相互之间完全对齐，即一层上的某一基准点准确无误地对齐于其他各层上的同一基准点。在各层上画完图后，把这些层对齐重叠在一起，就构成了一张整图，如图 1-46 所示。

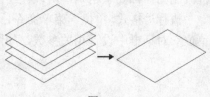

图 1-46

　　图层的应用使得用户在组织图形时拥有极大的灵活性和可控性。组织图形时，最重要的一步就是要规划好图层的结构。例如，图形的哪些部分放置在哪一图层上，总共需要设置多少个图层，每个图层的命名、线型、线宽与颜色等属性如何设置等。接下来就来详细介绍图层的创建和管理。

1.9　图层的创建与管理

　　图层用于按功能在图形中组织信息以及执行线型、颜色及其他标准，图层相当于图纸绘图中使用的重叠图纸，图层是图形中使用的主要组织工具。

1.9.1 创建新图层

创建新图层需要在"图层特性管理器"对话框中实现，执行"格式>图层"菜单命令或在"图层"工具栏中单击"图层特性管理器"按钮，即可打开"图层特性管理器"对话框。

案例4：创建3个图层

Step 01 选择"格式>图层"菜单命令，或者在命令行中输入 Layer 命令，打开"图层特性管理器"对话框。

Step 02 在对话框顶部单击"新建图层"按钮创建一个图层。

Step 03 重复两次上面的操作，即可创建出3个图层，如图 1-47 所示。

图 1-47

Tips

从图 1-47 中可以看出，系统默认的当前图层为 0 层，默认色为白色。很多人喜欢在 0 层上画图，这样做是不可取的，0 层的作用不是用来画图的，二是用来定义块的。定义块时，先将所有图元均设置为 0 层（有特殊时除外），然后再定义块。这样，在插入块时，插入时是哪个层，块就是那个层了。

Step 04 选择"图层 1"图层，单击"置为当前"按钮将其设置为当前图层。

Step 05 单击图层的名称将其选中，再单击一下鼠标左键，然后就可以重新输入新的图层名，如图 1-48 所示。

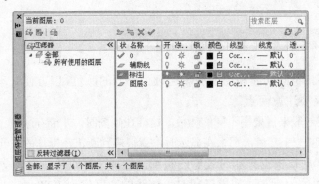

图 1-48

Tips 参数设置

"层" 列表框：占据了对话框中的大部分区域。它显示当前图形中所定义的全部图层以及每一图层的特性与状态。

"置为当前" 按钮✓：单击该按钮，将使在层列表框中选定的层成为当前层。如果该层原来是关闭的，则成为当前层后将自动打开。

"新建图层" 按钮：用于建立新层。对于新建的层，AutoCAD 指定层的颜色为白色，线型为实线，其他属性均使用默认值。

"删除图层" 按钮✕：用于删除在 "层" 列表框中选定的层。

"在所有视口中都被冻结的新图层视口" 按钮：单击该按钮，创建新图层，然后在所有现有布局视口中将其冻结。

Tips 小贴士

有时候会遇到一些图层在图层管理器中无法删除，可以用下面的方法将其删除。

（1）先将无用的图层关闭，然后全选图形，再复制粘贴至一个新文件中，那些无用的图层就不会贴过来。如果曾经在这个不要的图层中定义过块，又在另一图层中插入了这个块，那么这个不要的图层是不能用这种方法删除的。

（2）用命令 laytrans，将需删除的图层映射为 0 层即可，这个方法可以删除具有实体对象或被其他块嵌套定义的图层。

1.9.2 控制图层显示状态

AutoCAD 允许用户自由控制图层的显示与隐藏。通过控制显示或打印哪些对象，可以降低图形视觉上的复杂程度并提高显示性能。

要隐藏图层，可以在 "图层特性管理器" 对话框中单击 ♀（开关）或 ◉（冻结）按钮。

这两个按钮都可以控制图层的显示与隐藏，它们的区别在于，解冻一个或多个图层将导致重新生成图形。冻结和解冻图层比打开和关闭图层需要更多的时间。切换图层的开/关状态时，不会重新生成图形。

1.9.3 更改图层颜色

在绘图时，需要将不同功能和用途的图层设为不同的颜色，以方便管理与维护图形文件。图层的颜色定义要注意两点。

（1）不同的图层一般来说要用不同的颜色。这样在画图时，才能在颜色上就很明显的进行区分。如果两个图层同属一个颜色，那么在显示时，就很难判断正在操作的图元是在哪一个层上。

（2）颜色的选择应该根据打印时线宽的粗细来选择。打印时，线形设置越宽的，该图层就应该选用越亮的颜色；反之，如果打印时，该线的宽度仅为 0.09mm，那么该图层的颜色就应该选用 8 号或类似的颜色。这样可以在屏幕上就直观的反映出线形的粗细。

在"图层特性管理器"对话框的"层"列表框中单击与层名相对应的"颜色"列，系统就会弹出"选择颜色"对话框，用户可以在这里为图层选择一种颜色，如图 1-49 所示。

图 1-49

如果"特性"工具栏上的"颜色控制"设置为"ByLayer"（随层），则新建对象的颜色将由图层特性管理器中该图层的颜色设置来决定。如果在"颜色控制"中设置了特定的颜色，此颜色将替代当前图层的默认颜色而应用于所有新对象。"特性"工具栏上的"线型控制"、"线宽控制"等也是如此。

1.9.4 设置图层的线型和线宽

一般常用的线形有 3 种，一是 Continous 连续线，二是 ACAD_IS002W100 点划线，三是 ACAD_IS004W100 虚线。

一张图纸是否好看、是否清晰，其中重要的一条因素之一，就是是否层次分明。一张图里，有 0.13 的细线，有 0.25 的中等宽度线，有 0.35 的粗线，这样就丰富了。打印出来的图纸，一眼看上去，也就能够根据线的粗细来区分不同类型的图元，什么地方是墙，什么地方是门窗，什么地方是标注。因此，在线宽设置时，一定要将粗细明确。

另外还有一点要注意。在打印图时有两种方式，一是按照比例打印，这时候，线宽可以用 0.13\0.25\0.4 这种粗细规格；如果不按照比例打印 A3 规格，这时候线宽设置要比按比例的小一号 0.09\0.15\0.3，这样才能使小图看上去清晰分明。

案例 5：加载线型

Step 01 单击"图层管理器"中的 Continuous（实线），弹出图 1-50 所示的"选择线型"对话框，在对话框中选择要使用的线型，单击"确定"按钮即可。

Step 02 单击"加载"按钮，弹出图 1-51 所示的"加载或重载线型"对话框，在对话框中选择要加载的线型，然后单击"确定"按钮返回到"选择线型"对话框。

Step 03 设置线型宽度，单击此处，系统弹出图 1-52 所示的"线宽"对话框，可在对话框中选择线型宽度，在绘制时一般使用默认线宽即可。

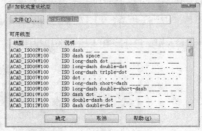

图 1-50   图 1-51   图 1-52

1.9.5 排序图层

图层的排序方式包括升序与降序排列。用户可以按图层中的任一属性进行排序，包括状态、名称、可见性、冻结、锁定、颜色、线型、线宽等。

要对图层进行排序，只需单击属性名称即可。例如单击"线宽"，那么在属性名称后面会出现一个 ▲ 或 ▼ 图标，单击该按钮可以按线宽属性进行排序，再次单击将反向排序，如图 1-53 所示。

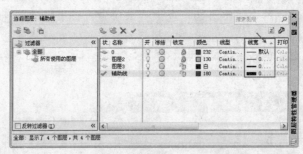

图 1-53

表示升序排列， 表示降序排列。

1.9.6 按名称搜索图层

用户可以在"图层特性管理器"中列出符合指定条件的图层，打开"图层特性管理器"，在"搜索图层"框中输入关键字，例如输入"kh"，那么就会搜索图层名称中包含 kh 的图层，如图 1-54 所示。

图 1-54

参数设置

在上面输入名称时用到了一个称为通配符的*（星号），AutoCAD 允许使用通配符对图层进行搜索。AutoCAD 提供了一系列通配符供用户使用，见表1.2。

表1.2 通配符含义对照

字　　符	定　　　　　　　　义
#（井号）	匹配任意数字字符
@（At）	匹配任意字母字符
.（句点）	匹配任意非字母数字字符
*（星号）	匹配任意字符串，可以在搜索字符串的任意位置使用
?（问号）	匹配任意单个字符，例如，?BC 匹配 ABC、3BC 等
~（波浪号）	匹配不包含自身的任意字符串，例如，~*AB* 匹配所有不包含 AB 的字符串
[ ]	匹配括号中包含的任意一个字符，例如，[AB]C 匹配 AC 和 BC
[~]	匹配括号中未包含的任意字符，例如，[AB]C 匹配 XC 而不匹配 AC
[-]	指定单个字符的范围，例如，[A-G]C 匹配 AC、BC 等，直到 GC，但不匹配 HC
`（单引号）	逐字读取其后的字符；例如，`~AB 匹配 ~AB

1.9.7 保存图层设置

用户可以将图形的当前图层设置保存为命名图层状态，以后再恢复这些设置。

图层设置包括图层状态（例如开或锁定）和图层特性（例如颜色或线型）。在命名图层状态中，可以选择要在以后恢复的图层状态和图层特性。

（1）在"图层特性管理器"对话框右边空白部分右击，并从快捷菜单中选择"保存图层状态"命令。

（2）在"要保存的新图层状态"窗口设置名称及说明，如图 1-55 所示。

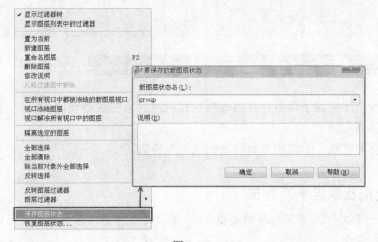

图 1-55

Tips

  如果在绘图的不同阶段或打印的过程中需要恢复所有图层的特定设置，保存图形设置会带来很大的方便。

  用户可以恢复已保存的图层设置。恢复命名图层状态时，默认情况下，将恢复在保存图层状态时指定的图层设置（图层状态和图层特性）。因为所有图层设置都保存在命名图层状态中，所以可以在恢复时指定不同的设置，未选择恢复的所有图层设置都将保持不变。

  在"图层特性管理器"对话框右边空白部分右击，并从快捷菜单中选择"恢复图层状态"命令。在"图层状态管理器"中选择需要恢复的图层状态，单击"确定"按钮，如图 1-56 所示。

图 1-56

  使用图层状态管理器，还可以将命名图层状态输出到 LAS 文件以便在其他图形中使用，或输入以前输出到 LAS 文件中的命名图层状态。

Tips

  不能输出外部参照的图层状态。

1.9.8 修改全局线型比例因子（Ltscale）

  修改全局线型比例因子可以全局修改新建和现有对象的线型比例。修改全局线型比例因子常用方法有以下几种。
- 在"线型管理器"中设置"全局比例因子"参数。
- 在命令行中执行 Ltscale 命令。

案例 6：将全局比例因子设为 5

 打开一个文件，这里打开的是图 1-57 所示的文件，该示例图形使用了 3 种线型，但是看起来都是实线。

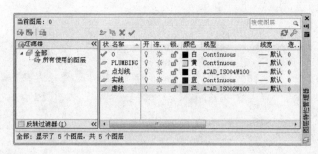

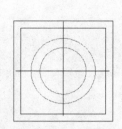

图 1-57

Step 02 选择"格式>线型"菜单命令。

Step 03 在"线型管理器"对话框中单击"显示细节"按钮 显示细节(D)，然后将"全局比例因子"值设为 5，如图 1-58 所示。

Step 04 单击"确定"按钮，即可更改全局比例因子，此时观察图形，可以看到线型的效果已经体现出来了，如图 1-59 所示。

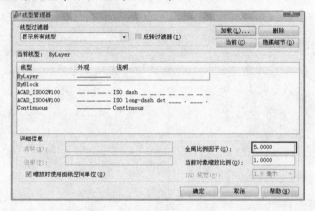

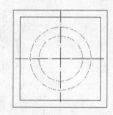

图 1-58   图 1-59

1.10 捕捉功能设置

在用 AutoCAD 绘图时，尤其在绘制精度要求较高的建筑图时，对象捕捉是精确定位的最佳工具。Autodesk 公司对此也非常重视，每次版本升级，目标捕捉的功能都有很大提高。切忌用光标直接指定点的位置，这样的点不可能很准确。

1.10.1 ▶ 自动捕捉（Autosnap）设置

所谓自动捕捉，就是当用户把光标放在一个对象上时，系统会自动捕捉到该对象上的所有符合条件的目标，并显示出相应的标记。

如果把光标放在目标上多停留一会儿，系统还会显示该捕捉的提示。这样，用户在选点之前，就可以预览和确认捕捉目标了。因此，即使有多个符合条件的目标点时，也不容易捕捉到错误的点。

自动捕捉设置需要打开"选项"对话框,执行"工具>选项"菜单命令,单击"绘图"选项卡,在"自动捕捉设置"选项区域设置自动捕捉的相关参数,如图1-60所示。

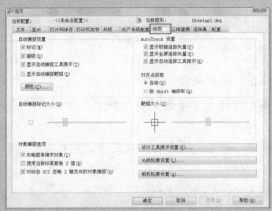

图 1-60

- 标记:打开或关闭显示捕捉标记,以表示对象捕捉的类型和指示捕捉点的位置。标记打开时,当靶框经过某个对象时,在该对象符合条件的捕捉点上就会出现相应的标记。
- 磁吸:打开或关闭自动捕捉磁吸。捕捉磁吸帮助把靶框锁定在捕捉点上,就像打开栅格捕捉后,光标只能在栅格点上移动一样。
- 显示自动捕捉工具栏提示:打开或者关闭捕捉提示。如果打开捕捉提示,则当靶框移到捕捉点上时,将显示描述捕捉目标的名称。
- 显示自动捕捉靶框:控制是否显示靶框。打开后将会在光标的中心显示一个正方形的靶框。
- 颜色:控制捕捉标记的显示颜色。单击"颜色"按钮,在系统弹出的"窗口颜色"对话框中的"颜色下拉表"中选择一种颜色,用以改变捕捉标记的当前显示颜色。
- 自动捕捉标记大小:控制捕捉标记的大小。用鼠标按住滑块左右拖动时,就可以减小或增大捕捉标记。另外,当对象上有多个符合条件的捕捉目标时,可按【Tab】键来循环选择该对象上的捕捉目标。
- 靶框大小:设置靶框的大小。左右拖动滑块,就可以减小或增大靶框。AutoCAD仅对落入靶框内的对象使用对象捕捉。当靶框经过某个对象时,在该对象的符合条件的捕捉点上就会出现相应的标记。

1.10.2　捕捉和栅格设置

　　所谓的栅格,就是在屏幕上显示的一些指定位置的网格,如图1-61所示。

　　栅格仅仅是一种视觉辅助工具,并不是图形的一部分,所以输出图形时并不输出栅格。

　　启用捕捉能控制光标移动的间距。捕捉的特性与栅格的特性类似,但它是不可见的,所以其实质是Snap命令提供了一个不可见的栅格。

然而，当用户在屏幕上移动十字光标时，就可以看到这种不可见栅格的效果，即光标不能随意停留在任何位置上，而只能停留在一些等距的点上。

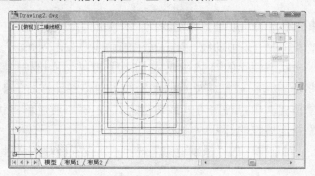

图 1-61

由于 Snap 命令能强制十字光标按规定的增量移动，因此使用用户可以精确地在绘图区域内拾取与捕捉间距成倍数的点。但当用户用键盘输入坐标值时，该输入数据将不受捕捉的影响。

在命令行中输入 Dsettings（草图设置），按【Enter】键后，弹出"草图设置"对话框，用户可以启用或者关闭捕捉和栅格，并可改变栅格点间的距离，如图 1-62 所示。

Tips

在绘制轴测图是，需要打开"等轴测捕捉"，这是一个重点，需要记住。

勾选"启用捕捉"和"启用栅格"复选框，并设置它们的间距，单击"确定"按钮，在绘图区域就会显示栅格，绘图时，就可以捕捉栅格上的点，如图 1-63 所示。

图 1-62

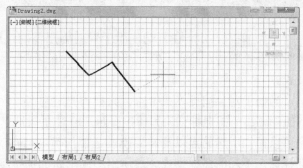

图 1-63

在 AutoCAD 中，系统特别为捕捉、栅格、正交、等轴测等方式命令提供了功能快捷键。

Tips

按【Ctrl+B】快捷键可打开或关闭捕捉；按【Ctrl+E】快捷键可按循环方式选择下一个等轴测面；按【Ctrl+G】快捷键可打开或关闭栅格；按【Ctrl+O】快捷键可打开或关闭正交。

1.10.3 极轴追踪设置

极轴追踪是按事先给定的角度增量来追踪点。当 AutoCAD 要求指定一个点时，系统将按预先设置的角度增量来显示一条辅助线，用户可沿辅助线追踪得到光标点，如图 1-64 所示。

用户可以通过单击状态栏上的 ◢ 按钮或按【F10】键来切换极轴追踪的打开或关闭。

对象捕捉追踪将沿着基于对象捕捉点的辅助线方向追踪。在打开对象捕捉追踪功能之前，必须先打开对象捕捉（单点覆盖方式或运行方式），然后通过单击状态栏上的"对象捕捉"按钮来切换对象捕捉追踪的打开或关闭。

打开"草图设置"对话框中的"极轴追踪"选项卡，设置极轴的增量角，如图 1-65 所示。

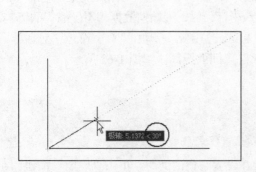

图 1-64

图 1-65

1.10.4 对象捕捉设置

对象捕捉（OSNAP）功能用于辅助用户精确地选择某些特定的点。如果要在已经画好的图形上拾取特定的点，例如两直线的交点、圆心点、切点等，就可以设置相应的对象捕捉模式。

当处于对象捕捉模式中时，只要将光标移到一个捕捉点，AutoCAD 就会显示出一个几何图形（称为捕捉标记）和捕捉提示。通过在捕捉点上显示出来的捕捉标记和捕捉提示，用户可以得知所选的点以及捕捉模式是否正确。AutoCAD 将根据所选择的捕捉模式来显示捕捉标记，不同的捕捉模式会显示出不同形状的捕捉标记。

每当 AutoCAD 要求输入一个点时，就可以激活对象捕捉模式。打开"草图设置"对话框中的"对象捕捉"选项卡，如图 1-66 所示。

在"草图设置"对话框中的"对象捕捉"选项卡中，可以选择一种或同时选择多种对象捕捉模式，这只要简单地用鼠标勾选模式名称前的复选框就可以了。每个复选框前面都有一个小几何图形，这就是捕捉标记。

如果要全部选取所有的对象捕捉模式，则可单击对话框中的"全部选择"按钮；如果要清除掉所有的对象捕捉模式，则单击对话框中的"全部清除"按钮。另外，通过勾选"启用对象捕捉追踪"复选框，可以控制对象捕捉的打开或关闭。

图 1-66

Tips 参数设置

用鼠标单击状态栏中的"对象捕捉"按钮，或按【F3】键或【Ctrl+F】键，都可以打开或关闭当前的对象捕捉设置。

● 交点：捕捉两个对象（如直线、圆弧、多段线和圆等）的交点，如图 1-67 所示。
● 节点：捕捉由 Point 命令绘制的点对象，或者是使用 Divide 等分对象后生成的点，如图 1-68 所示。

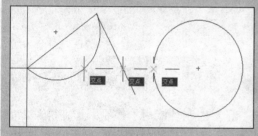

图 1-67   图 1-68

● 插入点：捕捉一个块、文本对象或外部引用等的插入点。
● 垂足：捕捉从预定点到与所选择对象所做垂线的垂足。
● 最近点：捕捉在直线、圆、圆弧、多段线、椭圆、椭圆弧、射线、样条曲线等图形对象上离光标最近的点。
● 端点：捕捉直线、圆弧、多段线、椭圆弧、射线、样条曲线或多重线等对象的一个离拾取点最近的端点，如图 1-69 所示。

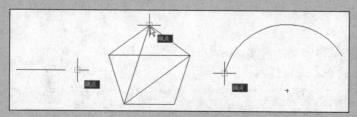

图 1-69

● 中点：捕捉线段（包括直线和弧线）的中点，如图 1-70 所示。

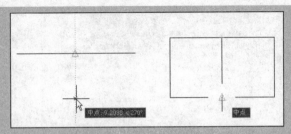

图 1-70

- 圆心：捕捉圆、圆弧、椭圆、椭圆弧的中心点，如图 1-71 所示。
- 切点：捕捉与圆、圆弧、椭圆、椭圆弧及样条曲线相切的切点。
- 象限点：捕捉圆、圆弧、椭圆、椭圆弧上的象限点，即位于弧上 0°、90°、180°和 270°
  处的点，如图 1-72 所示。

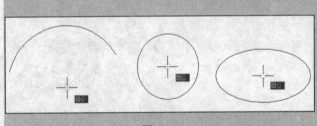

图 1-71

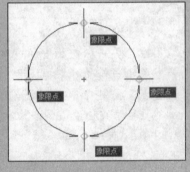

图 1-72

1.11　图形显示控制

　　AutoCAD 提供有强大的图形显示控制功能。显示控制功能用于控制图形在屏幕上的显示方式。但显示方式的改变只改变了图形的显示尺寸，而并不改变图形的实际尺寸，即仅仅改变了图形给人们留下的视觉效果，本节仅介绍几种基本的显示控制功能。

1.11.1　放大和缩小视图（Zoom）

　　Zoom（缩放）命令用于控制图形缩放显示，主要是指缩小或者放大图形在屏幕上的可见尺寸，这只是视觉上的放大或缩小，而图形的实际尺寸大小是不变的。

　　用于缩放视图的工具主要有"实时缩放"按钮 、"窗口缩放"按钮 和"缩放上一个"按钮 。

　　一般通过滚动鼠标中键，或缩放鼠标中键来缩放视图。

　　执行 ZOOM 命令，命令提示：

```
命令: Zoom ✓
命令: zoom
指定窗口的角点，输入比例因子 (nX 或 nXP)，或者[全部(A)/中心(C)/动态(D)/范围(E)/上一个(P)/比
例(S)/窗口(W)/对象(O)] <实时>:
```

参数设置

- 全部（A）：选择该选项将满屏显示整个图形范围，即使图形超出图限之外，作用等同于双击鼠标中键。
- 中心（C）：让用户指定一个中心点以及缩放系数或一个高度值，AutoCAD 按该缩放系数或相应的高度值缩放中心点区域的图形。较大的高度值将减小缩放系数，而较小的高度值将增大缩放系数。

选择该选项后，命令如下提示：

| 指定中心点： | //指定中心点 |
| 输入比例或高度<当前值>： | //指定缩放系数 |

- 动态（D）：动态显示图形中由视图框选定的区域由图形。选择该选项后，屏幕上将会出现一个矩形框（视图框），用户可以调整这个视图框的大小和位置，缩放显示在视图框中的部分图形。
- 范围（E）：最大限度地满屏显示视图区内的图形。
- 上一个（P）：在 ZOOM 方放大过程中恢复上一次显示状态下的图形。连续选择该选项可以恢复到前 10 次所显示的图形，该选项不会引起图形的重新生成，快捷图标为 。
- 比例（S）：根据输入的组合系数缩放显示图形，如果输入的仅是一个数值，则为相对于图形的缩放；如果输入的是一个数值后加 X，则为相对于当前图形的缩放。
- 窗口（W）：缩放显示由两个对角点所指定的矩形窗口内的图形。选择该选项后，AutoCAD 要求用户在屏幕上指定两个点，以确定矩形窗口的位置和大小，快捷图标为 ，命令如下：

| 指定第一个角点： | //确定第一点 |
| 指定对角点： | //确定第二点，如图 1-73 所示。 |

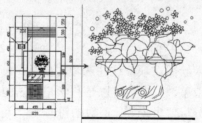

图 1-73

- 对象：缩放以便尽可能大地显示一个或多个选定的对象，并使其位于绘图区域的中心。
- 实时：此为默认选项，用户可以实时交互地缩放显示图形。选择该选项后，光标的形状将变成一个放大镜。此时用户可按住鼠标左键上下移动鼠标来放大或缩小图形。向上移动则放大图形；向下移动则缩小图形。如果要退出缩放状态，则可按鼠标右键，在弹出的快捷菜单中选择 Exit 命令；或者按【Esc】键和【Enter】键，快捷图标为 。

1.11.2 PAN（平移显示图形）

PAN 命令用于在不改变图形缩放显示的条件下平移图形，使图中的特定部分位于当前的视区中，以便查看图形的不同部分。如果使用 Zoom 命令放大了图形，则通常需要用 PAN

命令来移动图形。

在"标准"工具条上单击"平移"按钮，PAN 命令执行时光标变为手形光标。用户只需要按住鼠标左键并移动光标，就可以实现平移图形，以查看图形的不同部分。也可以直接按住鼠标中键进行移动。

1.11.3 REDRAW（重画）和 REGEN（重新生成）命令

当用户对一个图形进行了较长时间的编辑过程后，可能会在屏幕上留下一些残迹。要清除这些残迹，可以用 REDRAW（重画）和 Regen（重新生成）命令刷新屏幕显示来解决。

使用 REDRAW 命令重画图形比较省时，所以它是人们在刷新屏幕显示时常用的命令。REGEN 命令用于重新生成当前视区中的图形。

对于 REGEN 命令的功能，这里用一个简单的例子来说明，图 1-74 所示的图形是两个圆，看起来像一个多边形，右侧的圆是 REGEN 后的圆。由此可见，REGEN 命令可以重新创建图形数据库索引，从而优化显示和对象选择的性能。

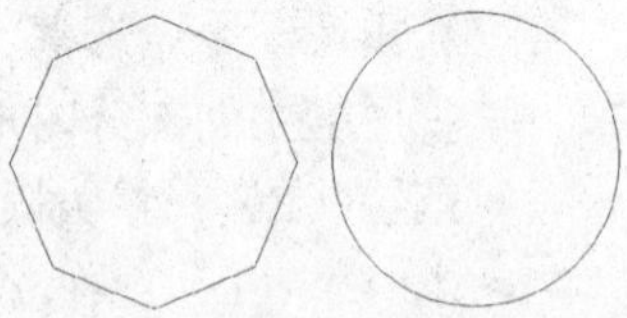

图 1-74

要绘制图形，那么就要输入相关的几何数据，比如长度、坐标值、角度、弧度等，这就要涉及到一个数据输入方法的问题，下面向读者介绍如何在 AutoCAD 中输入相关的数据。

1.12 在 AutoCAD 中输入数据的方法

1.12.1 数值的输入

AutoCAD 的很多提示符要求用户输入表示点位置的坐标值和距离等数值，这些数值可使用下列字符从键盘输入：+（正号）、-（负号）、1、2、3、4、5、6、7、8、9、0 等。另外，有的提示符要求用户输入绘图选项，这些选项主要是：A、B、C、D 等英文字母。

输入的数值可以是实数或整数。实数可以是科学记数法的指数形式，也可以是分数，但分子和分母必须是整型数且分母要大于零。正数的符号"+"可以省略，但是负数的负号"-"不能省略。行和列的输入数值必须是整型数。

例如，3.14、-15.8、1 / 2、2-3 / 4 是正确的输入，而 2.5 / 3、3 / -2、2-3 / 2 是错误的输入。

1.12.2 坐标的输入

当命令提示行中出现"指定第一点:"、"指定第一个角点:"等提示语言时，表示需要用户输入绘图过程中某个点的坐标。输入点的坐标时，AutoCAD 可以使用 4 种不同类型的坐标系：笛卡尔坐标系、极坐标系、球面坐标系和柱面坐标系，最常用的是笛卡尔坐标系和极坐标系。

常用的输入点的坐标方法有以下两种。

1. 用键盘键入点坐标值

在笛卡尔坐标系中，二维平面上一个点的位置坐标用一对数值（x,y）来表示，数值可以按前面所说的规定，用实数或整数的各种记数法来表示。所以点坐标（20,30）表示该点的 x 坐标是 20，y 坐标是 30。当使用键盘输入该点的坐标时，只需在相应提示符后直接键入这两个数，中间用逗号"，（半角）"分开，然后按【Enter】键。例如绘制一条直线，具体过程如下：

```
命令: line ↙
指定第一点: 30,40 ↙
指定下一点或 [放弃(U)]: 50,60 ↙
指定下一点或 [放弃(U)]: ↙
```

而在极坐标系中，二维平面上一个点的位置坐标，是用该点距坐标系原点的距离和该距离向量与水平正向的角度来表示的，其表现形式为（D<A）。其中 D 表示距离，A 表示角度，中间用<（小于）符号分隔开。如某点坐标为（30<45），表示该点距坐标系原点的距离为 30，与水平正向的夹角为 45°。

例如，绘制一条距离原点 200 且与水平方向成 45° 角的直线，具体过程如下：

```
命令: line ↙
指定第一点: ↙
指定下一点或[放弃（U）]: 200<45 ↙
指定下一点或[放弃（U）]: ↙
```

另外，输入坐标值的方式还可以分为绝对坐标方式和相对坐标方式，上面所说的都是绝对坐标的输入方式，这是系统的默认方式。

相对坐标方式是指输入点相对于当前点的位置关系，而绝对坐标方式中指输入点相对于坐标系原点的位置关系。用相对坐标方式输入点的坐标，必须在输入值的第一个字符前键入字符@作为前导。例如，在笛卡尔坐标系中的输入方式为（@50,60）；在极坐标系中的输入方式为（@200<45）。

对于这些输入方式，本书后面的案例将经常用到。

2. 用鼠标器直接在绘图区域拾取点

当 AutoCAD 要输入一个点时，也可以直接用鼠标（或其他定标设备）在屏幕上指定，这是最常用的方法。其输入过程为：当系统提示要输入点时，用户只需将鼠标在指定区域内上下左右移动，屏幕上的十字光标也就随之移动。当光标移动到所要指定的位置时，按一下鼠标左键，即表示拾取了该点，于是该点的坐标值（x,y）即被输入，如图 1-75 所示。

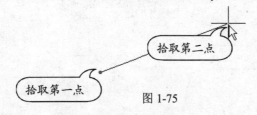

图 1-75

1.12.3 距离的输入

在绘图过程中，AutoCAD 有许多输入提示要求用户输入一段距离的数值。这些提示符有 Width（宽度）、Radius（半径）、Diameter（直径）、Column Distance（列距）、Row Distance（行距）等。

每当命令提示要求输入一个距离时，用户可以直接使用键盘键入一个距离数值；也可以用鼠标指定一个点的位置，系统会自动计算出某个明显的基点到该指定点的距离，并以该距离作为要输入的距离。

1.12.4 角度的输入

当 AutoCAD 的命令提示行中出现"角度"提示符时（比如"指定包含角:"），这表示要求用户输入角度值。

在 AutoCAD 中，角度一般都是以"度"为单位，但用户也可以选择弧度、梯度或度 / 分 / 秒等单位。角度的默认设置是按以下的规则设定：角度的起始基准边（即 0° 角）水平指向右边（即 x 轴正向），逆时针方向的增量为正角，顺时针方向的增量为负角。

角度值也是一个数值，可以使用键盘或鼠标器输入。当用键盘输入时，可直接在"角度"提示符后键入角度值，或者在数字前加上一个符号"<"以表示角度，然后按【Enter】键或空格键，两种表示方法效果相同。例如，要输入一个 45° 角，用下面两种形式都一样。

```
指定包含角:45 ✓
指定包含角:< 45 ✓
```

当使用鼠标器来输入角度时，用户需沿所需的方向，指定一个起点和终点，用从起点到终点的连线向量与 x 轴正向的夹角来表示要输入的角度。因此，输入角度的大小与指定两个点的顺序有关。通常指定的第 1 个点是起点，指定的第 2 个点是终点。例如，第 1 个点的坐标为（0,0），第 2 个点的坐标为（0,10），连线方向向上，表示输入角度为 90°；如果两个点的指定顺序调换一下，则表示输入角度为 270°。

在有些情况下，起点的位置是显而易见的。此时，如果用户要指定某一个点来响应"角度"提示，则 AutoCAD 认为该点即为终点。在这种情况下，系统会在屏幕上动态地用一根"橡皮筋线"把基点和光标连起来，以让用户可以看清要输入的角度，便于判断确认。如图 1-76 所示，这里要绘制一段圆弧，圆弧的起点（作为连接光标的基点）和端点已经确定，现在要确定圆弧的"包含角"，利用光标拾取一点即可。

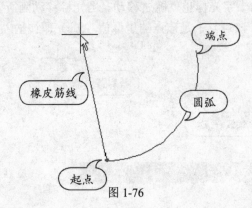

图 1-76

1.13 AutoCAD 的视口操作

简单地说，视口就是指 AutoCAD 的绘图区域，默认情况绘图区域只被划分为一个视口，当然也可以被划分为多个视口（2 个、3 个或者 4 个等），如图 1-77 所示，绘图区域被分成了 4 个视口（这种情况即为多平铺视口，简称多视口。因为多视口就像地面砖一样平铺，且相互没有重叠，故而得名多平铺视口）。

图 1-77

在模型空间划分的视口充满整个绘图区域并且相互之间不重叠，用户在一个视口中对图形对象做出修改，其他视口的图形也立即更新。

1.13.1 多平铺视口概述

在二维绘图中，多视口的作用并不是很明显；但是在三维绘图中，视口就可以发挥较大的用途。在构造三维模型时，用户可以设置多个视口，这样就可以同时从多个角度去观察模型，便于用户了解自己正在建立的模型。

图 1-78 很直观地表明了多视口是如何有用的。屏幕被分成右边的一个较大的视口和左边两个较小的视口（也可以采用其他的划分方式）。用户可以在每个视口设置不同的视图，包括 6 个标准视图和 4 个轴测视图，也可以采用 Vpoint（视点）命令设置任意视角。

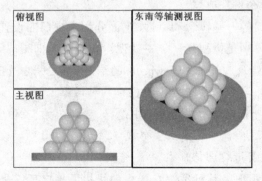

图 1-78

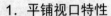
1．平铺视口特性

多视口很像多个计算机屏幕，每个视口可具有不同缩放程度以及不同观察方向。利用视口还能设置栅格、捕捉、视图分辨率和坐标系图标，诸如消隐、着色、渲染和透视观察等也都能够在每个视口独立操作。但是，对于一个 3D 模型的任何修改都将反映在所有视口（假若其修改所处的位置在所有视口中可见），这里的修改主要是指几何上的修改，比如增加了图形尺寸、增删了图形对象等。

视口的数目设置取决于计算机的视频系统。然而，无论有什么样的系统，AutoCAD 允许设置的视口比可能需要的视口多。有时必须在所需的视口数和视口的相对大小之间选择一种折中方案，因为在小尺寸的视口中难于观察小细节和选择对象。很明显，计算机屏幕的尺寸大小是一个重要的因素，在大屏幕上能够设置的视口比在小屏幕上可设置的视口多。

2．使用平铺视口

虽然在屏幕上可以有多个视口，但是仅仅一个视口处于命令执行状态，这个视口为当前视口。当前视口是唯一出现十字形光标的视口，具有比其他视口更粗的边界。在图 1-78 中，右边的较大的视口是当前视口（该视口具有比其他视口更粗的边界）。当用户将光标移动到另一个视口时，十字光标变成一个箭头形状，表示该视口不是当前视口。将光标移到任意视口并单击鼠标左键，可使其成为当前视口。

Redraw（重画）和 Regen（重生成）命令只影响当前视口。如果需要重画所有视口的显示，可输入 Redrawall（全部重画）命令；如果需要强制重生成所有视口，可输入 Regenall（全部重生成）命令。

3．视口与坐标系

在 AutoCAD 中，每个视口都可以有自己的坐标系。默认情况下，每个视口的坐标系为世界坐标系（WCS）。当然，用户也可以根据自己的需要设置相应的用户坐标系（USC），采用 UCS 命令可以设置用户坐标系。

关于用户坐标系的相关问题，本书将在后面进行讨论，这里就不作细致介绍。

1.13.2 ▶ 如何设置多平铺视口

1．设置多视口的基本操作流程

上一节介绍了多视口的一些概念和特性，下面介绍多视口的设置方法，以实例形式体现。假设要建立 3 个视口，分别是俯视视口、主视视口和西南等轴测视口，具体操作如下：

Step 01 在命令提示行输入 Vports（Viewports 的缩写）命令并按【Enter】键，或者执行"视图>视口>新建视口"菜单命令，系统弹出"视口"对话框。

Step 02 在该对话框的"标准视口"列表框中选择"三个：右"视口布局，然后单击"确定"按钮，如图 1-79 所示。这样就可以建立 3 个视口，如图 1-80 所示，但此时 3 个视口的视图都一样（俯视图），还需要进行调整。

Step 03 在视图中单击视图名称标签，在弹出的快捷菜单中可以更改视口类型，将左下方视口为左视，右边的视口更改为右视，如图 1-81 所示。

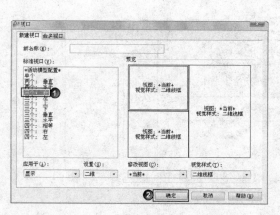

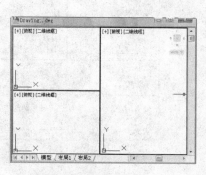

图 1-79　　　　　　　　　　　　图 1-80

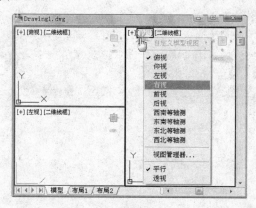

图 1-81

上面所述就是设置多视口的基本操作流程，下面就"视口"对话框的部分内容作一个介绍。

2．视口管理

如果从命令行提示行执行 **Vports** 命令并在命令名前面带一个连字符，将显示创建和管理平铺视口的命令行提示，具体如下：

```
命令: -vports ✓
命令: -VPORTS
输入选项 [保存(S)/恢复(R)/删除(D)/合并(J)/单一(SI)/?/2/3/4/切换(T)/模式(MO)] <3>:
//输入一个选项或直接回车
```

在上述命令提示中，前 3 个选项"（保存（S）"、"恢复（R）"和"删除（D）"是用于已命名视口的配置；后 3 个选项 "合并（J）"、"单一（SI）"和"?"是生成新视口；创建视口的命令选项"2/3/4"总是划分当前视口，而不是整个绘图区域。

在这里，前 3 个选项就不作说明，主要介绍一下后几个选项的用法。

（1）"合并（J）"选项主要用于把两个相邻的视口组成一个更大的视口，输入选项 J 并按【Enter】键，命令提示如下：

```
命令: -vports ✓
输入选项 [保存(S)/恢复(R)/删除(D)/合并(J)/单一(SI)/?/2/3/4] <3>: j ✓ //输入选项 J 并按【Enter】键
选择主视口<当前视口>:        //选择主视口，如图 1-47 所示步骤 1
选择要合并的视口:           //选择将要合并的视口，如图 1-82 所示的步骤 2
```

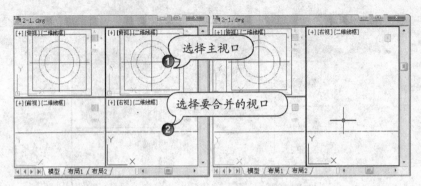

图 1-82

（2）"单一（SI）"选项主要用于把多视口合并为一个视口，如图 1-83 所示，输入选项 SI 并按【Enter】键，命令提示如下：

命令: -vports ✓
输入选项 [保存(S)/恢复(R)/删除(D)/合并(J)/单一(SI)/?/2/3/4] <3>: si ✓ //输入选项 SI 并按【Enter】键
正在重生成模型。

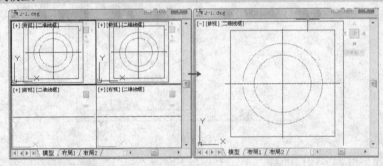

图 1-83

（3）"2/3/4"选项主要用于划分当前视口，可以将当前视口划分为 2、3 或者 4 个视口，下面举例进行说明。假设当前为"三个：右"视口布局，把右边的视口（当前视口）划分为 3 个水平排列的视口，如图 1-84 所示。

命令: -vports ✓
输入选项[保存(S)/恢复(R)/删除(D)/合并(J)/单一(SI)/?/2/3/4/切换(T)/模式(MO)] <3>:2 ✓
//输入选项 2 表示拆分为 2 个视口
输入配置选项 [水平(H)/垂直(V)] <垂直>: h ✓   //输入选项 H 表示拆分的 3 个视口将水平排列，其他的选项也都是表示排列方法的
正在重生成模型。

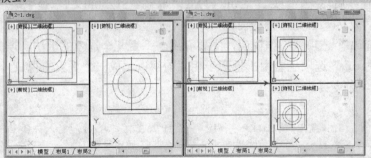

图 1-84

在拆分某视口之前，首先要确认该视口为当前工作视口。

1.14 工程师即问即答

Q：打开旧图遇到异常错误而中断退出怎么办？

A：可以新建一个图形文件，然后把旧图以图块形式插入，然后将该图块分解即可。

Q：打开 dwg 文件时，系统弹出对话框提示用户文件不能打开时怎么办？

A：这种情况下可以先退出打开操作，然后执行"文件>图形实用工具>修复"菜单命令，或者在命令行直接用键盘输入"recover"，接着在"选择文件"对话框中输入要恢复的文件，确认后系统开始执行恢复文件操作。

Q：如何关闭 CAD 中的*.bak 文件？

A：每当打开一个文件的同时，系统都会自动生成一个文件名相同，扩展名为 bak 的备份文件。要取消保存备份文件有以下两种方法。

（1）执行"工具>选项"菜单命令，选择"打开和保存"选项卡，在对话框中取消勾选"每次保存均创建备份"复选框。

（2）也可以用命令 ISAVEBAK，将 ISAVEBAK 的系统变量修改为 0，系统变量为 1 时，每次保存都会创建"*.bak"备份文件，反之则不保存备份文件。

Q：如何调整 AUTOCAD 中绘图区左下方显示坐标的框？

A：可以按【F6】键切换，或者将 COORDS 的系统变量修改为 1 或者 2。系统变量为 0 时，是指用定点设备指定点时更新坐标显示。系统变量为 1 时，是指不断更新坐标显示。系统变量为 2 时，是指不断更新坐标显示，当需要距离和角度时，显示到上一点的距离和角度。

Q：绘图时没有虚线框显示怎么办？

A：修改系统变量 DRAGMODE，推荐修改为 AUTO。系统变量为 ON 时，再选定要拖动的对象后，仅当在命令行中输入 DRAG 后才在拖动时显示对象的轮廓；系统变量为 OFF 时，在拖动时不显示对象的轮廓；系统变量为 AUTO 时，在拖动时总是显示对象的轮廓。

Q：怎样扩大绘图空间？

A：要扩大绘图空间，可以使用以下方法。

（1）提高系统显示分辨率。

（2）设置显示器属性中的"外观"，改变图标、滚动条、标题按钮、文字等的大小。

（3）去掉多余部件，如滚动条和不常用的工具条。去掉滚动条可在 "选项"对话框"显示"选项卡中的"窗口元素"参数栏中进行选择。

（4）将系统任务栏设置为自动消隐，再把命令行尽量缩小。

（5）在显示器属性"设置"页中，把桌面大小设定大于屏幕大小的一到二个级别，便可在超大的活动空间里绘图了。

Q：在 AutoCAD 中采用什么比例绘图好？

A：最好使用 1:1 比例画图，输出比例可以随便调整。画图比例和输出比例是两个概念，输出时使用"输出 1 单位=绘图 500 单位"就是按 1/500 比例输出，若"输出 10 单位=绘图 1 单位"就是放大 10 倍输出。

用 1:1 比例画图好处很多。第一，容易发现错误，由于按实际尺寸画图，很容易发现尺寸设置不合理的地方；第二，标注尺寸非常方便，尺寸数字是多少，软件自己测量，万一画错了，一看尺寸数字就发现了（当然，软件也能够设置尺寸标注比例，但总得多费工夫）；第三，在各个图之间复制局部图形或者使用块时，由于都是 1:1 比例，调整块尺寸方便。第四，用不着进行烦琐的比例缩小和放大计算，提高工作效率，防止出现换算过程中可能出现的差错。

Q：如何删除顽固图层？

A：在使用图层工具栏中的"删除图层"按钮无法删除某个图层时，可以尝试以下几种方法。

方法一：将无用的图层关闭，然后将图形全部选中，再复制粘贴至一新文件中，那些无用的图层就不会贴过来。如果曾经在这个不要的图层中定义过块，又在另一图层中插入了这个块，那么这个不要的图层是不能用这种方法删除的。

方法二：选择需要留下的图形，然后执行"文件>输出>块文件"命令，这样的块文件就是选中部分的图形了，如果这些图形中没有指定的层，这些层也不会被保存在新的图块图形中。

方法三：打开一个 CAD 文件，把要删的层先关闭，在图面上只留下需要的图形，然后执行"文件>另存为"菜单命令，输入文件名，在文件类型栏选"*.DXF"格式，在弹出的对话窗口中选择"工具>选项>DXF"选项，再勾选"选择对象"复选框，然后单击"确定"按钮，如图 1-85 所示。最后接着单击"保存"按钮，再视图中选择需要保存的图形对象。

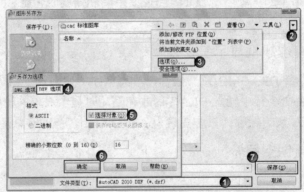

图 1-85

方法四：用命令 laytrans，可将需删除的图层影射为 0 层即可，这个方法可以删除具有实体对象或被其他块嵌套定义的图层。

第 2 章

绘制 AutoCAD 二维图形

在 AutoCAD 中,二维图形主要是指最常用的基本图形单元,包括点、直线、圆、矩形、圆弧、多边形、椭圆等。这些图形的绘制难度较小,操作步骤简单,只要稍微学习一下就可以轻松掌握。

学习重点

- 了解 AutoCAD 的坐标
- 掌握构造线的应用
- 多段线的应用
- 矩形命令的应用
- 圆形和圆弧的多种绘制方式

视频时间

- 2-1.avi～2-11.avi 约 48 分钟

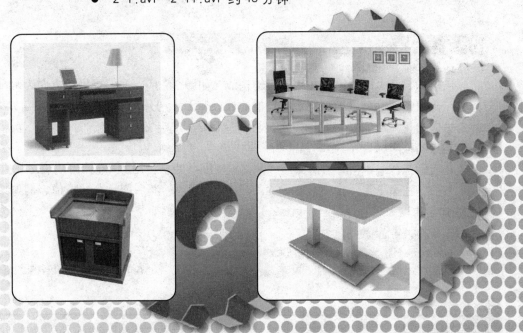

2.1 AutoCAD 中的坐标系

要利用 AutoCAD 来绘制图形，首先要了解坐标和图形对象所处的环境。这一节中，深入阐述 AutoCAD 中的坐标系，并通过示意图来帮助加深理解。

2.1.1 笛卡尔坐标系

笛卡尔坐标系又称为直角坐标系，由一个原点（坐标为 0，0）和两个通过原点的、相互垂直的坐标轴构成，如图 2-1 所示。

其中，水平方向的坐标轴为 X 轴，以向右为其正方向；垂直方向的坐标轴为 Y 轴，以向上为其正方向。平面上任何一点 P 都可以由 X 轴和 Y 轴的坐标所定义，即用一对坐标值（x，y）来定义一个点。

例如，某点的直角坐标为（3，2）。

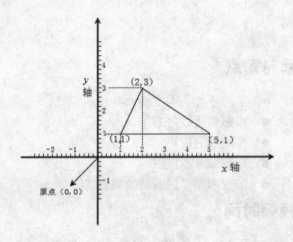

图 2-1

2.1.2 极坐标系

极坐标系是由一个极点和一个极轴构成（如图 2-2 所示），极轴的方向为水平向右。平面上任何一点 P 都可以由该点到极点的连线长度 L（>0）和连线与极轴的交角 α（极角，逆时针方向为正）所定义，即用一对坐标值（L<α）来定义一个点，其中"<"表示角度。例如，某点的极坐标为（5<30）。

在实际工作中，相对于前面三种数据，角度可能是使用频率较低的一个。要指定角度替代，方法是在命令提示指定点时输入<（小于符号），其后跟一个角度值。例如绘制一段长度为 10，角度为 30 的线段，如图 2-3 所示，命令提示如下：

```
命令: line ↙
指定第一点:              //以第一条直线的端点为起点
指定下一点或 [放弃（U）]: <30 ↙              // "<" 表示后面的数字为角度
```

角度替代: 30
指定下一点或 [放弃（U）]: 10 ✓   //指定直线的长度
指定下一点或 [放弃（U）]: ✓   //完成直线绘制

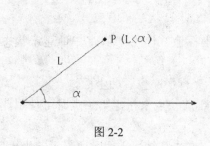

图 2-2

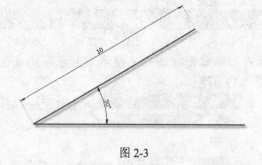

图 2-3

Tips

　　输入角度值后，所指定的角度将锁定光标，替代"栅格捕捉"、"正交"模式和"极轴捕捉"。坐标输入和对象捕捉优先于角度替代。

2.1.3　相对坐标

　　在某些情况下，用户需要直接通过点与点之间的相对位移来绘制图形，而不想指定每个点的绝对坐标。为此，AutoCAD 提供了使用相对坐标的办法。所谓相对坐标，就是某点与相对点的相对位移值，在 AutoCAD 中相对坐标用"@"标识。使用相对坐标时可以使用笛卡儿坐标，也可以使用极坐标，可根据具体情况而定。

　　例如，某一直线的起点坐标为（5，5）、终点坐标为（10，5），则终点相对于起点的相对坐标为（@5，0），用相对极坐标表示应为（@5<0）。

案例 1：使用坐标值绘制标高符号

　　本例主要练习使用绝对坐标值和相对坐标值绘制一个标高符号图形，如图 2-4 所示。

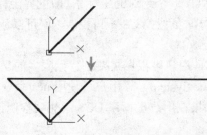

图 2-4

Step 01 选择"绘图>直线"菜单命令或者在命令行中输入 L（直线命令的简写），然后根据命令提示输入直线两个端点的坐标，命令提示如下：

Step 02 按空格键可以继续选择上一个命令，同样以 0,0 点为起点绘制线段，命令提示如下：

命令: _line 指定第一点: 0,0 ✓
指定下一点或 [放弃(U)]: @60<45✓
指定下一点或 [放弃(U)]: ✓

命令: _line 指定第一点: 0,0 ✓
指定下一点或 [放弃(U)]: @60<135 ✓
指定下一点或 [放弃(U)]:@200,0 ✓

2.1.4 坐标值的显示

在屏幕底部状态栏中显示当前光标所处位置的坐标值，该坐标值有三种显示状态，如图 2-13 所示。

- `1891.8748, 697.3334, 0.0000` 绝对坐标状态：显示光标所在位置的坐标。
- `32.1741<345, 0.0000` 相对极坐标状态：在相对于前一点来指定第二点时可使用此状态。
- 关闭状态：颜色变为灰色，并"冻结"关闭时所显示的坐标值。
- 用户可根据需要在这 3 种状态之间进行切换，方法也有 3 种。
- 连续按【F6】键可在这三种状态之间相互切换。
- 在状态栏中显示坐标值的区域，双击也可以进行切换。
- 在状态栏中显示坐标值的区域，右击可弹出快捷菜单，如图 2-5 所示，可在菜单中选择所需状态。

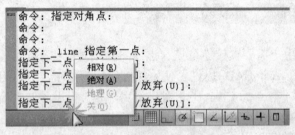

图 2-5

2.1.5 WCS 和 UCS

AutoCAD 系统为用户提供了一个绝对的坐标系，即世界坐标系（WCS）。通常，AutoCAD 构造新图形时将自动使用 WCS。虽然 WCS 不可更改，但可以从任意角度、任意方向来观察或旋转。

相对于世界坐标系 WCS，用户可根据需要创建无限多的坐标系，这些坐标系称为用户坐标系（UCS，User Coordinate System）。用户可使用 ucs 命令来对 UCS 进行定义、保存、恢复和移动等一系列操作。如果在用户坐标系 UCS 下想要参照世界坐标系 WCS 指定点，在坐标值前加星号"*"。

2.2 绘制直线段对象

直线、射线、构造线、矩形以及正多边形等图形都是由直线段构成，本节将来学习这些基本图元的绘制方法。

2.2.1 绘制直线（Line）

在 AutoCAD 中使用 Line（直线）命令就可以绘制直线段，选择 Line（直线）命令的常用方法有以下几种：

图 2-6

- 选择"绘图>直线"菜单命令，如图 2-6 所示。
- 单击"绘图"工具栏中"直线"按钮。
- 在命令提示行中输入 Line（直线）命令并按【Enter】键（Line 命令的简写形式为 L）。

绘制直线时可以通过输入两个坐标点来确定直线段两个端点的位置，从而确定一条直线段。

案例 2：采用坐标输入法绘制直线段

分别以坐标点（15,20）和（75,90）为直线的两个端点，绘制一条直线。

选择"绘图>直线"菜单命令，然后根据命令提示绘制直线，如图 2-7 所示，命令如下：

```
命令: _line
指定第一点: 15,20↙  //输入坐标
指定下一点或 [放弃(U)]: 75,90 ↙  //输入坐标
（75,90）
指定下一点或 [放弃(U)]: ↙  //按【Enter】键
```

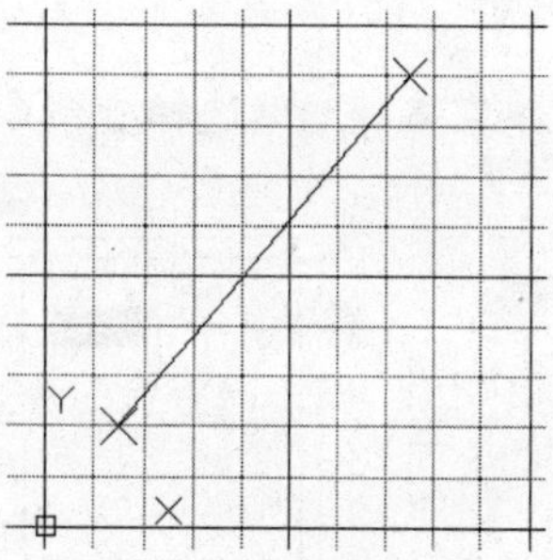

图 2-7

案例 3：使用对象捕捉功能精确绘制直线段

这种方法就是通过捕捉两个确定的点来绘制直线段，比如捕捉交点、端点、中点、圆心点、切点等。下面举例进行说明：

通过捕捉端点和中点来绘制 4 条直线。

Step 01 打开光盘中的"素材/3-2.dwg"文件，如图 2-8 所示。

Step 02 启用"端点"和"中点"捕捉功能。右击"对象捕捉"按钮，在弹出的菜单中选择"设置"命令，单击"草图设置"对话框中的"对象捕捉"选项卡并选择"端点"和"中点"复选项，最后单击"确定"按钮，如图 2-9 所示。

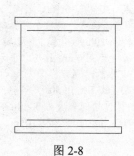

图 2-8

图 2-9

Step 03 确认状态栏中的"对象捕捉"按钮☐处于凹陷状态（凹陷表示启用该功能）。

Step 04 在命令提示行中输入 Line（直线）命令并按【Enter】键，命令如下：

命令: line ✓
指定第一点：   //将光标置于端点位置，待出现捕捉标记之后单击鼠标左键，见图 2-10 所示
指定下一点或 [放弃(U)]：   //将光标置于中点位置，待出现捕捉标记之后单击鼠标左键
指定下一点或 [放弃(U)]：✓   //回车结束命令，完成直线的绘制

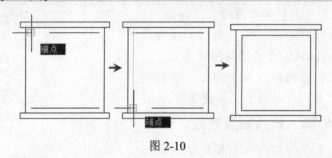

图 2-10

Step 05 按空格键继续选择直线命令，捕捉线段的中点绘制两条直线，如图 2-11 所示。

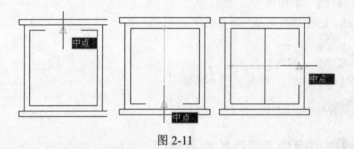

图 2-11

案例 4：结合"极轴追踪"功能绘制直线段

启用"极轴追踪"之后，光标将沿极轴角度按指定增量进行移动，这样就可以绘制任意角度的倾斜直线，可以使用极轴追踪沿着 90°、60°、45°、30°、22.5°、18°、15°、10° 和 5° 的极轴角增量进行追踪，也可以指定其他角度。下面举例进行说明：

Step 01 选择"工具>绘图设置"菜单命令，系统弹出"草图设置"对话框，启用"极轴追踪"功能并设置极轴角增量为 90° 和 45°，如图 2-12 所示。

在"增量角"下拉列表中，用户只能为当前的极轴追踪选择一个增量角；如果要设置多个增量角，则必须通过"附加角"功能来完成，比如本例附加一个 45° 的增量角。

Step 02 在命令提示行中输入 Line（直线）命令的简写形式 L 并按【Enter】键，命令如下：

命令:l ✓
LINE 指定第一点：   //单击任一位置
指定下一点或 [放弃(U)]: 100 ✓
//移动光标接近极轴角，待显示对齐路径和工具栏提示后，输入 100 并按【Enter】键，这样就绘制了一条长度为 100mm 且与水平方向呈 45° 角的直线，如图 2-13 所示
指定下一点或 [放弃(U)]: 50 ✓
//采用相同的操作绘制长度为 50mm 的直线
指定下一点或 [闭合(C)/放弃(U)]: c ✓
//闭合直线

图 2-12

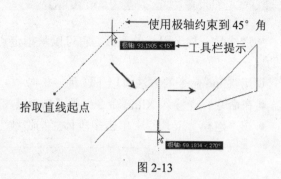

使用极轴约束到 45° 角

极轴: 93.1905 < 45°

工具栏提示

拾取直线起点

极轴: 59.1834 < 270°

图 2-13

案例 5：采用极坐标方法绘制倾斜直线

这种方法与"极轴追踪"类似，只是选择的方式稍微有点差异，这种方法完全通过命令提示来完成。下面来绘制一个边长为 50mm 的等腰三角形。

单击"绘图"工具栏中的"直线"按钮，绘制一个等腰三角形，如图 2-14 所示，命令如下：

图 2-14

```
命令: _line 指定第一点:              //在绘图区域的任一位置拾取一点作为直线的起点
指定下一点或 [放弃(U)]: @50,0 ✓      //输入相对坐标，表示绘制一条长度为 50mm 的水平直线
指定下一点或 [放弃(U)]: @50<120 ✓    //绘制长度为 50mm，与水平方向呈 120° 角的直线
指定下一点或 [闭合(C)/放弃(U)]: @50<240 ✓   //绘制长度为 50mm，与水平方向呈 240° 角的直线
指定下一点或 [闭合(C)/放弃(U)]: ✓    //按【Enter】键结束命令
```

除了按【Enter】键结束绘图命令之外，还可以按空格键来结束绘图命令。

2.2.2 绘制射线（Ray）

相对来说，射线在 AutoCAD 中的使用频率是比较低的，这里简单介绍一下即可。射线是一种从指定点起向一个方向无限延长的直线，选择 Ray（射线）命令的常用方法有以下几种：

● 选择"绘图/射线"菜单命令。
● 在命令提示行中输入 Ray（射线）命令并按【Enter】键。

下面绘制两条与水平方向呈 30°和 60°的射线，射线的起点坐标为（0,0）。

选择"绘图>射线"菜单命令，然后绘制射线，如图 2-15 所示，命令提示如下：

```
命令: _ray 指定起点: 0,0 ✓          //输入射线的起点坐标
指定通过点: 30<30 ✓    //输入（30<30）表示该点距坐标系原点的距离为 30，与水平正向的夹角为 30°
指定通过点: 20<60 ✓    //输入（20<60）表示该点距坐标系原点的距离为 20，与水平正向的夹角为 60°
指定通过点: ✓
```

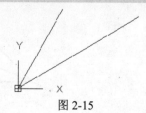

图 2-15

2.2.3 绘制构造线（Xline）

构造线是一种无限长的直线，它可以从指定点开始向两个方向无限延伸，主要用于绘制辅助线。

调用 Xline 命令的方法有以下 3 种：

● 在命令行中输入 Xline 命令并按【Enter】键或者空格键。

● 在"建模"工具栏中单击多段体"构造线"按钮 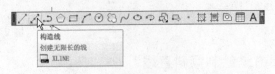，如图 2-16 所示。

图 2-16

● 在"绘图"菜单中单击"构造线"命令。

Xline（构造线）命令提示如下。

> 命令：Xline ↙
> 指定点或 [水平（H）/垂直（V）/角度（A）/二等分（B）/偏移（O）]：   //指定一个构造线要经过的点，或者输入一个选项。

Xline（构造线）命令各参数选项含义如下。

● 水平（H）：绘制通过指定点的水平构造线，也就是与 X 轴平行的构造线。

● 垂直（V）：绘制通过指定点且垂直的构造线，也就是平行于 Y 轴的构造线。

● 角度（A）：绘制与 X 轴成指定角度的构造线，例如绘制一条与 X 轴成 30 度角的构造线，如图 2-17 所示，命令提示如下：

> 命令：Xline ↙
> xline 指定点或 [水平（H）/垂直（V）/角度（A）/二等分（B）/偏移（O）]：a ↙
> 输入构造线的角度 （0）或 [参照（R）]：30 ↙ //指定构造线的角度
> 指定通过点：   //指定构造线要通过的一点
> 指定通过点：↙   //结束命令，绘制出一条与水平轴线成 30 度角的构线，如图 2-17 所示。

● 二等分（B）：绘制通过指定角的顶点且平分该角的构造线。可以连续指定角边产生角平分线，直到终止该命令为止，如图 2-18 所示。

> 命令：Xline ↙
> xline 指定点或 [水平（H）/垂直（V）/角度（A）/二等分（B）/偏移（O）]：b ↙
> 指定角的顶点：   //指定角顶点（a）
> 指定角的起点：   //指定角边上一点（b）
> 指定角的端点：   //指定角边上一点（c）
> 指定角的端点：↙   //按空格或者按【Enter】键结束 Xline 命令，即可得到角的平分线，如图 2-18 所示。

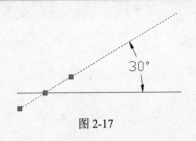

图 2-17

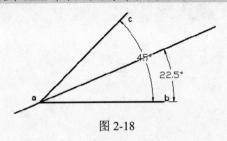

图 2-18

● 偏移（O）：绘制以指定距离平行于指定直线对象的构造线，如图 2-19 所示。

当选中构造线时，构造线上会显示出三个夹点，可以调整夹点来改变构造线产的位置，如图 2-20 所示。

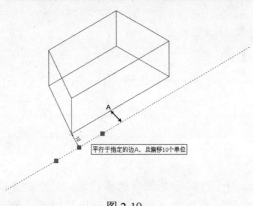

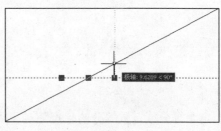

图 2-19 　　　　　　　　　　　　　　　　　　图 2-20

2.2.4 绘制点（Point）

点是最基本的二维图形元素，也是用途非常广泛的二维基本元素。在二维图形中，点的外形可以多种多样。

选择 Point 命令，命令提示如下：

命令：Point ✓
当前点模式：PDMODE=0　PDSIZE=0.0000，
指定点：　　　　　　　　//指定点的位置

在"绘图"菜单的"点"子菜单中，系统提供了 4 种绘制点的方法，如图 2-21 所示。

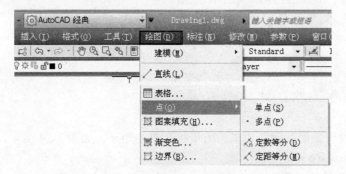

图 2-21

其中，定数等分是将点对象或块沿对象的长度或周长等间隔排列，可定数等分的对象包括圆弧、圆、椭圆、椭圆弧、多段线和样条曲线，例如将一条线段等分为 5 等分，命令提示如下：

```
命令: _divide
选择要定数等分的对象:           //选择直线段，单击右键结束选择
输入线段数目或 [块(B)]: 5 ↙
```

从图 2-22 中可以看出，等分后产生了 4 个节点，将线段分成了 5 等分，但线段本身的点并没有发生变化。

定距等分是将点对象或块一对象的第一个端点为起点，按指定的间距排列在对象上，如图 2-23 所示，命令提示如下：

```
命令: measure
选择要定距等分的对象:           //选择直线段，单击右键结束选择
指定线段长度或 [块(B)]: 25 ↙
```

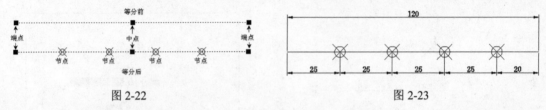

图 2-22   图 2-23

定距等分或定数等分的起点随对象类型变化。对于直线或非闭合的多段线，起点是距离选择点最近的端点。对于闭合的多段线，起点是多段线的起点。对于圆，起点是以圆心为起点、当前捕捉角度为方向的捕捉路径与圆的交点。例如，如果捕捉角度为 0，那么圆等分从三点（时钟）的位置处开始并沿逆时针方向继续。

2.2.5 绘制矩形（Rectang）

选择"绘图>矩形"菜单命令，或者在工具栏中单击"矩形"按钮，然后根据命令行提示完成操作。

选择 Rectang 命令的方法有以下 3 种。
- 在命令行中输入 Rectang 命令并按【Enter】键或者空格键。
- 单击"绘图"工具栏中的"矩形"按钮。
- 选择"绘图>矩形"菜单命令。

Rectang 命令提示如下。

```
命令: _rectang
指定第一个角点或 [倒角(C)/标高(E)/圆角(F)/厚度(T)/宽度(W)]:
指定另一个角点或 [面积(A)/尺寸(D)/旋转(R)]:
```

参数要点：
- 倒角(C)：设置矩形的倒角距离，用于绘制倒角矩形，如图 2-24 所示，命令提示如下。

```
指定矩形的第一个倒角距离 <0.00>: 3↙
指定矩形的第二个倒角距离 <0.00>: 5↙
```

- 标高(E)：指定矩形的标高，即矩形在 Z 轴上的高度，这个需要在三维视图中才能观察到效果，如图 2-25 所示是两个标高不同的矩形。

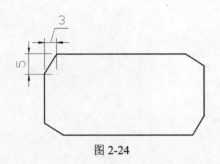

图 2-24

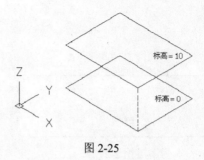

图 2-25

- 圆角(F)：指定矩形的圆角半径，如图 2-26 所示。
- 厚度(T)：指定矩形的厚度，相当于绘制一个立方体，切换到三维视图就可以看到它的效果，如图 2-27 所示。

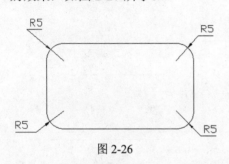

图 2-26

图 2-27

宽度(W)：为要绘制的矩形指定多段线的宽度。

案例 6：绘制电视机图例

如图 2-28 所示，这个电视机图例主要由矩形构成，目的是练习倒角矩形的绘制和通过调整图形的夹点，改变图形的形状。

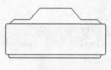

图 2-28

Step 01 在命令行中输入 rectang 命令，绘制一个圆角矩形，如图 2-29 所示，命令如下：

```
命令:_rectang
指定第一个角点或 [倒角(C)/标高(E)/圆角
(F)/厚度(T)/宽度(W)]: c
指定矩形的第一个倒角距离 <0.00>: 5
指定矩形的第二个倒角距离 <5.00>: 5
指定第一个角点或 [倒角(C)/标高(E)/圆角
(F)/厚度(T)/宽度(W)]:
指定另一个角点或 [面积(A)/尺寸(D)/旋转
(R)]: @50,150 ✓
```

Step 02 使用 rectang 命令，在矩形的底边上绘制一个矩形，将矩形分解并调整成梯形，如图 2-30 所示。

```
命令:_rectang
当前矩形模式：倒角=5.00 x 5.00
指定第一个角点或 [倒角(C)/标高(E)/圆角(F)/厚
度(T)/宽度(W)]: c ✓
指定矩形的第一个倒角距离 <5.00>: 0 ✓  //将
倒角距离归零
指定矩形的第二个倒角距离 <5.00>: 0 ✓  //将
倒角距离归零
指定第一个角点或 [倒角(C)/标高(E)/圆角(F)/厚
度(T)/宽度(W)]:      //按住【Shift】键的同时单
击鼠标右键，在弹出的菜单中选择"自"命令，
如图 2-30 所示
_from 基点：      // 捕捉如图所示的点
<偏移>: @15,0 ✓  //输入距离指定点的相对距
离，以距离指定点 15 个单位的位置为矩形的起点
指定另一个角点或 [面积(A)/尺寸(D)/旋转(R)]:
@460,20 ✓
```

图 2-29

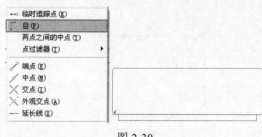

图 2-30

Step 03 选中矩形，然后分别单击下面的夹点，打开极轴捕捉，水平移动鼠标，然后输入移动距离，按【Enter】键结束，将矩形调整为梯形，如图 2-31 所示。

Step 04 使用同样的方法制出如图 2-32 所示的电视平面图例。

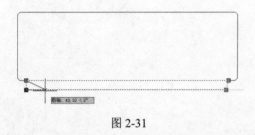

图 2-31

图 2-32

2.2.6 绘制正多边形（Ploygon）

创建多边形是绘制等边三角形、正方形、五边形、六边形等的简单方法。

调用 Ploygon 命令的方法有以下 3 种：

● 在命令行中输入 Ploygon 命令并按【Enter】键或者空格键。

● 单击"绘图"工具栏上的"正多边形"按钮 ⬠。

● 在"绘图"菜单中单击"正多边形"菜单命令。

绘制正多边形的命令提示如下：

```
命令: Polygon ∠
输入边的数目 <4>: 5 ∠              //输入多边形的边数
指定正多边形的中心点或 [边（E）]:    //指定一个点作为多边形的外接圆或内切圆的圆心。
输入选项 [内接于圆（I）/外切于圆（C）] <I>: I∠
```

以指定圆心方式来画多边形时，多边形可以内接于圆或者外切于圆，该提示要求用户选择是内接方式（键入 I）还是外切方式（键入 C），内接于圆和外切于圆的效果如图 2-33 所示。

AutoCAD 能创建边数为 3～1024 的等边多边形。用户还可以通过指定多边形某条边的两个端点来绘制，这特别适用于已画出一部分图形的情况下，可以大大节省作图时间，命令提示如下：

```
命令:Polygon ∠
输入边的数目 <4>: 5∠
指定正多边形的中心点或 [边（E）]: E∠
```

指定边的第一个端点:	//指定如图 2-34 所示的点（1）
指定边的第二个端点:	//指定点（2）

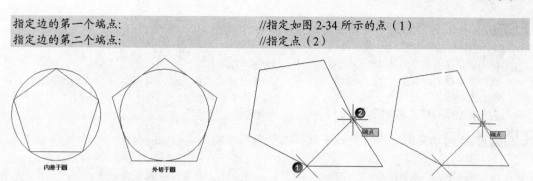

图 2-33   图 2-34

案例 7：绘制单层固定窗

本例主要利用 Rectang 命令和 Offset 命令，绘制一个单层固定窗图例，案例效果如图 2-35 所示。

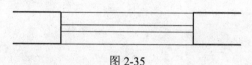

图 2-35

Step 01 在命令行中输入 REC（Rectang）命令，或者选择"绘图>矩形"菜单命令，命令提示如下。

```
命令: REC↙
Rectang
指定第一个角点或 [倒角（C）/标高（E）/圆角（F）/厚度（T）/宽度（W）]:
指定另一个角点或 [尺寸（D）]: @120,150 ↙
```

Step 02 在命令行中输入 O（Offset）命令，或者选择"编辑>偏移"菜单命令，命令提示如下。

```
命令: O ↙
Offset
指定偏移距离或 [通过（T）] <10.0000>: 5 ↙
选择要偏移的对象或 <退出>:              //选择矩形
指定点以确定偏移所在一侧:              //在矩形内部单击
选择要偏移的对象或 <退出>: ↙          //结束命令，如图 2-36 所示
```

Step 03 选中上一步绘制的矩形，在命令行中输入 Explode 命令，再按【Enter】键将内部的矩形分解。

图 2-36

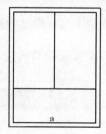

图 2-37

Step 04 再使用 Offset 命令偏移复制窗框，命令提示如下：

命令: Offset✓
指定偏移距离或 [通过（T）] <20>: 50✓   //指定偏移距离
选择要偏移的对象或 <退出>:   //选择内部矩形的底边，如图 2-37 所示的线段 a
指定点以确定偏移所在一侧: //在边的上方单击
选择要偏移的对象或 <退出>: ✓   //退出

Step 05 绘制单层固定窗的平面图例。在命令行中输入 Rectang 命令，命令提示如下：

命令: Rectang ✓
指定第一个角点或 [倒角（C）/标高（E）/圆角（F）/厚度（T）/宽度（W）]:
指定另一个角点或 [尺寸（D）]: @40,24 ✓

Step 06 在命令行中输入 CO（Copy）命令，将矩形在水平位置上再复制一个，命令选择过程如下所示。

命令:CO✓
Copy
选择对象: 指定对角点: 找到 4 个   //选择矩形
选择对象: ✓   //结束对象的选择
指定基点或位移，或者 [重复（M）]:
指定位移的第二点或 <用第一点作位移>: @120,0✓   //将矩形水平移动，移动的距离为窗的宽度，完成后的效果如图 2-38 所示

图 2-38

Step 07 选中这两个矩形，在命令行中输入 Explode 命令并按【Enter】键将矩形分解，然后将左右两边的边删除，如图 2-39 所示。

Step 08 使用 Line 命令绘制 4 条直线，设置线宽为默认宽度，窗的平面图例就绘制完成了，如图 2-40 所示。

图 2-39 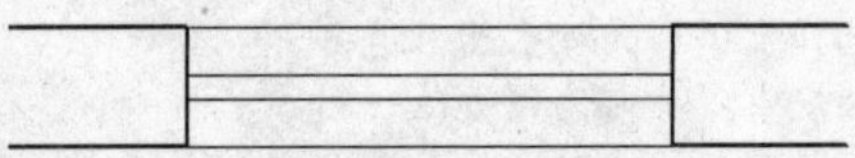   图 2-40

2.3 绘制圆、椭圆和圆弧

本节将介绍圆、圆弧和椭圆的绘制方法，这 3 种图形元素都有相同的特点。

2.3.1 绘制圆形（Circle）

命令行提示行中输入 Circle 命令，或者在"绘图"工具栏中单击"圆"按钮⊙，然后根据命令提示绘制圆形。

选择 Circle 命令的方法有以下 3 种：

- 在命令行中输入 Circle 命令并按【Enter】键或者空格键。
- 单击"绘图"工具栏中的"圆"Circle 按钮 ⊙。
- 在"绘图"菜单中选择"圆"命令，然后在子菜单中选择不同的绘制方式，如图 2-41 所示。

下面分别用 6 种不同方式绘制圆。

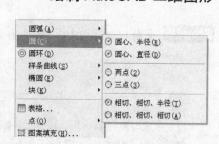

图 2-41

Step 01 采用圆心、半径法绘制一个圆心（200，200），半径为 30 的圆，命令提示如下：

命令：Circle ✓
指定圆的圆心或 [三点(3P)/两点(2P)/切点、切点、半径(T)]：200，200
指定圆的半径或[直径（D）]：30 ✓ //直接输入半径的值，或者指定一个点来确定半径，如图 2-42 所示

Step 02 已知圆心坐标为（200，200），直径为 100 的圆，命令提示如下：

命令：Circle ✓
指定圆的圆心或[三点（3P）/两点（2P）/相切、相切、半径（T）]：200,200 ✓
指定圆的半径或[直径（D）] <1.0000>：D ✓
指定圆的直径<2.0000>：100 ✓ //绘制结果如图 2-43 所示

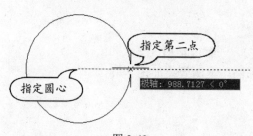

图 2-42

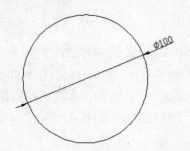

图 2-43

Step 03 采用两点法绘制一个半径为 40 的圆，如图 2-44 所示，命令提示如下：

命令：Circle ✓
指定圆的圆心或[三点（3P）/两点（2P）/相切、相切、半径（T）]：2P ✓
指定圆直径的第一个端点： //拾取直径的端点（1）
指定圆直径的第二个端点：@80,0 ✓//输入第 2 点的相对坐标，或拾取直径的端点（2），如图 2-44 所示

Step 04 采用三点法绘制一个圆，如图 2-45 所示，命令提示如下：

命令：Circle ✓
指定圆的圆心或[三点（3P）/两点（2P）/相切、相切、半径（T）]：3P ✓
指定圆上的第一个点： //拾取点（1）
指定圆上的第二个点： //拾取点（2）
指定圆上的第三个点： //拾取点（3）

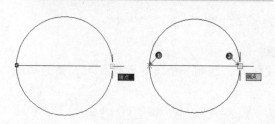

图 2-44

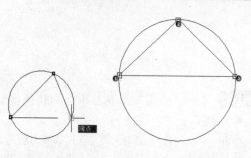

图 2-45

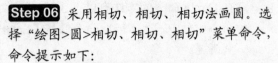
Step 05 采用相切、相切、半径法画圆，命令提示如下：

> 命令：Circle ↙
> 指定圆的圆心或[三点（3P）/两点（2P）/相切、相切、半径（T）]：T ↙
> 指定对象与圆的第一个切点：　//拾取切点1，如图 2-46 左所示
> 指定对象与圆的第二个切点：　//拾取切点2，如图 2-46 右所示
> 指定圆的半径<21.5276>：　//指定半径值

绘制结果如图 2-46 所示。

Step 06 采用相切、相切、相切法画圆。选择"绘图>圆>相切、相切、相切"菜单命令，命令提示如下：

> 命令：_circle 指定圆的圆心或 [三点(3P)/两点(2P)/切点、切点、半径(T)]：_3p ↙
> 指定圆上的第三个点：_tan 到：　//拾取切点1，如图 2-47 所示
> 指定圆上的第三个点：_tan 到：　//拾取切点2
> 指定圆上的第三个点：_tan 到：　//拾取切点3

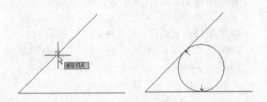

图 2-46

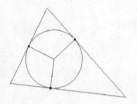

图 2-47

案例 8：绘制坐椅平面图例

坐椅的尺寸一般为 450×450×500（椅面高度），一般由塑料、垫木和铝合金制成，不占空间，本例绘制的是座椅平面图例，案例效果如图 2-48 所示，主要使用圆、偏移命令和修剪命令。

图 2-48

Step 01 单击"绘图"工具栏中"圆"按钮 ◎，绘制一个半径为 320mm 的圆形，命令提示如下：

> 命令：_circle 指定圆的圆心或 [三点（3P）/两点（2P）/切点、切点、半径（T）]：
> 指定圆的半径或 [直径（D）]：320 ↙

Step 02 单击"修改"工具栏中的"偏移"按钮 ◎，将圆形向外侧偏移复制出两个，偏移距离分别为 60mm 和 45mm，如图 2-49 所示。

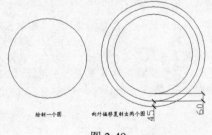

绘制一个圆　　　向外偏移复制出两个圆

图 2-49

Step 03 单击"绘图"工具栏中的"构造线"按钮 ✓，绘制一条与水平线成45°角的构造线，命令提示如下：

> 命令：_xline 指定点或 [水平（H）/垂直（V）/角度（A）/二等分（B）/偏移（O）]：a ↙
> 输入构造线的角度 （0） 或 [参照（R）]：45 ↙

Step 04 按空格键继续选择 Xline 命令，绘制一条与水平线成-45°角的构造线，结果如图 2-50 所示，命令提示如下：

命令: Xline 指定点或 [水平（H）/垂直（V）/角度（A）/二等分（B）/偏移（O）]: a ✓
输入构造线的角度（0）或 [参照（R）]: -45 ✓

图 2-50

Step 05 单击"修改"工具栏中的"偏移"按钮 ，将两条构造线向内侧偏移复制出两条，偏移距离为 25，结果如图 2-51 所示。

Step 06 单击"修改"工具栏中的"修剪"按钮 ，先按【Enter】键，然后单击要剪掉的部分线段，修剪后的结果如图 2-52 所示。

图 2-51

图 2-52

Tips

　　使用"修剪"命令修剪图形时，一些剩余的多余线段已经不能通过"修剪"命令剪掉，这时可以结束"修剪"命令，直接选中多余线段，然后按【Delete】键删除。

2.3.2 绘制圆弧（Arc）

　　圆弧是圆的一部分，也是最常用的基本图元之一。AutoCAD 提供了 11 种绘制圆弧的方式，这些方式都在"绘图"菜单下的 Arc（圆弧）选项中，用户可以根据不同的条件选择不同的绘制方式。

　　选择 Arc 命令的方法有以下 3 种：

- 在命令行中输入 Arc 命令并按【Enter】键或者空格键。
- 在"绘图"工具栏中单击 Arc 按钮 。
- 在"绘图"菜单中选择"圆弧"命令，然后在子菜单中选择不同的绘制方式，如图 2-53 所示。

下面分别用不同方式来绘制圆弧。

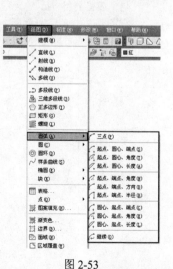

图 2-53

Step 01 三点法通过指定圆弧的起点、第二点和终点三个点来确定一段圆弧（如图 2-54 所示），命令提示如下：

命令: Arc ✓
指定圆弧的起点或[圆心（C）]:　　　　　　　//指定圆弧的起点 1

指定圆弧的第二个点或[圆心（C）/端点（E）]:	//指定圆弧的第二点
指定圆弧的端点:	//指定圆弧的终点，即第3点

当选中绘制的圆弧后，圆弧上会出现4个夹点，单击夹点即可选中夹点，可以通过移动夹点来调节圆弧的弧度和位置等属性，如图2-55所示。

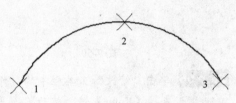

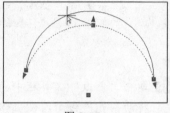

图 2-54   图 2-55

Step 02 通过指定起点、圆心、端点绘制圆弧，当给出圆弧的起点和圆心后，圆弧半径实际上就已经确定了，圆弧的端点只决定弧长，命令提示如下：

命令: Arc ↙	
指定圆弧的起点或[圆心（C）]:	//指定圆弧的起点（1）
指定圆弧的第二个点或[圆心（C）/端点（E）]: C ↙	
指定圆弧的圆心:	//指定圆弧的圆心（2）
指定圆弧的端点或[角度（A）/弦长（L）]:	//指定圆弧的端点（3）

使用圆心2，从起点1向终点逆时针绘制圆弧。终点将落在从第3点到圆心的一条假想射线上，如图2-56所示。

Step 03 通过指定起点、圆心、角度绘制圆弧。这里所说的角度是指从圆弧的圆心到两个端点的两条半径之间的夹角。如果该夹角为正值，则按逆时针方向绘制圆弧；如果该夹角为负值，则按顺时针方向绘制圆弧。

命令: Arc ↙	
指定圆弧的起点或[圆心（C）]:	//指定圆弧的起点（1）
指定圆弧的第二个点或[圆心（C）/端点（E）]: C ↙	
指定圆弧的圆心:	//指定圆弧的圆心（2）
指定圆弧的端点或[角度（A）/弦长（L）]: A ↙	
指定包含角: 93 ↙	//输入角度值，结果如图2-57所示

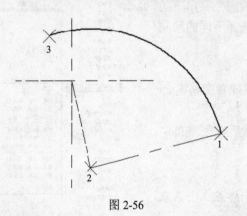

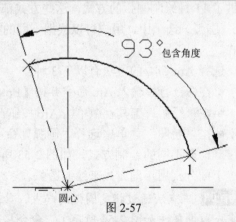

图 2-56   图 2-57

Step 04 通过指定起点、圆心、长度绘制圆弧。采用这种方式法绘制圆弧，首先要指定圆弧的起点与圆心，然后指定圆弧的弦长来画圆弧。

这种绘制方法总是按逆时针方向绘制圆弧，输入正的弦长画的是小于 180° 的圆弧，而输入负的弦长画的是大于 180°的圆弧，命令提示如下：

命令：Arc ✓
指定圆弧的起点或[圆心（C）]:　　　　　　　　　　　//指定圆弧的起点（1）
指定圆弧的第二个点或[圆心（C）/端点（E）]: C ✓
指定圆弧的圆心：　　　　　　　　　　　　　　　　　//指定圆弧的圆心（2）
指定圆弧的端点或[角度（A）/弦长（L）]: L ✓
指定弦长: 21 ✓　　　　　　　　　　//输入弦的长度值，结果如图 2-58 所示

Step 05 通过指定起点、端点、角度绘制圆弧，输人正的角度值按逆时针方向画圆弧，而输人负的角度值按顺时针方向画圆弧（均从起点开始），命令提示如下：

命令：Arc ✓
指定圆弧的起点或 [圆心（C）]:　　　　　　　　　　　//指定圆弧的起点（1）
指定圆弧的第二个点或[圆心（C）/端点（E）]: E ✓
指定圆弧的端点：　　　　　　　　　　　　　　　　　//指定圆弧的端点（2）
指定圆弧的圆心或[角度（A）/方向（D）/半径（R）]: A ✓
指定包含角：　　　　　　　　　　　　　　　　　　//输入角度值

Step 06 通过指定起点、端点、方向绘制圆弧，从起点确定该方向，绘制的圆弧在起点处与指定方向相切，这将绘制从起点 1 开始到终点 2 结束的任何圆弧，而不考虑是劣弧、优弧还是顺弧、逆弧，如图 2-59 所示。

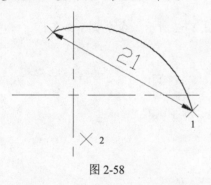

图 2-58

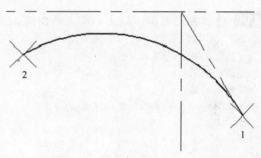

图 2-59

这里所说的方向是指圆弧的切线方向（以度数表示），圆弧的起点方向与给出的方向相切。

命令：Arc ✓
指定圆弧的起点或 [圆心（C）]:
//指定圆弧的起点
指定圆弧的第二个点或[圆心（C）/端点（E）]: E ✓
指定圆弧的端点：
//指定圆弧的端点
指定圆弧的圆心或[角度（A）/方向（D）/半径（R）]:
D ✓
指定圆弧的起点切向：　　//指定圆弧起点切线方向，
如图 2-60 所示

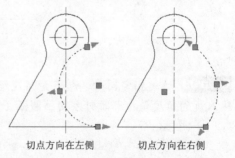

切点方向在左侧　　切点方向在右侧

图 2-60

在绘制圆弧时，起点和端点的顺序一样，绘制的圆弧方向也会不同。

Step 07 通过指定起点、端点、半径绘制圆弧，如图 2-61 所示。这种方法只能按逆时针方向绘制圆弧，输入正的半径值画的是小于 180° 的圆弧，而输入负的半径值画的是大于 180° 的圆弧。

```
命令: Arc ✓
指定圆弧的起点或 [圆心（C）]:                      //指定圆弧的起点
指定圆弧的第二个点或[圆心（C）/端点（E）]: E ✓
指定圆弧的端点:                                   //指定圆弧的端点
指定圆弧的圆心或[角度（A）/方向（D）/半径（R）]: R ✓
指定圆弧的半径:                                   //确定圆弧的半径
```

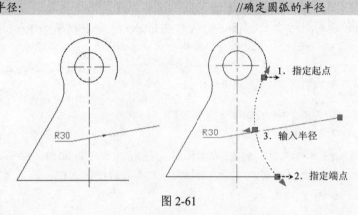

图 2-61

Step 08 通过指定圆心、起点、端点绘制圆弧，如图 2-62 所示，命令提示如下：

```
命令: Arc ✓
指定圆弧的起点或[圆心（C）]: C ✓
指定圆弧的圆心:                                   //指定圆弧的圆心
指定圆弧的起点:                                   //指定圆弧的起点
指定圆弧的端点或[角度（A）/弦长（L）]:             //指定圆弧的端点
```

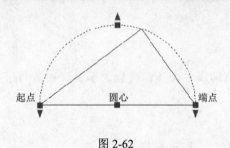

图 2-62

Step 09 通过指定圆心、起点、角度绘制圆弧。输入正的角度值按逆时针方向画圆弧，而输入负的角度值按顺时针方向画圆弧（均从起始点开始），命令提示如下：

```
命令: Arc ✓
指定圆弧的起点或[圆心（C）]: C ✓
指定圆弧的圆心:                                   //指定圆弧的圆心
指定圆弧的起点:                                   //指定圆弧的起点
指定圆弧的端点或[角度（A）/弦长（L）]: A ✓
指定包含角:                                       //指定圆弧的包含角
```

Step 10 通过指定圆心、起点、弦长绘制圆弧。这种方法总是按逆时针方向画圆弧。输入正的弦长值画的是小于 180° 的圆弧，而输入负的弦长值画的是大于 180° 的圆弧，命令提示如下：

命令：Arc ✓
指定圆弧的起点或[圆心（C）]：C ✓
指定圆弧的圆心：   //指定圆弧的圆心
指定圆弧的起点：   //指定圆弧的起点
指定圆弧的端点或[角度（A）/弦长（L）]：L ✓
指定弦长：   //指定圆弧的弦长

Step 11 连续方式。这是默认选项，在圆弧命令的第一个提示中按【Enter】
键则开始画新的圆弧，并与之前最后画的直线或圆弧相切。

案例 9：绘制门图例

如图 2-63 所示，这个门图例是由矩形和圆弧构成，绘制时可以根据
门的实际尺寸来绘制，也可以采用一定比例进行绘制。

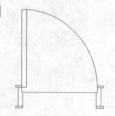

图 2-63

Step 01 单击"绘图"工具栏中的"矩形"按钮 □，或者在命令行中输
入 REC 命令，绘制一个 60×15mm 的矩形。

Step 02 按空格键继续选择 REC 命令，以矩形的右上角端点为起点绘制一个 40×150mm
的矩形，如图 2-64 所示，命令提示如下：

命令：_rectang
指定第一个角点或 [倒角（C）/标高（E）/圆角（F）/厚度（T）/宽度（W）]：
指定另一个角点或 [面积（A）/尺寸（D）/旋转（R）]：@-40,150 ✓

Step 03 先选中 60×15mm 的矩形，然后单击"修改"工具栏中的"复制"按钮 °ᵒ，将其
向上复制出一个，如图 2-65 所示，命令提示如下：

命令：_copy 找到 1 个
当前设置：复制模式 = 多个
指定基点或 [位移（D）/模式（O）] <位移>：   //捕捉 60×15 矩形的右下角点
指定第二个点或 <使用第一个点作为位移>：   //捕捉 40×150 矩形的右上角点
指定第二个点或 [退出（E）/放弃（U）] <退出>：✓

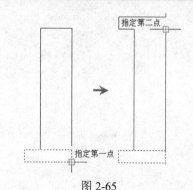

图 2-64   图 2-65

Step 04 捕捉 60×15 矩形的右下角点为起点绘制一个 40×620mm 的矩形，然后单击"绘
图"工具栏中的"圆弧"按钮 ◸，绘制一段圆弧，如图 2-66 所示，命令提示如下：

命令：_arc 指定圆弧的起点或 [圆心(C)]：c ✓
指定圆弧的圆心：   //捕捉 40×620mm 矩形的左下角点
指定圆弧的起点：   //捕捉 40×620mm 矩形的左上角点
指定圆弧的端点或 [角度(A)/弦长(L)]：a ✓
指定包含角：-90 ✓

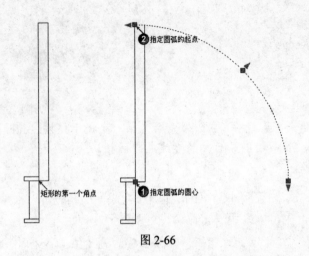

图 2-66

如果在"指定包含角:"命令提示后面输入正值，那么弧线的方向就会相反。

 选中 40×620mm 的矩形和圆弧，然后单击"修改"工具栏中的"移动"按钮，将其水平向左移动 10mm，再以矩形的左下角点为起点绘制一个 620×40mm 的矩形，如图 2-67 所示，移动命令提示如下：

```
命令: _move 找到 2 个
指定基点或 [位移（D）] <位移>:                    //任意指定一点
指定第二个点或 <使用第一个点作为位移>: @-10,0 ✓   //输入移动距离
```

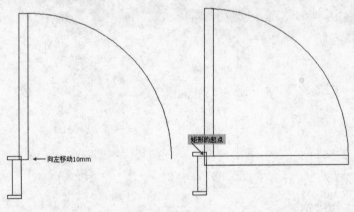

图 2-67

 选中左侧的 3 个小矩形，然后单击"修改"工具栏中的"镜像"按钮，镜像复制，然后在修剪掉矩形内部的线段，如图 2-68 所示，镜像命令提示如下：

```
命令: _mirror 找到 3 个
指定镜像线的第一点:                          //捕捉矩形中点,
指定镜像线的第二点:                          //捕捉 90° 极轴上的任意一点
要删除源对象吗? [是（Y）/否（N）] <N>: ✓
```

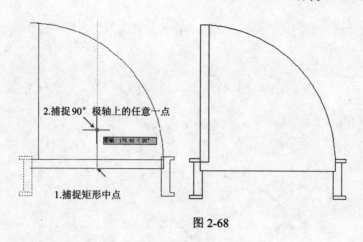

2.捕捉 90° 极轴上的任意一点

极轴: 175.66 < 90°

1.捕捉矩形中点

图 2-68

2.3.3 绘制椭圆（Ellipse）

椭圆由定义其长度和宽度的两条轴决定。较长的轴称为长轴，较短的轴称为短轴。椭圆的默认画法是指定一根轴的两个端点和另一根轴的半轴长度，如图 2-69 所示。

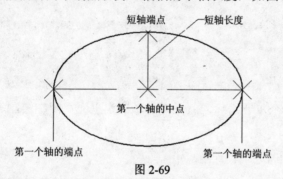

短轴端点　短轴长度

第一个轴的中点

第一个轴的端点　　　　第一个轴的端点

图 2-69

选择 Ellipse 命令的方法有以下 3 种：

- 在命令行中输入 Ellipse 命令并按【Enter】键或者空格键。
- 在 "绘图" 工具栏中单击 Ellipse 按钮 ，如图 2-70 所示。
- 在 "绘图" 菜单中选择 "椭圆" 命令，然后在子菜单中选择不同的绘制方式，如图 2-71 所示。

图 2-70

图 2-71

在命令行提示行中输入 Ellipse 命令，或者单击"绘图"工具栏中的"椭圆"按钮，命令提示如下：

命令: _ellipse
指定椭圆的轴端点或 [圆弧(A)/中心点(C)]:   //指定端点（1）
指定轴的另一个端点: //指定端点（2）
指定另一条半轴长度或 [旋转(R)]:   //指定端点（3）

绘制结果如图 2-72 所示。

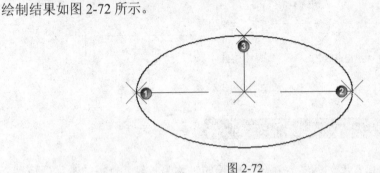

图 2-72

椭圆命令生成的椭圆是多义线还是实体是由系统变量 PELLIPSE 决定，当其为 1 时，生成的椭圆是多义线。

Ellipse 命令还有一个重要用途，就是在等轴测视平面视图中绘制等轴测圆，如图 2-73 所示。

"等轴测圆"选项仅在捕捉类型为"等轴测"时才可用，如图 2-74 所示。在后面的章节中将专门讲解轴测图的绘制。

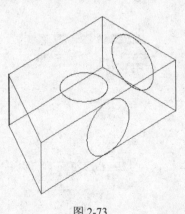

图 2-73

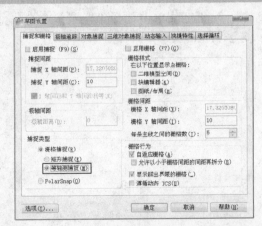

图 2-74

案例 10：使用椭圆命令绘制台盆图例

本例学习使用 Rectang 命令、Line 命令、Ellipse 命令、offset 命令、Trim 命令和 Circle 命令来绘制一个简单的台盆视图，如图 2-75 所示。

Step 01 在命令提示中输入 Rectang 命令，绘制一个长 30，宽 15 的矩形，命令提示如下：

```
命令：_rectang  ✓
指定第一个角点或 [倒角(C)/标高(E)/圆角(F)/厚度(T)/宽度(W)]：      //在绘图区域任意拾取一点
指定另一个角点或 [面积(A)/尺寸(D)/旋转(R)]：@30,15  ✓        //结果如图 2-76 所示
```

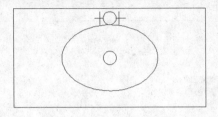

图 2-75   图 2-76

Step 02 在命令提示行中输入 Line 命令或单击绘图工具栏中的 ∕ 按钮，绘制一条直线连接矩形的中点，如图 2-77 所示。

Step 03 在命令行提示行中输入 Ellipse 命令，或单击"绘图"工具栏中的 ⬭ 按钮，绘制一个长轴为 7.5，短轴为 5 的椭圆，如图 2-78 所示，命令提示如下：

```
命令：_ellipse  ✓
指定椭圆的轴端点或 [圆弧(A)/中心点(C)]：_c  ✓
指定椭圆的中心点：                          //捕捉直线的中点为椭圆的圆心
指定轴的端点：7.5  ✓
指定另一条半轴长度或 [旋转(R)]：5   ✓
```

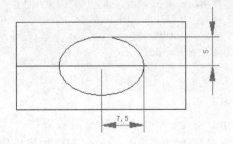

图 2-77   图 2-78

Step 04 在命令提示行中输入 Circle 命令，使用两点法，捕捉椭圆的象限点和圆心，分别绘制一个半径为 1 的圆，如图 2-79 所示，命令提示如下：

```
命令：_circle  ✓
指定圆的圆心或 [三点(3P)/两点(2P)/切点、切点、半径(T)]：      //选择直线的中点
指定圆的半径或 [直径(D)] <1.0000>：1  ✓                 //用相同的方法绘制另一个圆
命令：_circle
命令：_circle 指定圆的圆心或 [三点(3P)/两点(2P)/切点、切点、半径(T)]：2p ✓
指定圆直径的第一个端点：//捕捉椭圆的象限点，如图 2-79 所示
指定圆直径的第二个端点：@0,2  ✓
```

Step 05 最后用 Line 命令在圆形的两侧绘制一个十字形，这样就完成了台盆视图的绘制，效果如图 2-80 所示。

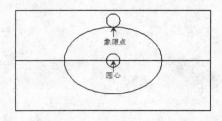

图 2-79

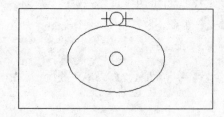

图 2-80

2.3.4 绘制椭圆弧（Ellipse）

首先绘制一个完整的椭圆，然后移动光标删除椭圆的一部分，剩余部分即为所需要的椭圆弧。

选择 Ellipse 命令的方法有以下 3 种：

- 在命令行中输入 Ellipse 命令并按【Enter】键或者空格键。
- 在"绘图"工具栏中单击 Ellipse 按钮 ⬭，如图 2-81 所示。
- 在"绘图"菜单中选择"椭圆"命令，然后在子菜单中选择"圆弧"命令。

图 2-81

Ellipse 命令提示如下：

```
命令：Ellipse ✓
指定椭圆的轴端点或[圆弧（A）/中心点（C）]：A ✓
指定椭圆弧的轴端点或[中心点（C）]：          //指定椭圆主轴端点
指定轴的另一个端点：                        //指定椭圆主轴另一个端点
指定另一条半轴长度或[旋转（R）]：            //指定另一根轴的半轴长度
指定起始角度或[参数（P）]：                  //指定起始角度
指定终止角度或[参数（P）/包含角度（I）]：     //指定终止角度
```

技术要点：

Ellipse 命令的各参数选项意义如下。

- 指定椭圆的轴端点：此为默认选项，让用户指定椭圆某一轴（长轴或短轴均可）的第一个端点。系统接着显示"指定轴的另一个端点"，要求用户指定该轴的第二个端点。
- 旋转：在指定该轴的第二个端点后，显示的提示为"指定另一条半轴长度或[旋转（R）]"，默认的选择是指定另一轴的半轴长，这样可以画出一个椭圆。

如果选择"旋转"选项，则接下来的提示为"指定绕长轴旋转的角度"，要求输入一个角度，该角度确定了椭圆长轴和短轴的比值，据此也可以绘制出椭圆。输入的角度为 0°，则画出一个圆。最大的输入角度可以是 89.4°，表示画一个很扁的椭圆。

- 中心点（C）：选择 Center 选项，将显示"指定椭圆的中心点"提示，要求指定椭圆的中心。在用户指定完中心后，继续显示"指定轴的端点"的提示，要求指定轴的一个端点。然后显示的提示为"指定另一条半轴长度或[旋转（R）]"，该提示含义同上。

● 圆弧（A）：选择该选项表示要画一个椭圆弧。选择后显示"指定椭圆的轴端点或[圆弧（A）/中心点（C）]"，这一提示与前面画椭圆的提示相同。在画完椭圆后，将显示"指定起始角度或[参数（P）]："的提示，默认的选项是让用户指定椭圆弧的起始角和终止角。

使用"椭圆弧法"法绘制椭圆弧，命令提示如下：

命令：Ellipse ✓
指定椭圆的轴端点或[圆弧（A）/中心点（C）]：A ✓
指定椭圆弧的轴端点或[中心点（C）]：   //鼠标在适当位置拾取一点
指定轴的另一个端点：   //鼠标在适当位置拾取一点
指定另一条半轴长度或[旋转（R）]：   //鼠标在适当位置拾取一点
指定起始角度或[参数（P）]：10 ✓
指定终止角度或[参数（P）/包含角度（I）]：-90 ✓

绘制结果如图 2-82 所示。

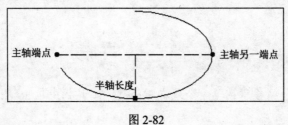

图 2-82

案例 11：绘制门立面图例

绘制一扇门的立面图，门尺寸为 0.8m×2.0m，案例效果如图 2-83 所示。

Step 01 绘制外轮廓。选择"绘图>矩形"菜单命令或在"绘图"工具栏中单击"矩形"按钮▢，命令提示如下：

命令：_rectang
指定第一个角点或 [倒角(C)/标高(E)/圆角(F)/厚度(T)/宽度(W)]：700,300 ✓ //直接输入
指定另一个角点或 [面积(A)/尺寸(D)/旋转(R)]：1500,2300 ✓   //加前缀#表示绝对坐标

Step 02 门的外轮廓出来后，需要在门上加些装饰性的花纹。仍然使用矩形命令绘制，如图 2-84 所示，命令提示如下：

命令：_rectang
指定第一个角点或 [倒角(C)/标高(E)/圆角(F)/厚度(T)/宽度(W)]：800,480 ✓ //直接输入
指定另一个角点或 [面积(A)/尺寸(D)/旋转(R)]：1400,1200 ✓   //加前缀#表示绝对坐标

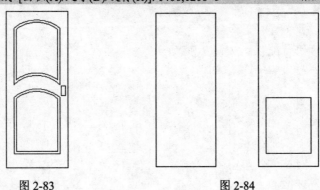

图 2-83   图 2-84

Tips

在输入第二个坐标时，AutoCAD 默认为相对坐标，要输入绝对坐标，需要在输入时加上前缀#。

Step 03 在"绘图"工具栏中单击"圆弧"按钮，使用 Arc（圆弧）命令绘制一段圆弧，命令提示如下：

```
命令: _arc
指定圆弧的起点或 [圆心(C)]:                    //捕捉小矩形左上角顶点
指定圆弧的第二个点或 [圆心(C)/端点(E)]:         //在小矩形顶边上方大概 100 处单击鼠标
指定圆弧的端点:                               //捕捉小矩形右上角顶点
```

Step 04 使用 explode（分解）命令将小矩形打散，然后删除最上面的边，如图 2-85 所示，命令提示如下：

```
命令: EXPLODE ✓
选择对象: 找到 1 个                            //选择小矩形
选择对象: ✓
```

Step 05 选择"修改>偏移"菜单命令或在"修改"工具栏中单击"偏移"按钮，命令提示如下：

```
命令: _offset
当前设置: 删除源=否  图层=源  OFFSETGAPTYPE=0
指定偏移距离或 [通过(T)/删除(E)图层(L)] <10.0000>: 30 ✓    //偏移距离为 30
选择要偏移的对象，或 [退出(E)/放弃(U)] <退出>:            //选择圆弧
指定要偏移的那一侧上的点，或 [退出(E)/多个(M)/放弃(U)] <退出>:
                                                       //在所选对象下侧单击鼠标
选择要偏移的对象，或 [退出(E)/放弃(U)] <退出>:            //选择原矩形左边
指定要偏移的那一侧上的点，或 [退出(E)/多个(M)/放弃(U)] <退出>:
                                                       //在所选对象右侧单击鼠标
选择要偏移的对象，或 [退出(E)/放弃(U)] <退出>:            //选择原矩形下边
指定要偏移的那一侧上的点，或 [退出(E)/多个(M)/放弃(U)] <退出>:
                                                       //在所选对象上侧单击鼠标
选择要偏移的对象，或 [退出(E)/放弃(U)] <退出>:            //选择原矩形右边
指定要偏移的那一侧上的点，或 [退出(E)/多个(M)/放弃(U)] <退出>:
                                                       //在所选对象左侧单击鼠标
选择要偏移的对象，或 [退出(E)/放弃(U)] <退出>: ✓
```

Step 06 选择"修改>修剪"菜单命令或在"修改"工具栏中单击"修剪"按钮，使用修剪命令对相交的地方进行处理，如图 2-86 所示。

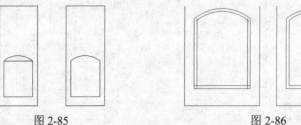

图 2-85   图 2-86

Step 07 使用 copy（复制）命令将装饰花纹向上复制，命令提示如下：

命令: COPY ✓
选择对象: 指定对角点: 找到 6 个   //框选装饰花纹左右边和上方弧形
选择对象: ✓
当前设置: 复制模式 = 多个
指定基点或 [位移(D)/模式(O)] <位移>:   //捕捉花纹左下角端点
指定第二个点或 [阵列(A)] <使用第一个点作为位移>: @0,880 ✓   //向上 880
指定第二个点或 [阵列(A)/退出(E)/放弃(U)] <退出>: ✓   //完成复制

Step 08 再次使用 copy 命令将两段圆弧向上复制，然后使用 trim（修剪）和 extend（延伸）命令对接头处进行处理，如图 2-87 所示，命令提示如下：

命令: _copy
选择对象: 指定对角点: 找到 2 个   //框选两段弧形
选择对象: ✓
当前设置: 复制模式 = 多个
指定基点或 [位移(D)/模式(O)] <位移>:   //捕捉圆弧左端点
指定第二个点或 [阵列(A)] <使用第一个点作为位移>:   //在正确位置单击鼠标
指定第二个点或 [阵列(A)/退出(E)/放弃(U)] <退出>: ✓

Step 09 选择"绘图>矩形"菜单命令绘制门把手，最终效果如图 2-88 所示，命令提示如下：

命令: _rectang
指定第一个角点或 [倒角(C)/标高(E)/圆角(F)/厚度(T)/宽度(W)]: 1420,1220 ✓
指定另一个角点或 [面积(A)/尺寸(D)/旋转(R)]: 1470,1350 ✓   //加前缀#

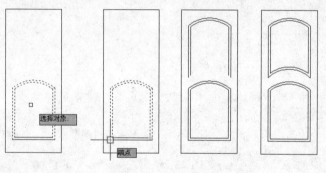

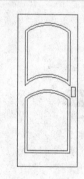

图 2-87   图 2-88

Step 10 选择门所包含的所有对象，使用 block 命令将其创建成块。块名称设为"门-立面"，基点设为门左边中点。

2.4 绘制复杂二维图形

本节将学习绘制多段线、多线、云线和样条曲线等复杂二维图形。

2.4.1 绘制多段线（Pline）

二维多段线是作为单个平面对象创建的相互连接的线段序列，用户可以创建直线段、弧线段或两者的组合线段，如图 2-89 所示。

使用直线工具绘制出的图形,是由独立的直线段构成的,而使用多段线工具绘制的图形则是一个整体,选择其中一条线段,则整个图形都会被选中。

案例12: 使用多段线和圆弧命令绘制壁灯

本例学习使用"起点、端点、半径"法绘制圆弧,使用 Mirror 命令、Line 命令、offset 命令、Trim 命令、arc 命令、explode 命令和 circle 命令来绘制一盏壁灯,如图 2-90 所示。

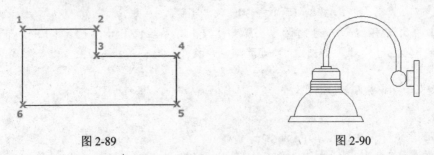

图 2-89   图 2-90

Step 01 在命令行中输入 rectang 命令,绘制一个 150×10 的矩形,然后将矩形的顶点向中间移动 5 个单位,如图 2-91 所示。

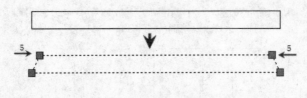

图 2-91

Step 02 在命令行中输入 PL 命令,用多段线命令来绘制一个弧形,命令提示如下:

```
命令: _pline
指定起点:                                          // 指定绘图的起点
当前线宽为 0.0000
指定下一个点或 [圆弧(A)/半宽(H)/长度(L)/放弃(U)/宽度(W)]: a ✓  //标示接下来将绘制圆弧
指定圆弧的端点或[角度(A)/圆心(CE)/方向(D)/半宽(H)/直线(L)/半径(R)/第二个点(S)/放弃(U)/宽度(W)]:
s ✓                                               //标示要通过指定圆弧的第二个点
指定圆弧上的第二个点: @10,28 ✓                      //输入距圆弧的第一个点的相对坐标
指定圆弧的端点: @20,20 ✓                            //输入距圆弧的第二个点的相对坐标
指定圆弧的端点或[角度(A)/圆心(CE)/闭合(CL)/方向(D)/半宽(H)/直线(L)/半径(R)/第二个点(S)/放弃
(U)/宽度(W)]:L ✓                                   //标示接下来要绘制直线
指定下一点或 [圆弧(A)/闭合(C)/半宽(H)/长度(L)/放弃(U)/宽度(W)]: 66 ✓
指定下一点或 [圆弧(A)/闭合(C)/半宽(H)/长度(L)/放弃(U)/宽度(W)]: a ✓
指定圆弧的端点或[角度(A)/圆心(CE)/闭合(CL)/方向(D)/半宽(H)/直线(L)/半径(R)/第二个点(S)/放弃
(U)/宽度(W)]: s ✓
指定圆弧上的第二个点: @20,-20 ✓
指定圆弧的端点: @10,-28 ✓
指定圆弧的端点或[角度(A)/圆心(CE)/闭合(CL)/方向(D)/半宽(H)/直线(L)/半径(R)/第二个点(S)/放弃
(U)/宽度(W)]: ✓
```

绘制好之后,将其移动到矩形之上,如图 2-92 所示。

Step 03 在命令行中输入 rectang 命令,绘制一个 66×5 的矩形,然后将矩形的顶点向中间移动 3 个单位，如图 2-93 所示。

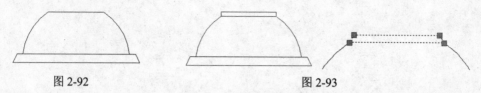

图 2-92　　　　　　　　　　　　　图 2-93

Step 04 继续绘制一些矩形，并调整顶点，排列成图 2-94 所示的样式，方法很简单，但步骤比较多，这里不在具体讲解了。

Step 05 在命令行中输入 PL（pline 的简写）命令，用多段线命令来绘制一个弧形，如图 2-95 所示，命令提示如下：

命令: PL ✓
_pline
指定起点: //指定起点
当前线宽为 0.0000
指定下一个点或 [圆弧(A)/半宽(H)/长度(L)/放弃(U)/宽度(W)]: @0,20 ✓
指定下一点或 [圆弧(A)/闭合(C)/半宽(H)/长度(L)/放弃(U)/宽度(W)]: a ✓
指定圆弧的端点或[角度(A)/圆心(CE)/闭合(CL)/方向(D)/半宽(H)/直线(L)/半径(R)/第二个点(S)/放弃(U)/宽度(W)]: @135,0 ✓
指定圆弧的端点或[角度(A)/圆心(CE)/闭合(CL)/方向(D)/半宽(H)/直线(L)/半径(R)/第二个点(S)/放弃(U)/宽度(W)]:L ✓
指定下一点或 [圆弧(A)/闭合(C)/半宽(H)/长度(L)/放弃(U)/宽度(W)]: @0,-30 ✓
指定下一点或 [圆弧(A)/闭合(C)/半宽(H)/长度(L)/放弃(U)/宽度(W)]: ✓

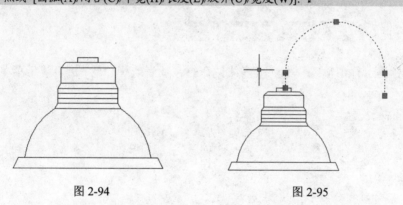

图 2-94　　　　　　　　　　　　　图 2-95

Step 06 在命令行中输入 O（offset 的简写）命令，将上一步绘制的圆弧偏移复制，如图 2-96 所示，命令提示如下：

命令:O ✓
OFFSET
当前设置: 删除源=否　图层=源　OFFSETGAPTYPE=0
指定偏移距离或 [通过(T)/删除(E)/图层(L)] <通过>: 10 ✓　　　　　　//指定偏移距离
选择要偏移的对象，或 [退出(E)/放弃(U)] <退出>:选择多段线
指定要偏移的那一侧上的点，或 [退出(E)/多个(M)/放弃(U)] <退出>: //在多段线的上方单击鼠标
选择要偏移的对象，或 [退出(E)/放弃(U)] <退出>: //退出命令，结果如图 2-96 所示

Step 07 的多段线的下方绘制一个半径为 15 的圆形，如图 2-97 所示。

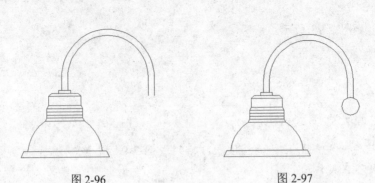

图 2-96   图 2-97

Step 08 分别绘制一个 10×70 和 15×30 的矩形，然后移动到图 2-98 所示的位置作为灯座。到此，一盏漂亮的壁灯就绘制完成了，效果如图 2-99 所示。

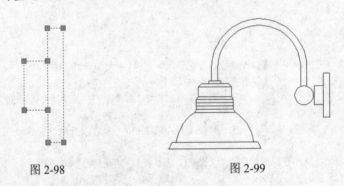

图 2-98   图 2-99

2.4.2 绘制多线（Mline）

在命令行提示行中输入 Mline（多线）命令，或者选择"绘图>多线"菜单命令，命令选择过程如下所示。

> 命令：Mline ✓
> 前设置：对正=<当前值>，比例=<当前值>，样式=STANDARD
> 指定起点或 [对正（J）/比例（S）/样式（ST）]：   //指定多重线的起点或者选择一个选项，其中
> "指定起点"为默认选项
> 指定下一点：
> 指定下一点或[放弃（U）]：
> 指定下一点或[闭合（C）/放弃（U）]： ✓ //选择"闭合（C）"选项会使下一段多线与起点相连，并
> 对所有线段之间的接头进行圆弧过渡，然后结束该命令，结果如图 2-100 所示

如果画了任意一段线后选择"放弃（U）"选项，则 AutoCAD 将擦除最后画的一段线，然后再继续提示指定下一点，这和 Line 命令相同。

对正（J）：确定多重线的元素与指定点之间的对齐方式。当用户选择该选项后，AutoCAD 有如下提示。

> 输入对正类型 [上（T）/无（Z）/下（B）]<当前值>：

该提示要求用户指定多重线的元素之间的对齐方式，AutoCAD 提供三种对齐方式。

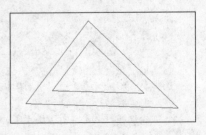

图 2-100

- 上（T）：使元素相对于选定点所确定的基线以最大的偏移画出，从每条线段的起点向终点看，该多重线的所有其他元素均在该指定基线的右侧，如图 2-101 所示。
- 无（Z）：使选定点所确定的基线为该多线的中线，如图 2-102 所示，从每条线段的起点向终点看，具有正偏移量的元素均在该指定基线的右侧；而具有负偏移量的元素均在该指定基线的左侧。

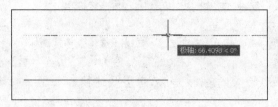

图 2-101

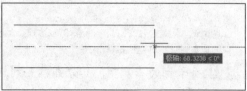

图 2-102

- 下（B）：此种对齐方式使元素相对于选定点所确定的基线以最小的偏移画出，如图 2-103 所示，从每条线段的起点向终点看，该多重线的所有其他元素均在该指定基线的左侧。
- 比例（S）：设置组成多线的两个平行线之间的距离。
- 样式（ST）：此选项用于在多重线式样库中选择当前多重线的式样。

```
指定起点或 [对正（J）/比例（S）/样式（ST）]: ST ↙
输入多线样式名或 [?]:
```

此提示要求用户指定所画多重线的式样名，可用"?"选项显示所有多重线的式样名。如果直接在该提示下按【Enter】键，则系统将选择默认的式样。

案例 13：绘制餐桌椅

餐桌椅应由餐桌和餐椅两大部分构成。绘制一个 1.4mX0.9m 餐桌，并配上餐椅，案例效果如图 2-104 所示。

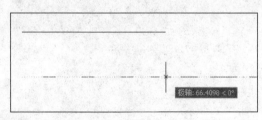

图 2-103

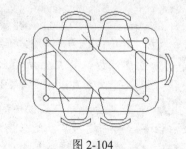

图 2-104

Step 01 绘制餐桌。选择"绘图>矩形"菜单命令或在"绘图"工具栏中单击"矩形"按钮，命令提示如下：

```
命令: _rectang
指定第一个角点或 [倒角(C)/标高(E)/圆角(F)/厚度(T)/宽度(W)]: f ↙       //倒圆角方式
指定矩形的圆角半径 <0.0000>: 140 ↙                                //倒角半径为 140
指定第一个角点或 [倒角(C)/标高(E)/圆角(F)/厚度(T)/宽度(W)]:          //任意指定一点
指定另一个角点或 [面积(A)/尺寸(D)/旋转(R)]: d ↙                     //指定矩形尺寸
指定矩形的长度 <10.0000>: 1400 ↙
```

指定矩形的宽度 <10.0000>: 900 ✓
指定另一个角点或 [面积(A)/尺寸(D)/旋转(R)]:　　　　　　　　　　　//在起点右下方单击鼠标

Step 02 使用 Line（直线）命令在矩形内绘制几条倾斜的直线，用来表示桌面的玻璃材质，如图 2-105 所示。

Step 03 因为是玻璃桌面，所以应该可以看得见桌腿。选择"绘图>圆>圆心、半径"菜单命令或在 "绘图"工具栏中单击"圆"按钮，绘制一个圆表示桌腿，命令提示如下：

命令:_circle
指定圆的圆心或 [三点(3P)/两点(2P)/切点、切点、半径(T)]:　　　　　//任意位置单击鼠标
指定圆的半径或 [直径(D)]: 30 ✓　　　　　　　　　　　　　　　　//圆半径为 30

Step 04 将绘制的圆复制，并分别放置到矩形的四个角上，然后用直线连接起来，效果如图 2-106 所示。

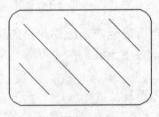

图 2-105

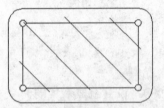

图 2-106

Step 05 绘制餐椅。因为餐椅都是一样的，所以可以先绘制一个，然后进行复制。单击"绘图"工具栏中的 ▭ （矩形）按钮，命令提示如下：

命令:_rectang
当前矩形模式:　圆角=140.0000
指定第一个角点或 [倒角(C)/标高(E)/圆角(F)/厚度(T)/宽度(W)]: f ✓　　//倒圆角方式
指定矩形的圆角半径 <140.0000>: 30 ✓　　　　　　　　　　　　　//倒圆角半径为 30
指定第一个角点或 [倒角(C)/标高(E)/圆角(F)/厚度(T)/宽度(W)]:　　　//任意指定一点
指定另一个角点或 [面积(A)/尺寸(D)/旋转(R)]: d ✓　　　　　　　　//指定矩形尺寸
指定矩形的长度 <1400.0000>: 390 ✓
指定矩形的宽度 <900.0000>: 340 ✓
指定另一个角点或 [面积(A)/尺寸(D)/旋转(R)]:　　　　　　　　　　//在起点右下方单击鼠标

Step 06 选中矩形，将左上角的点向右移动，右上角的点向左移动，分别移动 75mm，效果如图 2-107 所示。

Step 07 单击"绘图"工具栏中的 "圆弧" 按钮，在绘图区任意位置绘制一段圆弧。然后使用 offset（偏移）命令对其进行偏移操作，命令提示如下：

图 2-107

命令:_offset
当前设置: 删除源=否　图层=源　OFFSETGAPTYPE=0
指定偏移距离或 [通过(T)/删除(E)/图层(L)] <通过>:　30 ✓　　　　//偏移距离为 30
选择要偏移的对象，或 [退出(E)/放弃(U)] <退出>:　　　　　　　　//选择圆弧
指定要偏移的那一侧上的点，或 [退出(E)/多个(M)/放弃(U)] <退出>:　//向下偏移
选择要偏移的对象，或 [退出(E)/放弃(U)] <退出>:　　　　　　　　//退出命令

Step 08 使用直线工具绘制两条短线，将两段圆弧连接起来，这样餐椅就绘制完成了，效果如图 2-108 所示。

Step 09 重复使用 Copy（复制）、Move（移动）和 Rotate（旋转）等命令将餐椅复制 6 个并放置到合适的位置，最终效果如图 2-109 所示。

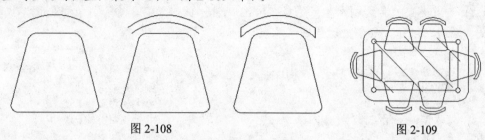

图 2-108   图 2-109

2.4.3 绘制云线（Revcloud）

修订云线是由连续圆弧组成的多段线，在检查或用红线圈阅图形时，可以使用修订云线功能亮显标记以提高工作效率，如图 2-110 所示。

在命令行提示行中输入 Revcloud（云线）命令，或者单击"绘图"工具栏中的"修订云线"按钮 ▣，命令提示如下：

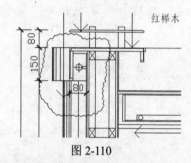

红榉木

图 2-110

```
命令：Revcloud ↙
最小弧长：15   最大弧长：15
指定起点或[弧长（A）/对象（O）]<对象>:        //拖动以绘制云线，输入选项或按【Enter】键，将对象转换为云线
```

技术要点。

● 弧长（A）：指定圆弧的弧长，注意最大弧长不能大于最小弧长的 3 倍。
● 最小弧长：连续圆弧的最小弧长。
● 最大弧长：连续圆弧的最大弧长。
● 对象（O）：指定要转换为云线的闭合对象，输入该选项时，命令提示如下：

```
指定起点或[弧长（A）/对象（O）]<对象>: O ↙
选择对象：                          //选择要转化的闭合图形对象。
反转方向 [是（Y）/否（N）]<否>:          //输入 Y 以反转云线中的弧线方向，或按 回车键保留弧线的原样。
```

案例 14：绘制一个洗面台的平面示意图

本例主要学习使用椭圆绘制一个洗面台平面图例，案例效果如图 2-111 所示。

Step 01 绘制台面。选择"绘图>矩形"菜单命令或在"绘图"工具栏中单击"矩形"按钮，命令提示如下：

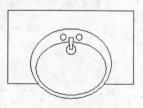

图 2-111

```
命令：_rectang
指定第一个角点或 [倒角(C)/标高(E)/圆角(F)/厚度(T)/宽度(W)]:
//任意位置单击鼠标
指定另一个角点或 [面积(A)/尺寸(D)/旋转(R)]: d ↙
指定矩形的长度 <400.0000>: 800 ↙
```

指定矩形的宽度 <180.0000>: 450↙

指定另一个角点或 [面积(A)/尺寸(D)/旋转(R)]:　　　　　　　//任意位置单击鼠标

Step 02 使用椭圆工具绘制水盆。选择"绘图>椭圆>圆心"菜单命令或在"绘图"工具栏中单击"椭圆"按钮，命令提示如下：

命令: _ellipse

指定椭圆的轴端点或 [圆弧(A)/中心点(C)]: c ↙　　　　　//指定中心点

指定椭圆的中心点:　　　　　　　　　　　　　　　　//捕捉矩形"下边"的中点

指定轴的端点: 258↙　　　　　　　　　　　　　　//指定横向半轴长度

指定另一条半轴长度或 [旋转(R)]: 213 ↙　　　　　　//指定纵向半轴长度

Step 03 再次使用椭圆工具在上一个椭圆内部进行绘制，如图 2-112 所示，命令提示如下：

命令: _ellipse

指定椭圆的轴端点或 [圆弧(A)/中心点(C)]: c ↙　　　　　//指定中心点

指定椭圆的中心点:　　　　　　　　　　　　　　　　//捕捉矩形"下边"的中点

指定轴的端点: 223 ↙　　　　　　　　　　　　　　//指定横向半轴长度

指定另一条半轴长度或 [旋转(R)]: 162 ↙　　　　　　//指定纵向半轴长度

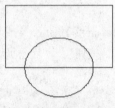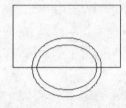

图 2-112

Step 04 选择"修改>移动"菜单命令将小椭圆向下移动 30mm，然后再将两个椭圆一起向上移动 125mm，如图 2-113 所示，命令提示如下：

命令: _move

选择对象: 找到 1 个　　　　　　　　　　　　　　//选择小椭圆

选择对象: ↙

指定基点或 [位移(D)] <位移>:　　　　　　　　　　//捕捉小椭圆上边象限点

指定第二个点或 <使用第一个点作为位移>: @0,-30 ↙　　//向下移动 30

命令: ↙　　　　　　　　　　　　　　　　　　//直接回车重复选择移动命令

MOVE

选择对象: 找到 1 个　　　　　　　　　　　　　　//选择小椭圆

选择对象: 找到 1 个，总计 2 个　　　　　　　　　　//选择大椭圆

选择对象: ↙

指定基点或 [位移(D)] <位移>:　　　　　　　　　　//捕捉小椭圆上边象限点

指定第二个点或 <使用第一个点作为位移>: @0,125 ↙　　//向上移动 125

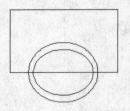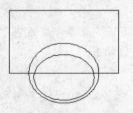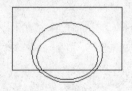

图 2-113

Step 05 绘制水龙头。水龙头的绘制通常都很简洁，分别用两个圆表示开关，加上一个倒角长方形就可以了。选择"绘图>圆>圆心、半径"菜单命令或在"绘图"工具栏中单击"圆"按钮，命令提示如下：

```
命令: _circle
指定圆的圆心或 [三点(3P)/两点(2P)/切点、切点、半径(T)]: //在要绘制开关的位置单击鼠标
指定圆的半径或 [直径(D)]: 18 ✓
```

Step 06 选择"修改>复制"菜单命令将圆在右边复制一个，使两者间距为 100mm，命令提示如下：

```
命令: _copy
选择对象: 找到 1 个                                    //选择圆
选择对象: ✓
当前设置: 复制模式 = 多个
指定基点或 [位移(D)/模式(O)] <位移>:                    //捕捉圆心
指定第二个点或 [阵列(A)] <使用第一个点作为位移>: @100,0 ✓  //向右移动 100
指定第二个点或 [阵列(A)/退出(E)/放弃(U)] <退出>: ✓       //结束复制
```

Step 07 选择"绘图>矩形"菜单命令在两个圆中间绘制一个矩形，然后将矩形下方两个夹点分别向内部水平移动 5mm，如图 2-114 所示，命令提示如下：

```
命令: _rectang
指定第一个角点或 [倒角(C)/标高(E)/圆角(F)/厚度(T)/宽度(W)]:
指定另一个角点或 [面积(A)/尺寸(D)/旋转(R)]: d ✓
指定矩形的长度 <30.0000>: 30 ✓
指定矩形的宽度 <75.0000>: 75 ✓
指定另一个角点或 [面积(A)/尺寸(D)/旋转(R)]:
```

Step 08 绘制出水孔。选择"绘图>圆>圆心、半径"菜单命令或在"绘图"工具栏中单击"圆"按钮，绘制一个半径为 30 的圆置于矩形下方，命令提示如下：

```
命令: _circle
指定圆的圆心或 [三点(3P)/两点(2P)/切点、切点、半径(T)]:     //捕捉矩形"下边"中点
指定圆的半径或 [直径(D)] <18.0000>: 30 ✓
```

Step 09 选择"修改>修剪"菜单命令或在"修改"工具栏中单击"修剪"按钮 ，清除多余的轮廓，最终效果如图 2-115 所示。

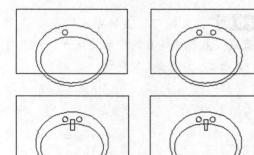

图 2-114

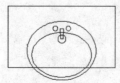
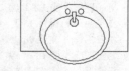

图 2-115

2.4.4 绘制样条曲线（Spline）

样条曲线是经过或接近一系列给定点的光滑曲线，通过编辑曲线的顶点可以控制曲线与点的拟合程度。也以通过使用 SPLINEDIT 命令更改拟合公差的值来控制 B 样条曲线和拟合点之间的最大距离，如图 2-116 所示。

样条曲线的绘制要通过一系列的点来定义，并需指定端点的切向或者用 Close 选项将其构成封闭曲线。另外一个要点是需指定曲线的拟合公差，它决定了所生成的曲线与数据点之间的逼近程度。

在命令行提示行中输入 Spline 命令，在"绘图"工具栏中单击"样条曲线"  按钮，命令提示如下：

```
命令:Spline↙
指定第一个点或 [对象（O）]:                //指定起点
指定下一点:                              //指定下一点
指定下一点或 [闭合（C）/拟合公差（F）] <起点切向>:
指定下一点或 [闭合（C）/拟合公差（F）] <起点切向>:
指定起点切向: ↙
指定端点切向: ↙
```

案例 15：绘制洗衣机图例

本例主要是练习圆形和圆角矩形的绘制方法，案例效果如图 2-117 所示。

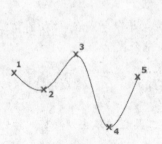

图 2-116

图 2-117

Step 01 单击"绘图"工具栏中的"矩形"按钮 ，或者在命令行中输入 rectang 命令，绘制一个圆角矩形，命令提示如下：

```
命令: _rectang
指定第一个角点或 [倒角（C）/标高（E）/圆角（F）/厚度（T）/宽度（W）]: f
指定矩形的圆角半径 <0.00>: 30
指定第一个角点或 [倒角（C）/标高（E）/圆角（F）/厚度（T）/宽度（W）]:
指定另一个角点或 [面积（A）/尺寸（D）/旋转（R）]: @500,500
```

Step 02 捕捉矩形边上的中点绘制一条水平直线，然后选择直线中间的夹点，向下移动 190mm，如图 2-118 所示

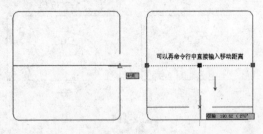

图 2-118

Step 03 捕捉矩形的对角点绘制一条斜线，以斜线的中点为圆心绘制一个半径为 180 的圆，然后删除斜线即可，如图 2-119 所示。

Step 04 使用相同的方法，先绘制一条直线进行定位，然后绘制圆形作为洗衣机的按钮，如图 2-120 所示。

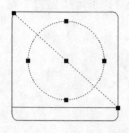 

图 2-119

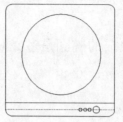 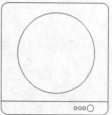

图 2-120

2.5 工程师即问即答

Q：如何改变点的显示样式？

A：在 AutoCAD 中，点可以作为捕捉对象的节点，其大小和形状可以由 PDMODE 和 PDSIZE 系统变量来控制。

PDMODE 的值 0、2、3 和 4 指定表示点的图形，值 1 指定不显示任何图形。PDSIZE 控制点图形的大小（PDMODE 系统变量为 0 和 1 时除外）。

如果设置为 0，将按绘图区域高度的 5%生成点对象，正的 PDSIZE 值指定点图形的绝对尺寸，负值将解释为视口尺寸的百分比，重生成图形时将重新计算所有点的尺寸。

AutoCAD 所提供的点样式和大小如图 2-121 所示。

要设置点的样式和大小，可以在命令行中输入 Ddptype 命令，或者选择"格式>点样式"菜单命令，打开"点样式"对话框，如图 2-122 所示。

图 2-121

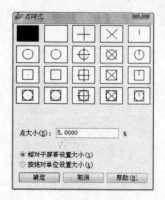

图 2-122

在"点样式"对话框中，左上角的点的形状是系统默认的点样式，其大小为 5%，单击其中任何一个图框，即可选中相应的点样式，并可通过下边的"点大小"文本框调整点的大小。

"相对于屏幕设置尺寸"单选按钮：系统按画面比例显示点。

"用绝对单位设置尺寸"单选按钮：系统按绝对单位比例显示点。

Q：命令中的对话框变为命令提示行怎么办？

A：将 CMDDIA 的系统变量修改为 1。系统变量为 0 时，为命令行；系统变量为 1 时，为对话框。

Q：椭圆命令生成的椭圆是多义线还是实体？

A：由系统变量 PELLIPSE 决定，当其为 1 时，生成的椭圆是多义线。

第3章
编辑 AutoCAD 二维图形

和传统的手工绘图一样，使用 AutoCAD 绘图也是一个由简到繁、由粗到精的过程。用户要首先勾画出一个简单的草图，然后反复进行修改、补充和细化，直到最终完成符合要求的图形。因此，对图形进行编辑加工，是绘图过程中必不可少的工作。AutoCAD 提供了与之相应的一系列编辑命令，使用户可以应用这些命令来对图形进行编辑加工。

学习重点

- 复制对象的方法
- 修剪图形的方法
- 使用夹点编辑图形
- 对图形进行圆角和倒角

视频时间

- 3-1.avi~3-9.avi 约 42 分钟

3.1 调整对象位置

调整对象的位置主要是指定移动对象和旋转对象,在绘图时经常需要移动图形的位置或者通过旋转工具来改变图形的位置。

3.1.1 选择对象的几种方式

要编辑对象就先得选中对象,AutoCAD 有多种选择对象的方式。

Step 01 直接使用鼠标单击,即将对象选中,可以同时选择一个或者多个对象,如图 3-1 所示。

Step 02 在绘图窗口中通过对角线的两个端点来定义矩形区域,凡是完全包含在矩形窗口内的图形对象均被选中。先在绘图区域中单击,然后向右移动鼠标指针,形成一个矩形区域,完全框选住要选择的对象,再单击一下即可,这种方式为"窗口"方式,如图 3-2 所示。

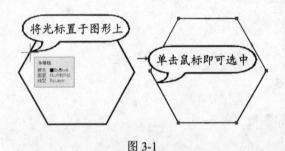

图 3-1

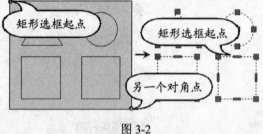

图 3-2

如果从右向左拖动光标,这种方式则为"交"方式。只要矩形框包含对象的任意一部分,整个对象都会被选择。

Step 03 在命令行中输入 Select(选择)命令来选择对象,命令提示如下:

```
命令: Select ✓
选择对象: all  ✓                    //输入 "all" 表示要选择全部对象
选择对象:找到 125 个                 //显示多少个对象被选中
```

Step 04 使用 Select 命令还可以选择所有与栏选线相交的对象,命令提示如下:

```
命令: Select ✓
选择对象: F ✓
指定第一个栏选点:                    //指定栏选线的第一点
指定下一个栏选点或 [放弃(U)]:        //指定栏选线的下一个点,或输入 "U" 选项删除刚才指定的点
…                                  //继续指定栏选点,如图 3-3 所示
指定下一个栏选点或 [放弃(U)]: ✓      //结束选择
```

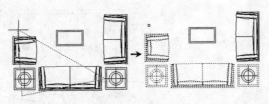

图 3-3

在默认情况下，每一次选择的对象都将自动加入选择集，因而用户可以连续选取对象以构成复杂的选择集。

选择"工具>选项"菜单命令，打开"选项"对话框，在该对话框的"选择集"选项卡中勾选"用 Shift 键添加到选择集"复选框，如图 3-4 所示。

此后每选择一个新对象，AutoCAD 就会取消以前的选择，而仅以当前选中的对象构成选择集。

如图 3-5（左）所示，这里有 4 个图形对象被选中，如果要取消对右边两个图形对象的选择，按住【Shift】键同时单击右边两个图形，这样就可以取消对这两个图形的选择，左边的图形对象仍然保持不变，处于被选中状态，如图 3-5 所示。

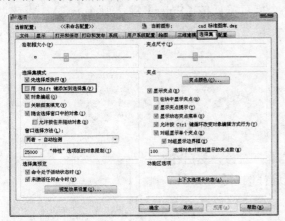

图 3-4

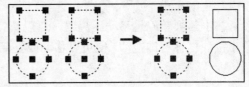

图 3-5

3.1.2 移动对象（Move）

Move（移动）命令用于将选定的图形对象从当前位置平移到一个新的指定位置，而不改变对象的大小和方向，如图 3-6 所示。

执行 Move 命令的方法有以下 3 种。

● 在命令行中输入 M（Move 命令的简写）并按【Enter】键。

● 选择"修改>移动"菜单命令。

● 单击"修改"工具栏上的"移动"按钮。

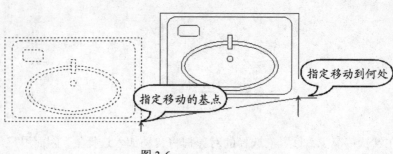

图 3-6

移动命令时提示如下。

命令: M ↙
Move
选择对象: //选择待移动的对象
选择对象: ↙   //点击右键或按回车键结束需选择
指定基点或位移: //拾取平移基点，如图 3-4 所示
指定位移的第二点或<用第一点作位移>:   //指定平移距离，可以使用鼠标指定，也可以输入下一点的坐标

如果用户在两个提示行后指定两个点，那么该两点的连线便是选定对象的位移向量；如果在第一个提示符后输入一个点，而在第二个提示符后按【Enter】键，则 AutoCAD 将该点向量作为选定对象的位移向量。

Tips

在绘图时经常需要精确地移动对象，可以通过极轴捕捉来确定要移动的方向，然后在命令行中直接输入要移动的距离，这样可以提高绘图效率。

在不需要精确地移动距离时，可以直接选择对象，然后在对象上按住鼠标右键拖动，便可以移动或复制选择的对象，如图 3-7 所示。

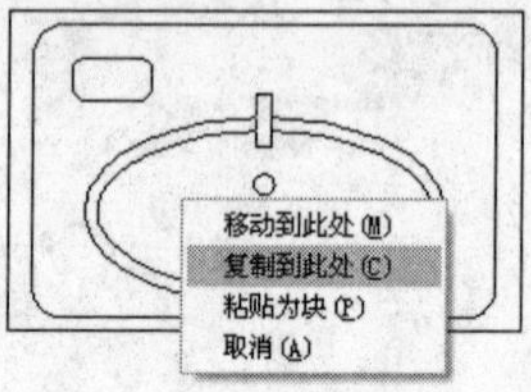

3.1.3　旋转对象（Rotate）

图 3-7

Rotate（旋转）命令用于将选定的图形对象围绕一个指定的基点进行旋转，默认的旋转方向为逆时针方向，输入负的角度值时则按顺时针方向旋转对象。

执行 Rotate 命令的方法有以下 3 种。

● 在命令行输入 R（Rotate 命令的简写）并按【Enter】键。
● 选择 "修改>旋转" 菜单命令。
● 单击 "修改" 工具栏上的 "旋转" 按钮。

旋转命令的提示如下：

命令: R↙
Rotate
UCS 当前的正角方向: ANGDIR=逆时针   ANGBASE=0
选择对象: //选择旋转对象

选择对象：✓	//结束选择对象的操作
指定基点：	//指定旋转基点，也就是绕哪个点进行旋转
指定旋转角度或[参照（R）]: 20 ✓	//输入旋转角度，该对象便会绕旋转基点按指定角度旋转

用户也可以在指定旋转基点后，通过鼠标指定一个点，系统认为用户选择了参考方式，于是该两个点的连线与 X 轴正向的夹角便作为选定对象的旋转角度，如图 3-8 所示。

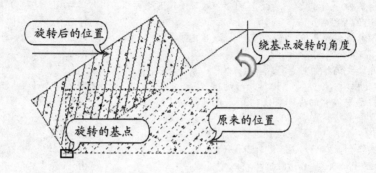

图 3-8

案例 1：绘制双人床图例

床不仅是睡卧、休息的地方，也是一种简易的坐具。绘制双人床图例时，先绘制出床的外轮廓，然后绘制被子图例，一般来说被子会被掀起一个角，案例效果如图 3-9 所示。

图 3-9

Step 01 单击"绘图"工具栏中的"矩形"按钮□，或者在命令行中输入 REC 命令，绘制一个 1500×2000mm 的矩形，如图 3-10 所示，命令提示如下：

命令: _rectang
指定第一个角点或 [倒角（C）/标高（E）/圆角（F）/厚度（T）/宽度（W）]:
指定另一个角点或 [面积（A）/尺寸（D）/旋转（R）]: @1500,2000 ✓

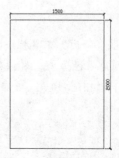

图 3-10

Step 02 选中矩形，然后单击"修改"工具栏中的"分解"按钮🔲，将矩形分解。

Step 03 单击"修改"工具栏中的"偏移"按钮🔳，将矩形顶边向下偏移 50mm，如图 3-11 所示，命令提示如下：

```
命令：_offset
当前设置：删除源=否    图层=源    OFFSET
GAPTYPE=0
指定偏移距离或 [通过(T)/删除(E)/图层(L)]
<25.00>: 50 ✓
选择要偏移的对象，或 [退出（E）/放弃（U）]
<退出>:           //选择矩形的顶边
指定要偏移的那一侧上的点，或 [退出（E）/
多个（M）/放弃（U）] <退出>:
                 //在矩形下方单击
选择要偏移的对象，或 [退出（E）/放弃（U）]
<退出>: ✓       //按回车将或空格键结束命令
```

Step 04 单击"修改"工具栏中的"复制"按钮🔳，将上一步偏移出来的线段向下复制，如图 3-12 所示，命令提示如下：

```
命令：_copy
选择对象：找到 1 个 //选择如图所示的线段a
选择对象：✓      //按回车或空格键结束选择
当前设置：复制模式 = 多个
指定基点或 [位移(D)/模式(O)] <位移>:
                  //任意指定一点
指定第二个点或 [阵列(A)] <使用第一个点作
为位移>: @0,-430 ✓
指定第二个点或 [阵列(A)/退出(E)/放弃(U)] <
退出>: @0,-700 ✓
指定第二个点或 [阵列(A)/退出(E)/放弃(U)] <
退出>: ✓
```

图 3-11

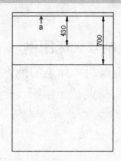

图 3-12

Step 05 单击"修改"工具栏中的"偏移"按钮🔳，将矩形左右两侧和底边的线段向内偏移 25mm，如图 3-13 所示。

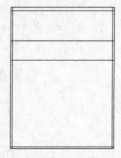

图 3-13

Step 06 单击"修改"工具栏中的"圆角"按钮🔲，设置圆角半径为 35，对偏移出来的线段进行圆角操作，如图 3-14 所示，命令提示如下：

```
命令：_fillet
当前设置：模式 = 修剪，半径 = 0.0000
选择第一个对象或 [放弃(U)/多段线(P)/半径
(R)/修剪(T)/多个(M)]: r ✓
指定圆角半径 <0.0000>: 35 ✓
选择第一个对象或 [放弃(U)/多段线(P)/半径
```

Step 07 按空格键继续执行圆角命令，对如图 3-15 所示的边设置圆角，命令提示如下：

```
命令：_fillet
当前设置：模式 = 修剪，半径 = 35.0000
选择第一个对象或 [放弃(U)/多段线(P)/半径
(R)/修剪(T)/多个(M)]: r ✓
指定圆角半径 <35.0000>: 20 ✓
选择第一个对象或 [放弃(U)/多段线(P)/半径
(R)/修剪(T)/多个(M)]: m ✓
```

(R)/修剪(T)/多个(M)]: m↙
选择第一个对象或 [放弃(U)/多段线(P)/半径
(R)/修剪(T)/多个(M)]: //选择线段 a
选择第二个对象，或按住 Shift 键选择对象以
应用角点或 [半径(R)]: //选择线段 b
选择第一个对象或 [放弃(U)/多段线(P)/半径
(R)/修剪(T)/多个(M)]: //选择线段 a
选择第二个对象，或按住 Shift 键选择对象以
应用角点或 [半径(R)]: //选择线段 d
选择第一个对象或 [放弃(U)/多段线(P)/半径
(R)/修剪(T)/多个(M)]: //选择线段 b
选择第二个对象，或按住 Shift 键选择对象以
应用角点或 [半径(R)]: //选择线段 c
选择第一个对象或 [放弃(U)/多段线(P)/半径
(R)/修剪(T)/多个(M)]: //选择线段 c
选择第二个对象，或按住 Shift 键选择对象以
应用角点或 [半径(R)]: //选择线段 d
选择第一个对象或 [放弃(U)/多段线(P)/半径
(R)/修剪(T)/多个(M)]: ↙

选择第一个对象或 [放弃(U)/多段线(P)/半径
(R)/修剪(T)/多个(M)]: //选择线段 a
选择第二个对象，或按住 Shift 键选择对象以
应用角点或 [半径(R)]: //选择线段 e
选择第一个对象或 [放弃(U)/多段线(P)/半径
(R)/修剪(T)/多个(M)]: //选择线段 c
选择第二个对象，或按住 Shift 键选择对象以
应用角点或 [半径(R)]: //选择线段 e
选择第一个对象或 [放弃(U)/多段线(P)/半径
(R)/修剪(T)/多个(M)]: ↙

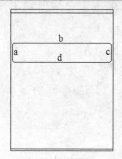

图 3-14

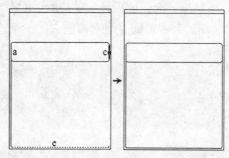

图 3-15

Step 08 使用直线绘制出被子翻起的角，然后单击"修改"工具栏中的"修剪"按钮，先按【Enter】键，再单击要剪掉的部分，如图 3-16 所示。

Step 09 最后用弧线或样条曲线绘制出枕头的形状，可以先绘制出大体形状，然后调整曲线的夹点位置，使形状趋于完善，参考样式如图 3-17 所示。

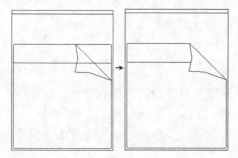

图 3-16

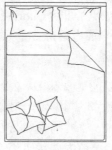

图 3-17

3.2 错误修正

在绘图的操作过程中，难免会产生一些错误，例如一次误操作，激活一个错误的命令，输入一个错误的数据等。对于这些错误，我们可以采取措施随时加以修正。

3.2.1 图形的删除（Erase）与恢复（Oops）

如果所画的图形是错误的，或者是多余的，就必须将它从屏幕上删除掉。删除一个图形对象，要用 Erase（删除）命令，或者选中要删除的图形后，直接按【Delete】键将其删除。

激活 Erase 命令后，AutoCAD 会显示"选择对象"的提示符，要求用户选择要删除的对象，命令提示如下：

```
命令：Erase ✓
选择对象：                      //要求用户选择要删除的图形对象
选择对象：✓
```

如果按下确认键后，发现被删去的对象是不该删除的，即误删了不该删去的对象。此时可用 Oops 命令来恢复刚刚被删去的一个或一组对象。

应用 Oops 命令，只能恢复最近一次使用 Erase 命令删除的对象，在此之前被删除的对象将不能被恢复。

3.2.2 取消最近的一次操作

AutoCAD 提供了两条非常有用的重要命令，Undo（放弃）命令和 Redo（重做）命令，用于帮助用户纠正误操作。

1. Undo（放弃）命令

如果在绘图的过程中我们进行了一次错误操作，例如删去了不该删除的图形或是其他任何操作，则可以立即用 Undo 命令来取消这次操作，恢复到该次操作之前的状态。

Undo 命令的省略形式是 U 命令。

```
命令：U ✓
```

用户可以重复输入 U 命令来取消自从打开当前图形以来激活的所有命令，包括用户改变的设置或者移动与编辑的对象，所以 Undo 命令要比 Erase 命令灵活方便得多。

执行 Undo 命令有两种方法，一是选择"编辑>放弃"菜单命令；二是单击"快速访问工具条"上的"放弃"按钮。

2. Redo（重做）命令

如果要恢复被 Undo 命令取消的操作，则可以使用 Redo 命令。Redo 命令只能恢复最近一次 Undo 命令取消的操作，并且这个 Undo 命令必须是刚刚执行过的，而不能是以前执行的。

Redo 命令的执行方法也有两种，一是选择"编辑>重做"菜单命令；二是单击"标准工具条"上的"重做"按钮。

3. Mredo 命令

Mredo 命令用于恢复前面几个用 Undo 命令放弃的效果，命令提示如下：

```
命令: Mredo ↙
输入操作数目或[全部（A）/上一个（L）]:    //输入要恢复的操作数目，输入选项 A，或者输入选项 L
```

Tips 技术要点

● 输入操作数目：该选项表示恢复指定数目的操作，用户可输入数值来表示。比如，输入数值 2 表示恢复前面两个操作。当输入数值后，命令提示如下：

```
输入操作数目或[全部（A）/上一个（L）]:                //输入数值并按【Enter】键
GROUP "恢复目标" GROUP "恢复目标"
```

● 全部（A）：恢复前面的所有操作，当输入选项 A 后，命令提示如下：

```
输入操作数目或[全部（A）/上一个（L）]: A ↙
GROUP 【Enter】GROUP "恢复目标" GROUP "恢复目标" ……
所有操作都已重做
```

● 一个（L）：只恢复上一个操作，当输入选项 L 后，命令提示如下：

```
输入操作数目或[全部（A）/上一个（L）]: L ↙
GROUP "恢复目标"
```

Tips

"恢复目标"指要恢复的图形对象，比如圆、直线、矩形等。

3.2.3 撤销正在执行的命令

如果发现已经激活并进入执行状态的命令不是原来想要激活的命令，那么试图立即撤销该命令是很自然的。要撤销一个正在执行的 AutoCAD 命令，可以按键盘上的【Esc】键。这时系统立即中止正在执行的命令，重新返回到等待接受命令的状态，即在命令行上显示命令提示符。

Tips

有些命令要连续按两次或者三次【Esc】键，才能返回到命令提示符状态。

3.2.4 清理无用图层（Purge）

Purge 这个命令可以清除图中所有没有用到的设置或图块等信息。

选择"文件>图形实用工具>清理"菜单命令，弹出图 3-18 所示的"清理"对话框，在该对话框中可以查看哪些对象可以清理，哪些对象不能清理，并能直接在对话框中将能清理的对象清除。

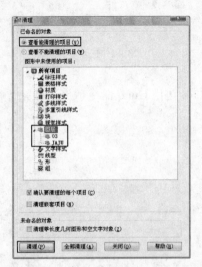

图 3-18

Tips

　　在 AutoCAD 2012 中，经常会出现一些图层不能删除的情况，如何来解决这个问题呢？打开一个 CAD 文件，将无用的图层关闭，全选对象（不能使用【Ctrl+A】组合键全选对象，它会将隐藏的对象也选中），复制粘贴至一个新文件中，那些无用的图层就不会粘贴过来。如果曾经在这个不要的图层中定义过块，又在另一图层中插入了这个块，那么这个不要的图层是不能用这种方法删除的。

如果在命令提示下输入-Purge，命令提示如下：

输入要清理的未使用对象的类型 [块(B)/标注样式(D)/图层(LA)/线型(LT)/材质(MA)/多重引线样式(MU)/打印样式(P)/形(SH)/文字样式(ST)/多行样式(M)/表样式(T)/视觉样式(V)/注册应用程序(R)/全部(A)]: 输入对象类型，输入 r 清理未使用的应用程序，或输入 a 清理除应用程序以外的所有命名对象类型
输入要清理的名称 <*>: 输入一个或多个名称，或按 【Enter】键清理所有项目
是否确认每个要清理的名称？[是(Y)/否(N)]: 输入 y 确认要清理的每个对象，或输入 n 清理对象而不进行任何确认

-Purge 仅删除一级参照。重复-Purge 命令，直到没有未参照的命名对象。执行绘图任务时，可以随时使用 Purge 或-Purge 命令。

3.3　复制对象

　　在绘制一些相同的图形时，可以利用复制命令提高绘图速度，本节将学习用 AutoCAD 复制对象、镜像复制对象、通过偏移复制对象以及通过阵列复制对象。

3.3.1 复制对象（Copy）

Copy（复制）命令用于将选定的对象复制到指定的位置，而原对象不受任何影响，如图 3-19 所示。

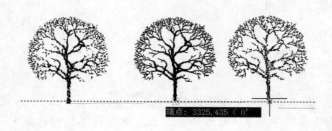

图 3-19

执行 Copy 命令的方法有以下 3 种：

● 在命令行中输入 CO（Copy 命令的简写）并按【Enter】键或者空格键。

● 选择"修改>复制"菜单命令。

● 单击绘图工具栏中的"复制"按钮。

复制命令的提示如下：

```
命令: CO↙
Copy
选择对象: 找到 1 个                      //选择待复制的对象
选择对象: ↙
指定基点或位移:                          //拾取复制基点
指定位移的第二点或 <用第一点作位移>:      //指定复制距离
指定位移的第二点: ↙
```

　　使用 Copy 命令只能在同一个文件中复制图形，如果要在多个图形文件之间复制图形，可以在打开的源文件中使用 Copyclip 命令或按【Ctrl+C】键，将图形复制到剪贴板中，然后在打开的目的文件中用 Pasteclip 命令或者按【Ctrl+V】键，将图形复制到指定位置。

案例 2：绘制沙发

　　在 AutoCAD 自带的"设计中心"中，提供了一些沙发的图例。本例绘制这个沙发图例的目的主要是练习 rectang、copy 和 divide 命令的应用，案例效果如图 3-20 所示。

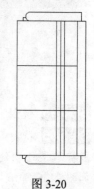

图 3-20

Step 01 在命令行中输入 Rec 并按【Enter】键，绘制一个高度为 800×1500 的矩形，如图 3-21 所示。

Step 02 选中矩形，然后单击"修改"工具栏中的"分解"按钮，将矩形分解。

图 3-21

Step 03 在命令行中输入 divide 命令或选择"绘图>点>定数等分"菜单命令，将矩形的垂直的直线等分为三等分，命令提示如下：

> 命令: divide ↙
> 选择要定数等分的对象:
> 　　　　\\选择矩形垂直方向的一条边
> 输入线段数目或 [块(B)]: 3 ↙
> 　　　　\\将矩形分成三等分

Step 04 选择"工具>绘图设置"菜单命令，在"草图设置"对话框中勾选"节点"复选框，这样才能在绘图时捕捉到节点，如图 3-22 所示。

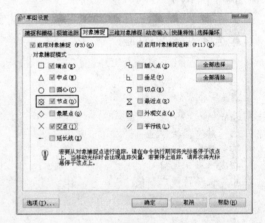

图 3-22

Tips

　　在使用了 divide 命令后，默认情况下是看不到线段上的节点。可以选择"格式>点样式"菜单命令，选择一种点的显示样式并设置大小，如图 3-23 所示。

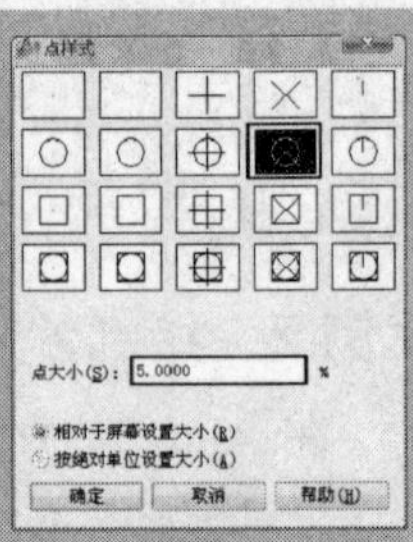

图 3-23

Step 05 使用 line 命令，捕捉节点绘制 3 条水平方向的直线，完成效果如图 3-24 所示。

Step 06 选择矩形左侧的线段，再单击"修改"工具栏中的"复制"按钮，指定基点后将鼠标水平移动到右侧，然后直接输入复制的距离，复制出 4 条水平线段，命令执行过程结果，如图 3-25 所示。

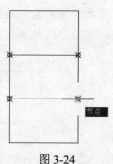

图 3-24

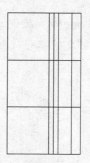

图 3-25

```
命令: _copy
选择对象: 找到 1 个
选择对象:
当前设置: 复制模式 = 多个
指定基点或 [位移(D)/模式(O)] <位移>:
指定第二个点或 [阵列(A)] <使用第一个点作为位移>: 450
指定第二个点或 [阵列(A)/退出(E)/放弃(U)] <退出>: 500
指定第二个点或 [阵列(A)/退出(E)/放弃(U)] <退出>:550
指定第二个点或 [阵列(A)/退出(E)/放弃(U)] <退出>:700
指定第二个点或 [阵列(A)/退出(E)/放弃(U)] <退出>:
```

Step 07 分别选择中间的两条水平线段，将右侧端点向左侧移动到与右侧第二条线段相交的位置，如图 3-26 所示。

Step 08 使用 rectang 命令绘制一个 600×100 的矩形，表示沙发的扶手，如图 3-27 所示。

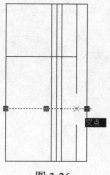

图 3-26

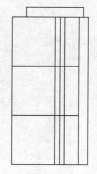

图 3-27

Step 09 选中矩形，将鼠标移动到矩形左侧中间的夹点上，在弹出的快捷菜单中选择"转换为圆弧"命令，如图 3-28 所示。

Step 10 将鼠标水平向左移动，然后输入移动距离为 50，按【Enter】键结束，如图 3-29 所示。

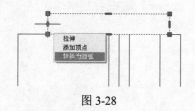

图 3-28

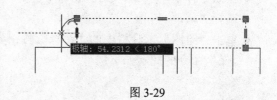

图 3-29

Step 11 使用 line 命令绘制一个图 3-30 所示的直角，这样沙发的扶手就绘制好了。

Step 12 将扶手图形复制到沙发的另一端，沙发图形就绘制完成了，完成效果如图 3-31 所示。

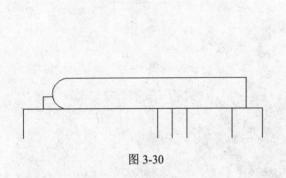

图 3-30

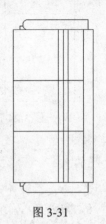

图 3-31

3.3.2 镜像复制对象（Mirror）

Mirror（镜像）命令对创建对称的对象非常有用，因为可以快速地绘制半个对象，然后将其镜像，而不必绘制整个对象。

指定的两个点将成为直线的两个端点，选定对象相对于这条直线被镜像，如图 3-32 所示，三角形沿绘制的垂直直线镜像。

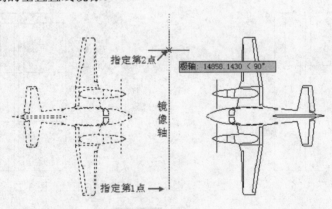

图 3-32

执行 Mirror 命令的方法有以下 3 种：
● 在命令行中输入 MI（Mirror 命令的简写）并按【Enter】键或者空格键。
● 选择"修改>镜像"菜单命令。
● 单击"绘图"工具栏中的"镜像"按钮 ⚎。

"镜像"命令的提示如下：

```
命令: MI↙
Mirror
选择对象: 指定对角点: 找到 3 个    //框选要镜像的对象
```

选择对象: ✓　　　　　　　　　　　//结束对象的选择
指定镜像线的第一点:　　　　　　　//指定镜像线的第一点
指定镜像线的第二点:　　　　　　　//指定第二点，通过指定两点确定镜像对象的轴向
要删除源对象吗? [是（Y）/否（N）] <N>:✓
　　　　　//按回车键，则不删除源对象，相当于复制一个对象，而复制的这个对象与源对象是镜像关系

　　创建文字、属性和属性定义的镜像时，仍然按照轴对称规则进行，结果为被反转或倒置的图像。如果要避免出现这种结果，需要将系统变量 MIRRTEXT 设置为 0（关）。这样文字的对齐和对正方式在镜像前后相同，如图 3-33 所示。

　　系统变量的设置与命令的执行方式相同，直接在命令行中输入变量，然后根据提示输入新的变量值。

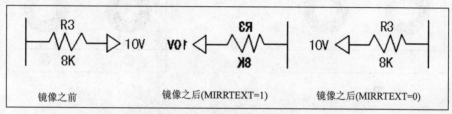

图 3-33

　　将素材文件中的壁灯对象进行镜像。

Step 01 打开光盘中的 "素材文件\第 2 章\台灯立面图例.dwg" 文件，如图 3-34 所示。

Step 02 框选所有图形，然后选择 "修改>镜像" 菜单命令，命令提示如下:

命令: _mirror 找到 14 个
指定镜像线的第一点:
　　　　　//捕捉如图 3-35 所示的点 1
指定镜像线的第二点:
　　　　　//捕捉如图 3-35 所示的点 2
要删除源对象吗? [是(Y)/否(N)] <N>: ✓
　　　　　//保留源对象

图 3-34

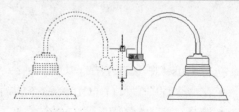

图 3-35

案例 3：绘制炉具

Step 01 使用 Rectang（矩形）命令绘制一个长 700，宽 400 的矩形作为炉具边框。

Step 02 使用 Line（直线）命令在矩形 100 高处绘制一条直线，如图 3-36 所示。

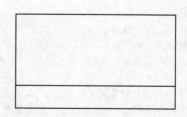

图 3-36

Step 03 使用 Donut（圆环）命令绘制两个
填充圆环作为锅架轮廓，如图 3-37 所示，命
令提示如下：

```
命令: donut ↙
指定圆环的内径 <0.5000>: 100 ↙
指定圆环的外径 <1.0000>: 200 ↙
指定圆环的中心点或 <退出>:
指定圆环的中心点或 <退出>:
指定圆环的中心点或 <退出>: ↙
```

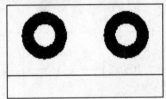

图 3-37

Step 04 再次使用 Donut（圆环）命令绘制
两个实体填充圆作为炉具开关，如图 3-38 所
示，命令行相关提示如下：

```
命令: donut ↙
指定圆环的内径 <100.0000>: 0 ↙
指定圆环的外径 <200.0000>: 50 ↙
指定圆环的中心点或 <退出>:
指定圆环的中心点或 <退出>:
指定圆环的中心点或 <退出>: ↙
```

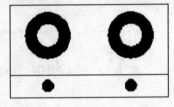

图 3-38

3.3.3 ▶ 偏移复制对象（Offset）

Offset（偏移）命令用于从指定的对象或者通过指定的点来建立等距偏移（有时可能是
放大或缩小）的新对象。例如，可以建立同心圆、平行线以及平行曲线等，如图 3-39 所示。

图 3-39

执行 Offset 命令的方法有以下 3 种：

- 在命令行中输入 O（Offset 命令的简写）并按【Enter】键或者空格键。
- 选择"修改>偏移"菜单命令。
- 单击"修改"工具栏中的"偏移"按钮 。

Offset 命令提示如下：

```
命令: O↙
Offset
当前设置: 删除源=否   图层=源   OFFSETGAPTYPE=0
指定偏移距离或 [通过（T）/删除（E）/图层（L）] <通过>:
                              //设置偏移的距离或者指定两个点来确定偏移的距离
选择要偏移的对象或<退出>:         //选择要偏移的对象
指定要偏移的那一侧上的点，或 [退出（E）/多个（M）/放弃（U）] <退出>:
//在对象的一侧指定一点以确定新对象的位置，输入"多个（M）"偏移模式时，可以使用当前偏移距
```

离重复进行偏移操作

选择要偏移的对象，或 [退出（E）/放弃（U）] <退出>:✓   //退出命令

在使用 Offset 命令时，除了指定偏移距离外，还可以指定新平行线通过的点来偏移并复制对象。

案例 4：绘制台阶

Step 01 在命令栏中输入 LINE 命令，并按【Enter】键，命令的提示如下：

```
命令: line✓
指定第一点:                          // 使用鼠标指定第一点
指定下一点或 [放弃(U)]: 230✓        //输入线段的长度
指定下一点或 [放弃(U)]: 90 ✓        //移动鼠标，使要绘制的线段与上一条线段成90度角，再
                                     输入它的长度。
指定下一点或 [闭合(C)/放弃(U)]: 230 ✓  //移动鼠标，使要绘制的线段与上一条线段成90度角，方
                                       向向左。再输入它的长度。
指定下一点或 [闭合(C)/放弃(U)]:✓    //结束绘制，如图 3-40 所示。
```

Step 02 单击"修改"工具栏中的"偏移"按钮，使用 offset 命令进行复制，命令的执行过程如下：

```
命令: offset✓                       //输入 offset 命令
指定偏移距离或 [通过(T)] <通过>: 20  //指定偏移的距离为 20 个单位
选择要偏移的对象或 <退出>:          //选择要复制的线段
指定点以确定偏移所在一侧:          //使用鼠标在左侧单击，就会复制出一条线段
选择要偏移的对象或 <退出>:          //单击上一次复制出的一条线段
指定点以确定偏移所在一侧:          //在它左侧单击
选择要偏移的对象或 <退出>:          //单击上一次复制出的一条线段
指定点以确定偏移所在一侧:          //在它左侧单击
选择要偏移的对象或 <退出>:          //单击上一次复制出的一条线段
指定点以确定偏移所在一侧:          //在它左侧单击
选择要偏移的对象或 <退出>:✓        //按回车键结束，如图 3-41 所示。
```

图 3-40   图 3-41

Step 03 当偏移的距离不同时，需要结束命令。重新使用 offset 命令并设置不同的偏移距离。命令执行过程如下：

```
命令:offset✓
指定偏移距离或 [通过(T)] <20.0000>: 60✓
        //输入偏移距离
选择要偏移的对象或 <退出>:
        //选择要复制的线段
指定点以确定偏移所在一侧:
        //在它左侧单击
选择要偏移的对象或 <退出>:✓
        //按回车键结束，如图所示。
```

Step 04 按空格键重复执行上一个命令，执行过程如下：

```
命令: offset   指定偏移距离或 [通过(T)]
<60.0000>: 20✓
选择要偏移的对象或 <退出>:
指定点以确定偏移所在一侧:
选择要偏移的对象或 <退出>:
指定点以确定偏移所在一侧:
选择要偏移的对象或 <退出>:
指定点以确定偏移所在一侧:
选择要偏移的对象或 <退出>:✓
```

Step 05 捕捉中点，再绘制一条直线。然后使用 pline 命令绘制一个箭头符号。命令执行过程如下：

命令:pline✓
指定起点：
当前线宽为 0.0000
指定下一个点或 [圆弧(A)/半宽(H)/长度(L)/放弃(U)/宽度(W)]：
指定下一点或 [圆弧(A)/闭合(C)/半宽(H)/长度(L)/放弃(U)/宽度(W)]：
指定下一点或 [圆弧(A)/闭合(C)/半宽(H)/长度(L)/放弃(U)/宽度(W)]：
指定下一点或 [圆弧(A)/闭合(C)/半宽(H)/长度(L)/放弃(U)/宽度(W)]: C✓
//闭合多段线，形成一个封闭的三角形箭头，如图 3-42 所示。

Step 06 将箭头填充为黑色，在命令栏中输入 bhatch 命令，在对话框中选择图案样式为 solid，然后再单击"选择对象"按钮，这时系统会关闭对话框，返回到视图，在视图中单击三角形箭头，单击鼠标右键确定。系统自动返回到对话框，单击"确定"按钮，完成填充。

台阶图例就绘制完成了，如图 3-43 所示，图中箭头指向表示向上前进。

图 3-42

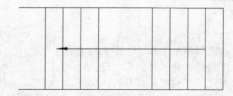

图 3-43

3.3.4 阵列复制对象（Arrayrect）

在 AutoCAD 2012 中对原来的 Array 命令进行了改进，改为功能更加强大的 Arrayrect 命令。新增加了沿路径阵列功能。取消了原来的对话框模式，改为在命令行中设置阵列参数。

Arrayrect 命令用于对所选定的图形对象进行有规律的多重复制，从而可以建立一个矩形或者环形的阵列。

矩形阵列是指按行与列整齐排列的多个相同对象组成的纵横对称图案；而环形阵列是指围绕中心点的多个相同对象组成的径向对称图案。

执行 Arrayrect 命令的方法有以下 3 种：

● 在命令行中输入 arrayrect 并按【Enter】键或者空格键。
● 选择"修改>阵列"菜单命令。
● 单击"修改"工具栏中的"阵列"按钮，如图 3-44 所示。

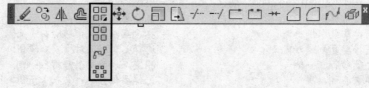

图 3-44

打开配套光盘的"素材文件\第 3 章\座椅-1.dwg"文件,将其阵列复制出 5 行,8 列,行间距为 1000,列间距为 1200,命令执行过程如下,结果如图 3-45 所示。

```
命令: _arrayrect
选择对象: 找到 1 个
选择对象:
类型 = 矩形   关联 = 是
为项目数指定对角点或 [基点(B)/角度(A)/计数(C)] <计数>: c↙
输入行数或 [表达式(E)] <4>: 5↙
输入列数或 [表达式(E)] <4>: 8↙
指定对角点以间隔项目或 [间距(S)] <间距>: s↙
指定行之间的距离或 [表达式(E)] <865>: 800↙
指定列之间的距离或 [表达式(E)] <825>: 600↙
按 Enter 键接受或 [关联(AS)/基点(B)/行(R)/列(C)/层(L)/退出(X)] <退出>: ↙
```

完成"矩形阵列"后,选中阵列出的对象,上面会出现一系列夹点,选中这些夹点,可以选中需要修改的"行数和列数"、"行和列间距"和"轴角度"等参数,如图 3-46 所示。

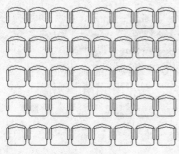

图 3-45

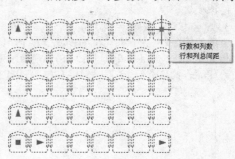

图 3-46

案例 5:绘制蹲便器

Step 01 单击"绘图"工具栏中的"矩形"按钮囗,先绘制一个 600×300 的矩形,如图 3-47 所示。

Step 02 单击"修改"工具栏中的"偏移"按钮⬚,将矩形向内偏移复制,偏移距离为 50,如图 3-48 所示。

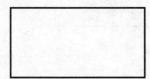

图 3-47

图 3-48

Step 03 单击"修改"工具栏中的"圆角"按钮⬚,使用 fillet 命令进行倒角,命令执行过程如下,结果如图 3-49 所示。

```
命令: _fillet
当前设置: 模式 = 修剪,半径 = 0.0000
选择第一个对象或 [放弃(U)/多段线(P)/半径(R)/修剪(T)/多个(M)]: r↙
指定圆角半径 <0.0000>: 60↙
选择第一个对象或 [放弃(U)/多段线(P)/半径(R)/修剪(T)/多个(M)]: p↙
选择二维多段线或 [半径(R)]:                    //单击矩形
4 条直线已被圆角
```

Step 04 使用 fillset 命令进行圆角，设置圆角半径为 80，完成效果如图 3-50 所示。

图 3-49

图 3-50

Step 05 使用 line 命令绘制一条直线，如图 3-51 所示。

Step 06 使用 arrayrect 命令对直线进行阵列，选中直线，在命令栏输入 arrayrect，按【Enter】键，命令执行过程如下，结果如图 3-52 所示。

```
命令: _arrayrect
选择对象: 指定对角点: 找到 1 个
选择对象:
类型 = 矩形  关联 = 是
为项目数指定对角点或 [基点(B)/角度(A)/计数(C)] <计数>: 25↙
指定对角点以间隔项目或 [间距(S)] <间距>:        //指定端点确定项目总间隔
按 Enter 键接受或 [关联(AS)/基点(B)/行(R)/列(C)/层(L)/退出(X)] <退出>:↙
```

图 3-51

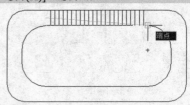

图 3-52

Step 07 单击"确定"按钮，完成阵列操作，将阵列好的直线全部选中并复制到相对的另一边，如图 3-53 所示。

Step 08 单击"修改"工具栏中的"镜像"按钮，将阵列复制出的直线段镜像复制，如图 3-54 所示。

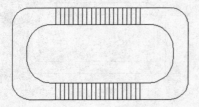

图 3-53

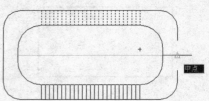

图 3-54

Step 09 最后使用 cicrle 命令在蹲便器的内部绘制一个小圆，蹲便器就绘制好了，如图 3-55 所示。

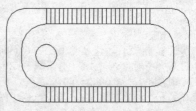

图 3-55

3.4 编辑图形夹点

夹点是一些实心的小方框，使用定点设备指定对象时，对象关键点上将出现夹点。用户可以拖动这些夹点快速拉伸、移动、旋转、缩放或镜像对象。本节将学习如何来编辑这些夹点。

3.4.1 关于夹点

图 3-56 所示的是一些常见对象的夹点。

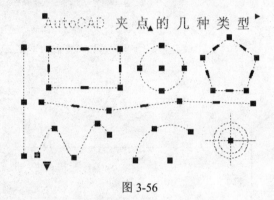

图 3-56

要使用夹点模式，应选择作为操作基点的夹点（基准夹点），选定的夹点也称为热夹点，然后选择一种夹点模式。

选中夹点后，按【Enter】键或空格键可以循环选择夹点模式（包括拉伸、移动、旋转、缩放、镜像）。图 3-57 所示的是同一对象切换到不同的夹点模式下的示意图。

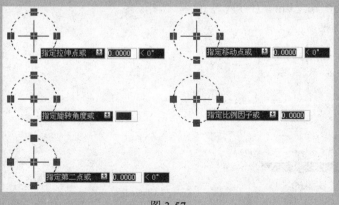

图 3-57

可以使用多个夹点作为操作的基准夹点。选择多个夹点（也称为多个热夹点选择）时，选定夹点间对象的形状将保持原样。

Tips

　　要选择多个夹点，可按住【Shift】键，然后选择适当的夹点。选中的夹点以红色显示，如图 3-58 所示。

　　除直接使用夹点外，还可以选择"工具>选项"菜单命令，在"选择集"面板中自定义夹点的一些相关设置，如图 3-59 所示。

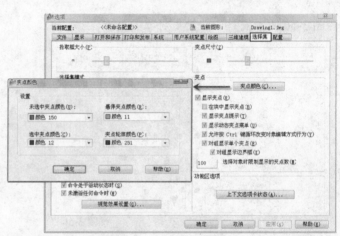

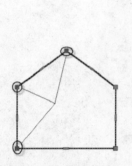

图 3-58

图 3-59

案例 6：绘制椅子

Step 01 首先绘制一个 600×600mm 的矩形，然后单击选中矩形。选择矩形左下角的点将它向左水平移动 50mm，再将右下角的点向右水平移动 50mm 如图 3-60 所示(可以直接在命令栏中输入 50 按【Enter】键即可)。将矩形变成一个等腰梯形。

Step 02 选中矩形，将鼠标移动到矩形底边中间的夹点上，在弹出的快捷菜单中选择"转换为圆弧"命令，如图 3-61 所示。

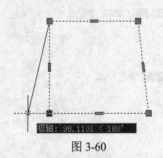

图 3-60

图 3-61

Step 03 将鼠标水平向下移动，然后输入移动距离为 50，按【Enter】键结束，如图 3-62 所示。

Step 04 使用相同的方法将上边的线段也转换为圆弧，并向上移动 50mm，如图 3-63 所示。

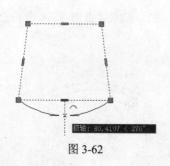

图 3-62

图 3-63

Step 05 现在图形的四个角还不够圆滑，使用 fillet 命令对 4 个角进行倒角。命令的具体执行过程如下：

```
命令: fillet↙
当前设置: 模式 = 修剪，半径 = 10.0000    //显示当前设置
选择第一个对象或 [多段线(P)/半径(R)/修剪(T)/多个(U)]: r ↙
指定圆角半径 <10.0000>: 60 ↙                              //设置倒角半径为 60mm
选择第一个对象或 [多段线(P)/半径(R)/修剪(T)/多个(U)]:    //单击右下角的一条边
选择第二个对象:                                           //单击右下角的另一条边
```

完成圆角后的效果如图 3-64 所示。

Step 06 接下来绘制椅子的靠背，选择图形上方的一段弧线，按住鼠标右键拖动复制两段，将复制到上方的一段弧线再拉长一点，如图 3-65 所示。

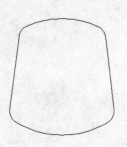

图 3-64

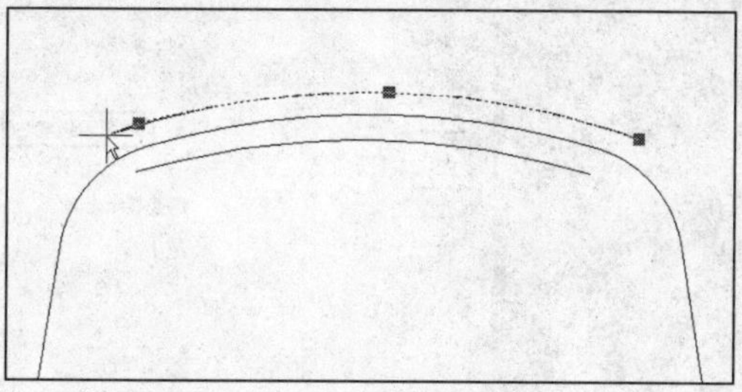

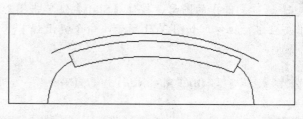

图 3-65

Step 07 使用 line 命令将两段弧线的两端分别连接起来，再使用 trim 命令将中间的一段剪掉，如图 3-66 所示。

Step 08 再使用 arc 命令在椅子靠背上方绘制一条弧线，如图 3-67 所示。

图 3-66

图 3-67

Step 09 将上一步绘制的弧线和椅子靠背图形选中，双击，系统弹出图 3-68 所示的 "对象特性" 对话框，在对话框中设置线宽为 0.30 个单位。

此时椅子图形在视图中显示的效果如图 3-69 所示。

图 3-68

图 3-69

Tips

　　要使图像能够在绘图区域中显示出线宽，需要选择 "格式|线宽" 命令，在 "线宽设置" 对话框中将 "显示线宽" 复选框选中，如图 3-70 所示。否则图形的线条在绘图区域中的显示将不会发生变化。

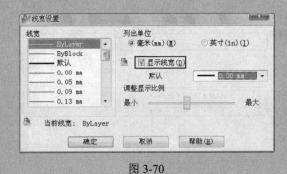

图 3-70

3.4.2 利用夹点拉伸对象

　　这种方法就是通过将选定夹点移动到新位置来拉伸对象。

Step 01 打开一个文件，如图 3-71 所示。

Step 02 选择文件中的图形，按住【Shift】键单击图形右边的两个夹点，然后以上面夹点为基准夹点进行拉伸，如图 3-71 所示，命令提示如下：

```
命令：
** 拉伸 **
指定拉伸点或 [基点(B)/复制(C)/放弃(U)/退出(X)]:          //捕捉矩形左上角端点
```

Tips

　　使用文字、块参照、直线中点、圆心和点对象上的夹点将移动对象而不是拉伸它。

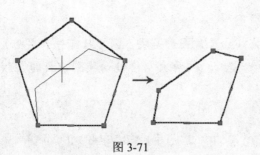

图 3-71

3.4.3 利用夹点移动对象

这种方法就是通过选定的夹点移动对象，选定的对象被高亮显示并按指定的下一点位置移动一定的方向和距离。下面上机练习进行说明：

Step 01 打开一个包含两个图形的文件，如图 3-72 所示。

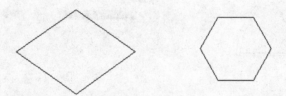

图3-72

Step 02 选择其中的四边形。

Step 03 单击最右边夹点使其作为基准夹点。

Step 04 当前为 "拉伸" 模式，按一次空格键切换到 "移动" 模式，然后移动对象，如图 3-73 所示，命令提示如下：

```
命令:
** 移动 **
指定移动点或 [基点(B)/复制(C)/放弃(U)/退出(X)]:          //捕捉六边形左边端点
```

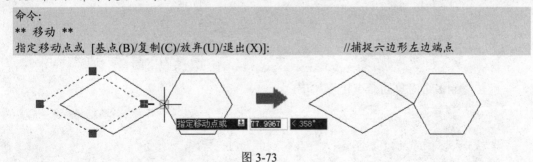

图 3-73

3.4.4 利用夹点旋转对象

这种方法就是通过拖动和指定点位置来绕基点旋转选定对象，用户可以输入角度值。下面上机练习进行说明：

Step 01 打开一个文件，如图 3-74 所示，打开的文件中包含一个半圆形窗户图形。

选择半圆形窗户图形。

 单击图形的夹点（由于该图形是块，因此只有一个夹点）。

 当前为"拉伸"模式，按两次空格键切换到"旋转"模式，然后旋转对象，如图 3-75 所示，命令提示如下：

命令：
** 旋转 **
指定旋转角度或 [基点(B)/复制(C)/放弃(U)/参照(R)/退出(X)]: 180 ✓　　　//旋转 180°

Tips

这种方法在旋转块参照时特别有用。

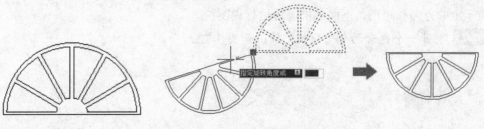

图 3-74　　　　　　　　　　　　　　　　　图 3-75

Tips

选择要旋转的图形，选中图形上的一个夹点，按两次空格键，再按【C】键，再按【B】键并选择旋转点，用这种方法可以完成复制旋转一个图形并保留原来的图形，如图 3-76 所示。

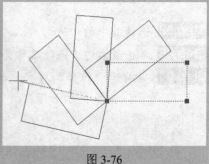

图 3-76

旋转复制多个对象的命令提示如下：

命令：　　　　　　　　　　　　　　　　　　　　//选择对象，再选择对象上的夹点
** 拉伸 **
指定拉伸点或 [基点（B）/复制（C）/放弃（U）/退出（X）]: //按空格键
** 移动 **
指定移动点或 [基点（B）/复制（C）/放弃（U）/退出（X）]: //按空格键
** 旋转 **
指定旋转角度或 [基点（B）/复制（C）/放弃（U）/参照（R）/退出（X）]: c✓　　　//复制对象
** 旋转 （多重）**
指定旋转角度或 [基点（B）/复制（C）/放弃（U）/参照（R）/退出（X）]: b ✓
指定基点：　　　　　　　　　　　　　　　　　//指定旋转基点
** 旋转 （多重）**
指定旋转角度或 [基点（B）/复制（C）/放弃（U）/参照（R）/退出（X）]:

```
** 旋转 （多重）**
指定旋转角度或 [基点（B）/复制（C）/放弃（U）/参照（R）/退出（X）]:
** 旋转 （多重）**
指定旋转角度或 [基点（B）/复制（C）/放弃（U）/参照（R）/退出（X）]:
** 旋转 （多重）**
指定旋转角度或 [基点（B）/复制（C）/放弃（U）/参照（R）/退出（X）]: X ✓        //退出命令
```

3.4.5 利用夹点缩放对象

这种方法就是相对于基点缩放选定对象。可以通过从基准夹点向外拖动并指定点位置来
增大对象尺寸，或通过向内拖动减小尺寸，也可以为相对缩放输入一个值。下面上机练习进
行说明：

Step 01 打开一个文件，如图 3-77 所示，打开的文件
中包含三个水龙头对象。

Step 02 选择水龙头对象，单击选择图形的夹点。

Step 03 当前为"拉伸"模式，按三次空格键切换到
"比例缩放"模式，然后缩放对象，如图 3-78 所示，命
令提示如下：

图 3-77

```
命令:
** 比例缩放 **
指定比例因子或 [基点(B)/复制(C)/放弃(U)/参照(R)/退出(X)]: 1.3 ✓    //放大至 1.3 倍
```

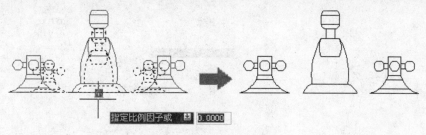

图 3-78

3.4.6 利用夹点镜像对象

这种方法就是沿临时镜像线为选定对象创建镜像。下面上机练习进行说明：

Step 01 打开一个图形文件，如图 3-79 所示。

Step 02 选择其中的四边形。

Step 03 单击右上角的夹点使其作为基准夹点。

Step 04 当前为"拉伸"模式，按四次空格键切换到"镜像"模式，然后镜像对象，如
图 3-80 所示，命令提示如下：

```
命令:
** 镜像 **
指定第二点或 [基点(B)/复制(C)/放弃(U)/退出(X)]:                //捕捉右下角端点
```

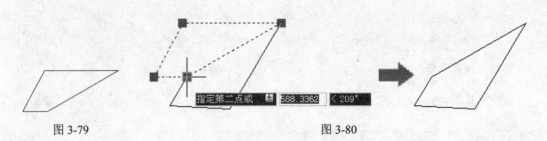

图 3-79   图 3-80

打开"正交"选项有助于指定垂直或水平的镜像线。

3.4.7 使用夹点创建多个副本

利用任何夹点模式修改对象均可以创建对象的多个副本。下面以"旋转"模式创建对象的副本为例进行说明：

Step 01 打开一个椅子文件，如图 3-81 所示。

Step 02 选择椅子图形。

Step 03 单击图形的夹点作为旋转的基准夹点。

Step 04 按两次空格键切换到"旋转"模式，然后旋转对象，如图 3-82 所示，命令提示如下：

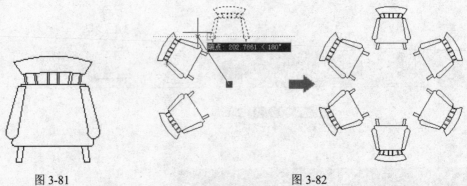

图 3-81   图 3-82

```
命令:
** 旋转 **
指定旋转角度或 [基点(B)/复制(C)/放弃(U)/参照(R)/退出(X)]: c ↙        //指定"复制"方式
** 旋转 (多重) **
指定旋转角度或 [基点(B)/复制(C)/放弃(U)/参照(R)/退出(X)]: 60 ↙
                                                                      //旋转 60°
** 旋转 (多重) **
指定旋转角度或 [基点(B)/复制(C)/放弃(U)/参照(R)/退出(X)]: 120 ↙      //旋转 120°
** 旋转 (多重) **
指定旋转角度或 [基点(B)/复制(C)/放弃(U)/参照(R)/退出(X)]: 180 ↙      //旋转 180°
** 旋转 (多重) **
指定旋转角度或 [基点(B)/复制(C)/放弃(U)/参照(R)/退出(X)]: 240 ↙      //旋转 240°
** 旋转 (多重) **
```

指定旋转角度或 [基点(B)/复制(C)/放弃(U)/参照(R)/退出(X)]: 300 ✓   //旋转 300°
** 旋转 (多重) **
指定旋转角度或 [基点(B)/复制(C)/放弃(U)/参照(R)/退出(X)]: ✓   //完成操作

利用其他模式创建对象副本的方法请读者自行操作，这里不再赘述。

3.4.8 使用 Pedit 命令编辑多段线

Pedit（编辑多段线）命令特殊的编辑功能，可以处理多段线的特殊属性。Pedit 命令含有几个多选项子菜单，总共大约有 70 个命令选项。

在命令行中输入 Pedit 命令，或者选择"修改>多段线"菜单命令，命令提示如下：

命令: Pedit ✓
选择多段线: //选择多段线
选定的对象不是多段线，是否将其转换为多段线? <Y>:

如果选择的对象不是多段线，而是直线或者圆弧等，则系统出现该提示，输入 Y 或者按【Enter】键，则将所选择的直线或者圆弧转变为一条多段线，然后再进行编辑。如果所选择的对象已是一条多段线，则系统将给出一个具有多个选项的提示。

输入选项[打开（O）/合并（J）/宽度（W）/编辑顶点（E）/拟合（F）/样条曲线（S）/非曲线化（D）
/线型生成（L）/放弃（U）]:   //可选择其中的一个选项

在使用 Pedit 命令的过程中，如果选择的线段不是多段线，则必须按上述方法将其转变为多段线，然后才能使用 Pedit 命令对其进行编辑，这些选项的意义分别如下。

- 打开（O）：与"闭合"选项相反，用于打开封闭的多段线图形，图 3-83 所示为一个使用"闭合"选项封闭的多边形，使用"打开"选项将其打开后的效果。

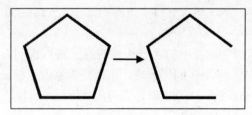

图 3-83

如果多段线的最后一段的端点与第一段的起点相连，但不是用"闭合"选项封闭的，则"打开"选项将不起作用。

- 闭合（C）：类似于 Line 命令的"闭合"选项，即封闭该多段线。如果最后一段是多段线圆弧，那么下一段将类似于圆弧与圆弧的连接，并用上一段多段线圆弧的方向作为开始方向，用第一段线段的起点作为封闭多段圆弧的端点，画一段圆弧，如图 3-84 所示。
- 合并（J）：将所选定的直线、圆弧和（或）多段线与先前选定的多段线连成一条多段线。但前提条件是所有的线段都必须顺序相连且端点重合，否则将无法连接。

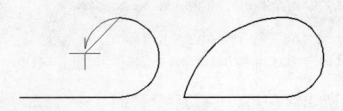

图 3-84

- 宽度（W）：改变多段线的宽度，它可使多段线的宽度变得一致或不相同。
- 编辑顶点（E）：修改多段线的顶点。顶点是两条线段相连的点。选择 E（Editvertex）选项后，AutoCAD 就用×标记出可见顶点，以指示修改哪一个顶点，如图 3-85 所示。

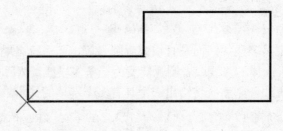

图 3-85

修改多段线的顶点有多个选项，选择"编辑顶点（E）"选项后，AutoCAD 显示以下多个子选项提示。

```
输入选项[打开（O）/合并（J）/宽度（W）/编辑顶点（E）/拟合（F）/样条曲线（S）/非曲线化（D）
/线型生成（L）/放弃（U）]: E ✓
输入顶点编辑选项[下一个（N）/上一个（P）/打断（B）/插入（I）/移动（M）/重生成（R）/拉直（S）
/切向（T）/宽度（W）/退出（X）] <N>:
```

现对多段线"编辑顶点"选项中的各子选项的意义进行说明。

- "下一个（N）"和"上一个（P）"选项：不论是否修改了标记顶点，当想将顶点标志移到相邻的后一个顶点或前一个顶点时，即可用"下一个（N）"和"上一个（P）"选项。
- 打断（B）：将标记点作为该选项的一个顶点。

  选择"打断（B）"选项可以将另一个顶点作为第二个断点，或执行断开，或退出该选项。如果选择了两个顶点，则可用"执行（G）"选项将这两个顶点之间的线段删除。如果选择了多段线的端点，则该选项无效。

  如果在选择"打断（B）"选项之后立即选择"执行（G）"选项，则多段线会分解成两个独立的部分。如果该多段线原来是封闭的，则多段线就会在该点处断开，命令提示如下：

```
[下一个（N）/上一个（P）/打断（B）/插入（I）/移动（M）/重生成（R）/拉直（S）/切向（T）/宽
度（W）/退出（X）] <P>: B ✓
输入选项 [下一个（N）/上一个（P）/执行（G）/退出（X）] <N>: N ✓
                                        //选择下一个顶点作为第二个断点
输入选项 [下一个（N）/上一个（P）/执行（G）/退出（X）] <N>: G ✓
                                        //执行打断操作，结果如图 3-13 所示
```

● 插入（I）：在多段线中插入一段线段。该选项需要指定一个点，并使在标记点和下一顶点之间的线段成为在指定点处相连的线段。指定的点不一定在多段线，输入"Insert"选项的命令提示如下：

```
输入选项[打开（O）/合并（J）/宽度（W）/编辑顶点（E）/拟合（F）/样条曲线（S）/非曲线化（D）
/线型生成（L）/放弃（U）]: E ✓
输入顶点编辑选项[下一个（N）/上一个（P）/打断（B）/插入（I）/移动（M）/重生成（R）/拉直（S）
/切向（T）/宽度（W）/退出（X）]<N>: I ✓
指定新顶点的位置:                          //指定一个新顶点
```

为了便于讲解，在这里以两条相交的多段线作为练习，并将多段线分别命名为 A 和 B，如图 3-86 所示。

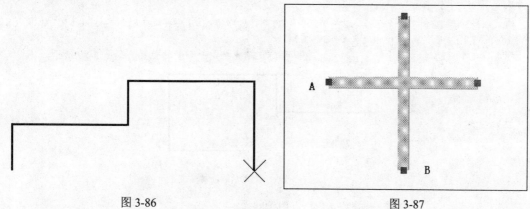

图 3-86   图 3-87

从图 3-87 中可以看出这两条多段线都只有两个顶点，如果要把它们打断，必须增加顶点。在命令行中输入 Pedit 命令，对多段线进行编辑，命令的具体执行方式如下。

```
命令: Pedit ✓
选择多段线或 [多条（M）]:                    //选择多段线 A
输入选项[闭合（C）/合并（J）/宽度（W）/编辑顶点（E）/拟合（F）/样条曲线（S）/非曲线化（D）
/线型生成（L）/放弃（U）]:E ✓               //表示要对多段线的顶点进行编辑
输入顶点编辑选项[下一个（N）/上一个（P）/打断（B）/插入（I）/移动（M）/重生成（R）/拉直（S）
/切向（T）/宽度（W）/退出（X）]<N>:I✓       //表示要在多段线 A 上插入顶点
指定新顶点的位置:              //在多段线 A 上指定要插入顶点的位置，如图 3-88 第一幅图所示，也可以
                              通过输入坐标来指定顶点的位置
输入顶点编辑选项[下一个（N）/上一个（P）/打断（B）/插入（I）/移动（M）/重生成（R）/拉直（S）
/切向（T）/宽度（W）/退出（X）]<N>:I ✓       //指定下一个要插入的顶点的位置，如图 3-88 第二幅
                                          图所示

指定新顶点的位置:
输入顶点编辑选项[下一个（N）/上一个（P）/打断（B）/插入（I）/移动（M）/重生成（R）/拉直（S）
/切向（T）/宽度（W）/退出（X）]<N>:B ✓       //表示要将两个顶点之间的多段线打断
输入选项 [下一个（N）/上一个（P）/执行（G）/退出（X）]<N>:P ✓
                //表示要打断的是从当前顶点到上一个顶点之间的多段线
输入选项 [下一个（N）/上一个（P）/执行（G）/退出（X）]<P>:G ✓   //执行打断操作
输入顶点编辑选项[下一个（N）/上一个（P）/打断（B）/插入（I）/移动（M）/重生成（R）/拉直（S）
/切向（T）/宽度（W）/退出（X）]<N>:*取消*     //按 Esc 键退出命令，结果如图 3-88 第三幅图所示
```

| 指定第一个插入点的位置 | 指定第二个插入点的位置 | 打断两点之间的多段线 |

图 3-88

● 移动（M）：移动多段线的顶点。该选项要求指定一个点，并使标记的顶点定位于该指定的点上，命令提示如下：

> 输入选项[打开（O）/合并（J）/宽度（W）/编辑顶点（E）/拟合（F）/样条曲线（S）/非曲线化（D）/线型生成（L）/放弃（U）]: E ✓
> 输入顶点编辑选项[下一个（N）/上一个（P）/打断（B）/插入（I）/移动（M）/重生成（R）/拉直（S）/切向（T）/宽度（W）/退出（X）]<N>: M ✓
> 指定标记顶点的新位置：　　　　　　　　//给标记顶点指定一个新的位置，如图 3-89 所示

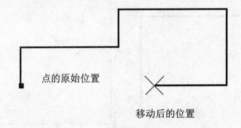

点的原始位置

移动后的位置

图 3-89

● 重生成（R）：重新生成多段线，而不需退出 Pedit 命令，效果与在 Command 提示符后执行 Regen 命令相同。

● 拉直（S）：将多段线段的两个顶点之间的线段转变为直线。首先要移动到另一个顶点，并将它作为第二点。当选定了两个顶点后，用"执行（G）"选项即可将这两点之间的线段用一段直线代替，命令提示如下：

> 命令:Pedit✓
> 选择多段线或 [多条（M）]:　　　　　　//选择要编辑的多段线对象
> 输入选项[闭合（C）/合并（J）/宽度（W）/编辑顶点（E）/拟合（F）/样条曲线（S）/非曲线化（D）/线型生成（L）/放弃（U）]: E　　　//输入"编辑顶点"选项
> 输入顶点编辑选项[下一个（N）/上一个（P）/打断（B）/插入（I）/移动（M）/重生成（R）/拉直（S）/切向（T）/宽度（W）/退出（X）]<N>: S ✓　//输入"拉直"选项
> 输入选项 [下一个（N）/上一个（P）/执行（G）/退出（X）]<N>: N ✓　　//移动到下一个顶点
> 输入选项 [下一个（N）/上一个（P）/执行（G）/退出（X）]<N>: N ✓
> 　　　　　　　　　　　　　　　　　//移动到下一个顶点，将其作为第二点
> 输入选项 [下一个（N）/上一个（P）/执行（G）/退出（X）]<N>: G ✓　　//执行拉直操作
> 输入顶点编辑选项[下一个（N）/上一个（P）/打断（B）/插入（I）/移动（M）/重生成（R）/拉直（S）/切向（T）/宽度（W）/退出（X）]<N>:*取消*
> 　　　　　　　　　　　　　　　//按 Esc 退出键退出命令，拉直后的效果如图 3-90 所示

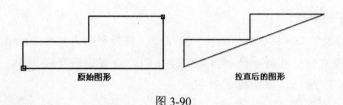

原始图形　　　　拉直后的图形

图 3-90

● 切向（T）：给标记顶点赋切线方向，这可用于曲线"拟合"选项。选项显示的提示如下。

指定顶点切向：
用户可以通过指定一点或从键盘输入坐标值来指定切线方向。

● 宽度（W）：为标记顶点和下一个顶点之间的线段指定开始及结束宽度。所以该选项的提示如下。

指定下一条线段的起点宽度<当前值>：
指定下一条线段的端点宽度<当前值>：

● 退出（X）：从顶点编辑状态中退出，回到 Pedit 命令的主提示行下。
● 拟合（F）：是画一条拟合曲线通过多段线的所有顶点。
● 样条曲线(S)：使用选定多段线的顶点作为近似 B 样条曲线的曲线控制点或控制框架。该曲线（称为样条曲线拟合多段线）将通过第一个和最后一个控制点，除非原多段线是闭合的，否则曲线将会被拉向其他控制点但并不一定通过它们。在框架特定部分指定的控制点越多，曲线上这种拉拽的倾向就越大。可以生成二次和三次拟合样条曲线多段线。
● 非曲线化（D）：恢复被 Fit 选项或 Spline 选项转变为拟合曲线或样条曲线的多段线的本来形状。
● 放弃（U）：撤销 Pedit 命令中的最后一次操作。

案例 7：绘制坐便器图例

本例主要练习多段线的绘制和调整，对于一些不规则的图形，不需要精确的尺寸，就可以使用多段线的圆弧进行绘制，然后逐一调整多段线的夹点，得到合适的形状，本节案例效果如图 3-91 所示。

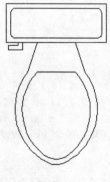

图 3-91

Step 01 单击"绘图"工具栏中的"矩形"按钮□，或者在命令行中输入 REC 命令，绘制一个 500×200mm 的矩形。

Step 02 单击"修改"工具栏中的"偏移"按钮，将矩形向内偏移 20mm，如图 3-92 所示。

Step 03 单击"修改"工具栏中的"圆角"按钮，设置圆角半径为 25，对矩形的 4 个角进行圆角，如图 3-93 所示，命令提示如下：

```
命令:_fillet
当前设置: 模式 = 修剪, 半径 = 5.00
选择第一个对象或 [放弃(U)/多段线(P)/半径(R)/修剪(T)/多个(M)]: r ↙
指定圆角半径 <5.00>: 25 ↙
选择第一个对象或 [放弃(U)/多段线(P)/半径(R)/修剪(T)/多个(M)]: p ↙
选择二维多段线:                        \\选择矩形
4 条直线已被圆角
```

图 3-92

图 3-93

Step 04 单击"绘图"工具栏中的"矩形"按钮，绘制一个 75×25mm 的矩形和一个 25×40mm 的矩形，如图 3-94 所示。

Step 05 单击"修改"工具栏中的"修剪"按钮，剪掉多余的线段，如图 3-95 所示。

图 3-94

图 3-95

Step 06 单击"绘图"工具栏中的"多段线"按钮，或者在命令行中输入 PL（Pline 的简写）命令，绘制连续的弧线，绘制的圆弧并一定能符合要求，这时可以单击圆弧上的夹点，进行调整，如图 3-96 所示，命令提示如下：

```
命令:_pline ↙
指定起点:
当前线宽为 0.0000                    //显示当前线宽
指定下一个点或 [圆弧（A）/半宽（H）/长度（L）/放弃（U）/宽度（W）]:  //指定多段线的第一点
指定下一点或 [圆弧（A）/闭合（C）/半宽（H）/长度（L）/放弃（U）/宽度（W）]: a ↙
                                    //输入 a 表示绘制圆弧
指定圆弧的端点或[角度（A）/圆心（CE）/闭合（CL）/方向（D）/半宽（H）/直线（L）/半径（R）
/第二个点（S）/放弃（U）/
宽度（W）]:                          //指定圆弧的端点
指定圆弧的端点或[角度（A）/圆心（CE）/闭合（CL）/方向（D）/半宽（H）/直线（L）/半径（R）
/第二个点（S）/放弃（U）/
宽度（W）]:                          //指定圆弧的端点
```

指定圆弧的端点或[角度（A）/圆心（CE）/闭合（CL）/方向（D）/半宽（H）/直线（L）/半径（R）/第二个点（S）/放弃（U）/

宽度（W）]:   //指定圆弧的端点

指定圆弧的端点或[角度（A）/圆心（CE）/闭合（CL）/方向（D）/半宽（H）/直线（L）/半径（R）/第二个点（S）/放弃（U）/

宽度（W）]:   //指定圆弧的端点

指定圆弧的端点或[角度（A）/圆心（CE）/闭合（CL）/方向（D）/半宽（H）/直线（L）/半径（R）/第二个点（S）/放弃（U）/

宽度（W）]: ↙   //结束绘制

Step 07 单击"修改"工具栏中的"偏移"按钮 ，将多段线向内偏移 20mm，然后对图形再稍作修改，即可完成坐便器平面图，如图 3-97 所示。

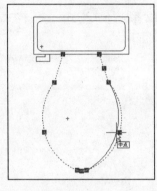

图 3-96

图 3-97

3.5 使用 Mledit 命令编辑多线

    Mledit 命令用于编辑多线，它的主要功能是确定多线在相交时的交点特征。在命令行输入"Mledit"（编辑多线）命令，并按【Enter】键，或者选择"修改>对象>多线"菜单命令，系统会弹出一个如图 3-98 所示的"多线编辑工具"对话框。

图 3-98

在"多线编辑工具"对话框中的第一列是用于处理十字相交多线的交点模式；第二列是用于处理 T 形相交多线的交点模式；第三列是用于处理多线的角点和顶点的模式；第四列是用于处理要被断开或连接的多线的模式。

编辑时，先选择要使用的方式，比如使用"十字合并"。先在对话框中单击"十字合并"按钮，然后在绘图区域中选择两条相交的多线，单击右键或按回车键即可完成操作，效果如图 3-99 所示。

多线的式样将控制元素的数量和每个元素的特性，还可以指定每条多线的背景颜色及端点形状。

Mlstyle 命令用于构造多线的新式样，或者编辑修改原有多线的式样。所设置的多线式样最多只能由 16 条直线组成，这些线叫做元素。

在命令行输入 Mlstyle 命令，并按【Enter】键，或者选择"格式>多线样式"菜单命令，系统会弹出一个如图 3-100 所示的"多线样式"对话框。

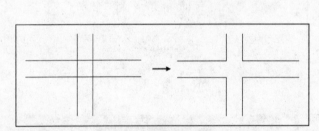

图 3-99

图 3-100

- 样式："样式"列表框列出了当前图形加载的可用多线式样，用户可以从中选择一种所需的式样。从列表框中选择一个式样并单击"确定"按钮，则该式样就被设置为当前式样，用于绘制到当前的图形中。
- 新建：单击"新建"按钮，系统将显示如图 3-101 所示的"创建新的多线样式"对话框。
- 输入名称后单击"确定"按钮，系统便会弹出"新建多线样式"对话框，如图 3-102 所示，用户需要在对话框中设置样式的属性。其中的"说明"文本框用于附加对多线式样的描述，该描述包括空格在内不得超过 255 个字符。

图 3-101

图 3-102

- 重命名：单击该按钮可以为新的多线式样命名或给已有的多线式样更名。
- 置为当前：如果要使新创建的多线式样成为当前的式样，则可单击该按钮。AutoCAD 将把新创建的多线式样名显示在"当前"下拉列表框中，并使其成为当前的多线式样。
- 加载：用于从多线式样库中加载多线式样到当前图形中。系统将显示"加载多线样式"对话框。如果要从另外的库文件中加载多线式样，则可单击"文件"按钮。在"文件"按钮后面显示的是当前使用的库文件名。
- 保存：用于保存创建的样式，单击该按钮，AutoCAD 将显示"保存多线样式"对话框，供用户选择存储路径。

在默认的情况下，AutoCAD 将多线式样的定义存储在 acm.mln 库文件中。用户也可以按照自己的需要，选择另外的文件或指定一个以.mln 为扩展名的新文件名。

案例 8：使用 Mline 命令绘制人行道图例

Step 01 在命令行中输入 ML（Mline）命令，命令提示如下：

```
命令: ML↙
Mline
当前设置: 对正 = 无，比例 = 0.00，样式 = STANDARD
指定起点或 [对正（J）/比例（S）/样式（ST）]: S ↙        //设置比例
输入多线比例 <0.00>: 200 ↙                          //设置比例为 200
当前设置: 对正 = 无，比例 = 200.00，样式 = STANDARD
指定起点或 [对正（J）/比例（S）/样式（ST）]:            //任意指定一个起点
指定下一点: @1200, 0 ↙                              //输入下一点的相对坐标以确定多线长度
指定下一点或 [放弃（U）]: ↙                           //结束命令
```

Step 02 按空格键或按【Enter】键继续绘制一条与上一条多边垂直相交的多线（如图 3-103 所示），命令提示如下：

```
命令: ↙
Mline
当前设置: 对正 = 无，比例 = 200.00，样式 = STANDARD
指定起点或 [对正（J）/比例（S）/样式（ST）]:            //以上一条多线的中点为起点
指定下一点: @0, -600 ↙                              //输入下一点的相对坐标以确定多线长度
指定下一点或 [放弃（U）]: ↙                           //结束命令，结果如图 3-103 所示
```

在命令行中输入 Mledit（编辑多线）命令，在弹出的对话框中单击"T 形打开"按钮，如图 3-104 所示。

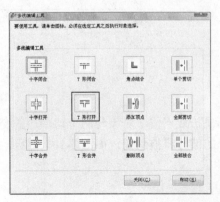

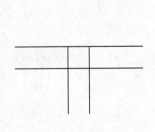

图 3-103

图 3-104

命令提示如下：

选择第一条多线： //选择垂直的多线
选择第二条多线： //选择水平的多线
选择第一条多线 或 [放弃（U）]:   //结束命令，完成效果如图 3-105 所示

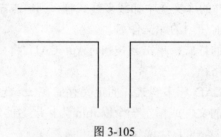

图 3-105

3.6 编辑对象操作

在前面学习了绘制基本图形，本节将学习如何对这些图形进行编辑，以绘制出更加复杂的图形。常用的编辑命令有 Trim（修剪）、Extend（延伸）、Break（打断）、Divide（等分）、Chamfer（倒角）和 Fillet（圆角）。

3.6.1 修剪对象（Trim）

Trim（修剪）命令用于将指定的切割边去裁剪所选定的对象。切割边和被裁剪的对象可以是直线、圆弧、圆、多段线、构造线和样条曲线等。被选中的对象既可以作为切割边，同时也可以作为被裁剪的对象。

选择时的拾取点决定了对象被裁剪掉的部分，如果拾取点位于切割边的交点与对象的端点之间，则裁去交点与端点之间的部分，如图 3-106 所示。

图 3-106

如果拾取点位于对象与两个切割边的交点之间，则裁去两个交点之间的部分，而两个交点之外的部分将被保留，如图 3-107 所示。

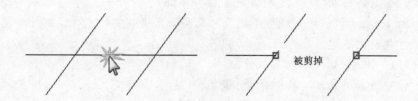

图 3-107

执行 Trim 命令的方法有以下 3 种：

● 在命令行中输入 TR（Trim 命令的简写）并按【Enter】键或者空格键。

● 选择"修改>修剪"菜单命令。

● 单击"修改"工具栏中的"修剪"按钮。

绘制一个圆形和两条平行线，并与其相交，使用 Trim 命令将圆形内部的线段剪掉，如图 3-108 所示，命令提示如下：

```
命令: TR ↙
Trim
当前设置:投影=UCS，边=无
选择剪切边...
选择对象:              //选择圆形，如果直接按回车键则选中所有对象
选择对象: ↙           //结束选择
选择要修剪的对象，或按住 Shift 键选择要延伸的对象，或[栏选(F)/窗交(C)/投影(P)/边(E)/删除(R)/放
弃(U)]::              //选择要剪掉的对象
选择要修剪的对象，或按住 Shift 键选择要延伸的对象，或[栏选(F)/窗交(C)/投影(P)/边(E)/删除(R)/放
弃(U)]:: ↙
```

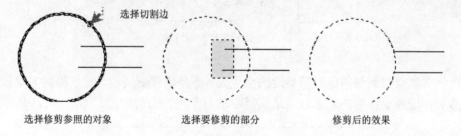

图 3-108

　　提示：当用多段线作为切割边时，多段线的宽度将被忽略，并以其中心线作为切割
边进行裁剪

Tips 技术要点

● 投影（P）：让用户指定投影模式。默认模式为 UCS，表示将对象和边投影到当前 UCS
的 XY 平面上进行裁剪。

● 边（E）：确定切割边与待裁剪对象是直接相交还是延伸相交。默认选项为"直接相交"
（Mextend），表示仅当切割边与待裁剪对象实际直接相交时才对其进行裁剪，而若要
延伸后才相交则不进行裁剪。

● 放弃（U）：取消最近一次修剪操作。

● 提示：修剪图案填充时，不要将"边"设置为"延伸"。否则，修剪图案填充时将不能填
补修剪边界中的间隙，即使将允许的间隙设置为正确的值。

对象既可以作为剪切边，也可以作为被修剪的对象。如图 3-109 所示，圆是构造线的一
条剪切边，同时它也正在被修剪。

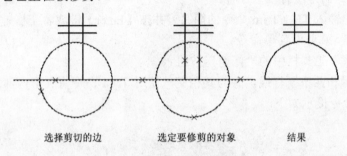

选择剪切的边　　　　选定要修剪的对象　　　　结果

图 3-109

修剪若干个对象时，使用不同的选择方法有助于选择当前的剪切边和修剪对象。在下例
中，剪切边是利用交叉选择选定的，如图 3-110。

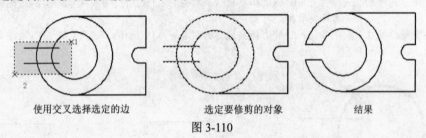

使用交叉选择选定的边　　　　选定要修剪的对象　　　　结果

图 3-110

可以将对象修剪到与其他对象最近的交点处。不是选择剪切边，而是按回车键选择所有
对象，然后，选择要修剪的对象时，最新显示的对象将作为剪切边，如图 3-111 所示。

选择所有对象　　　　选择要修剪的边　　　　修剪的边后的结果

图 3-111

案例 9：使用 Trim 命令绘制淋浴室

本例主要是练习 Trim 的应用和圆形、圆角矩形的绘制，案例效果如图 3-112 所示。

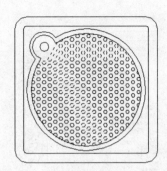

图 3-112

Step 01 绘制一个长为 840mm 的圆角矩形，圆角半径为 20mm，命令提示如下：

命令: _rectang ✓
当前矩形模式: 圆角=10.00
指定第一个角点或 [倒角(C)/标高(E)/圆角(F)/厚度(T)/宽度(W)]: f ✓
指定矩形的圆角半径 <10.00>: 20 ✓
指定第一个角点或 [倒角(C)/标高(E)/圆角(F)/厚度(T)/宽度(W)]:　　　//任意拾取一点
指定另一个角点或 [面积(A)/尺寸(D)/旋转(R)]: @840, 840 ✓

Step 02 单击"修改"工具栏中的"偏移"按钮▣，将矩形向外偏移 60mm，如图 3-113 所示，命令提示如下：

命令: _offset ✓
当前设置: 删除源=否　图层=源　OFFSETGAPTYPE=0
指定偏移距离或 [通过(T)/删除(E)/图层(L)] <通过>: 60 ✓
选择要偏移的对象，或 [退出(E)/放弃(U)] <退出>:　　　　　//选择圆角矩形
指定要偏移的那一侧上的点，或 [退出(E)/多个(M)/放弃(U)] <退出>:
选择要偏移的对象，或 [退出(E)/放弃(U)] <退出>: *取消*

Step 03 以矩形中心点为圆心绘制半径为 370mm 和 400mm 的圆，命令提示如下：

命令: _circle 指定圆的圆心或 [三点(3P)/两点(2P)/切点、切点、半径(T)]:　//捕捉圆心
指定圆的半径或 [直径(D)] <99.00>: 370 ✓
命令: CIRCLE 指定圆的圆心或 [三点(3P)/两点(2P)/切点、切点、半径(T)]:
指定圆的半径或 [直径(D)] <370.00>: 400 ✓

Step 04 过圆心绘制一条直线与圆角矩形上的切点相交，再过外圆上的交点分别绘制半径为 29mm，79mm 和 99mm 的圆，然后修剪掉多余部分，如图 3-114 所示。

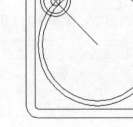
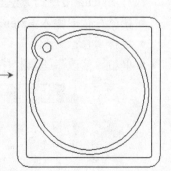

图 3-113　　　　　　　　　　　　　　　　图 3-114

Step 05 图形进行填充后，方形淋浴室就绘制完成了，如图 3-115 所示。

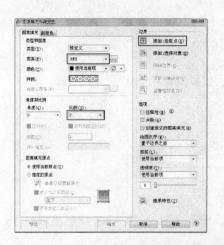

图 3-115

3.6.2 延伸对象（Extend）

通过拉长对象，将对象延伸到另一个对象的隐含边，或仅延伸到三维空间中与其实际相交的对象，如图 3-116 所示。

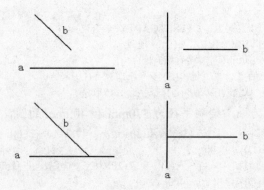

图 3-116

执行 Extend 命令的方法有以下 3 种：

● 在命令行中输入 Extend 并按【Enter】键或者空格键。
● 选择"修改>延伸"菜单命令。
● 单击"修改"工具栏中的"延伸"按钮，如图 3-117 所示。

延伸
延伸对象以适合其他对象的边

EXTEND

图 3-117

在命令行中输入 Extend（延伸）命令，或者单击"延伸"按钮，命令提示如下：

```
命令: Extend↙
当前设置:投影=UCS，边=无
选择边界的边...
选择对象或 <全部选择>：找到 1 个              //选择线段 a
选择对象：↙                                  //结束对象的选择
选择要延伸的对象，或按住 Shift 键选择要修剪的对象，或[栏选（F）/窗交（C）/投影（P）/边（E）
/放弃（U）]：                                //选择线段 b
选择要延伸的对象，或按住 Shift 键选择要修剪的对象，或[栏选（F）/窗交（C）/投影（P）/边（E）
/放弃（U）]：↙                              //按回车键或单击鼠标右键，结束对象的选择
```

Tips

　　某些要延伸的对象的相交区域不明确。通过沿矩形窗口以顺时针方向从第一点到遇到的第一个对象，将 Extend 融入选择。

　　在二维多段线的中心线上进行修剪和延伸，多段线的端点始终是正方形的，以某一角度修剪多段线会导致端点部分延伸出剪切边。

　　如果修剪或延伸锥形的二维多段线线段，请更改延伸末端的宽度以将原锥形延长到新端点。如果此修正给该线段指定一个负的末端宽度，则末端宽度被强制为 0，如图 3-118 所示。

选定边界　　　　选择要延伸的多段线　　　　延伸后的结果

图 3-118

Tips

　　修剪（Trim）或延伸（Extend）时自动找边界。

　　应用修剪（Trim）和延伸（Extend）命令时，往往提示先选取边界，再选取剪切或延伸对象。如果在提示选取边界时直接按回车键或单击鼠标右键，就可以直接选取剪切或延伸对象了，剪切或延伸的边界就是离它最近的实体。应该注意的是，如果实体完全不在当前视图内，将不作为边界。

3.6.3　打断（Break）与合并（Join）对象

1. 打断对象

　　Break（打断）命令用于删除所选定对象的一部分，或者分割对象为两个部分，对象之间可以具有间隙，也可以没有间隙。

　　对于直线、圆弧、多段线等类型的对象，都可以删除掉其中的一段，或者在指定点将原

来的一个对象分割成两个对象。

但对于闭合类型的对象，例如圆和椭圆等，Break 命令只能用两个不重合的断点按逆时针方向删除掉一段，从而使其变成弧，但是不能将原来的一个对象断裂成两个对象，如图 3-119 所示。

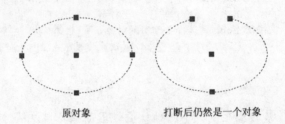

原对象　　　　　　　　　打断后仍然是一个对象

图 3-119

执行 Break 命令的方法有以下 3 种：

- 在命令行中输入 Break 并按【Enter】键或者空格键
- 选择"修改>打断"菜单命令
- 单击"修改"工具栏中的"打断于点"按钮 📟 。

单击"修改"工具栏上的"打断于点"按钮 📟 ，将原对象从指定的点断开，分为两个对象，如图 3-120 所示，命令提示如下：

```
命令: Break 选择对象:            //选择要打断的对象
指定第二个打断点 或 [第一点（F）]: F ✓
指定第一个打断点:                //指定一个点，选择的对象将从此处断开
指定第二个打断点: @ ✓
```

从此处断开

图 3-120

用 Break 命令选点时双击可以将实体打断。

在命令行输入 Break 命令，或者单击修改工具栏上的"打断"按钮 🔲 ，将矩形上的一段线段删除，结果如图 3-121 所示，命令提示如下：

```
命令: Break ✓
选择对象:                        //选择一个对象或者指定对象上的第一个断点
指定第二个打断点或[第一点（F）]: F✓
指定第一个打断点:                //指定第一个断点，如图 3-125 所示的 a 点
指定第二个打断点:                //指定第二个断点，如图 3-125 所示的 b 点
```

如果直接指定的是第二个断点，则 Break 命令将第一步选择对象时的拾取点作为第一个断点，并删除两个断点之间的线段。

如果指定的第二个断点不是在对象上，则系统将距离该指定点最近的端点作为第二个断点。

如果用户仅需将原来的一个对象分割成两个对象，而不需要删除任何部分，那么只需在第二个提示"指定第二个打断点："后输入"@"并按【Enter】键即可，表示第二个断点与第一个断点相同，于是原对象就在该断点处被断开而变成两个对象相当于 □（打断于点）工具。

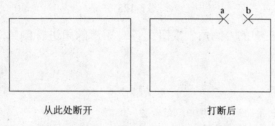

图 3-121

2. 合并对象

使用 Join（合并）命令将相似的对象合并为一个对象。 用户也可以使用圆弧和椭圆弧创建完整的圆和椭圆。用户可以合并圆弧、椭圆弧、直线、多段线、样条曲线。

要将相似的对象与之合并的对象称为源对象。要合并的对象必须位于相同的平面上。直线对象必须共线（位于同一无限长的直线上），但是它们之间可以有间隙。

在命令行中输入 Join（合并）命令，或者单击"修改"工具栏中的"合并"按钮 ⁺⁺，命令提示如下：

```
命令: Join ↙
选择源对象:                          //选择如图 3-33 所示的线段 a
选择要合并到的直线:  找到 1 个       //选择线段 b
选择要合并到源的直线:
已将 1 条直线合并到源                 //图 3-122 所示的线段 c 即是合并后的线段
```

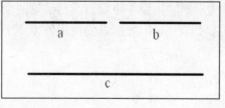

图 3-122

3.6.4　倒角对象（Chamfer）

通过指定距离进行倒角，倒角距离是每个对象与倒角线相接或与其他对象相交而进行修剪或延伸的长度。

执行 Chamfer 命令的方法有以下 3 种：

● 在命令行中输入 Chamfer 并按【Enter】键或者空格键。

● 选择"修改>倒角"菜单命令。

● 单击"修改"工具栏中的"倒角"按钮 ⌐ ，如图 3-123 所示。

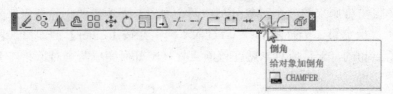

倒角
给对象加倒角
CHAMFER

图 3-123

单击"修改"工具栏中的"倒角"按钮 ⌐ ，对矩形的角进行倒角，结果如图 3-124 所示，命令提示如下：

命令: CHA↙
Chamfer
("修剪"模式）当前倒角距离 1 = 0.00，距离 2 = 0.00
选择第一条直线或 [放弃（U）/多段线（P）/距离（D）/角度（A）/修剪（T）/方式（E）/多个（M）]:D↙
指定第一个倒角距离 <0.00>: 40↙   //输入第一个倒角距离
指定第二个倒角距离 <40.00>: 20↙   //输入第二个倒角距离
选择第一条直线或 [放弃（U）/多段线（P）/距离（D）/角度（A）/修剪（T）/方式（E）/多个（M）]:
                                                        //选择线段 a
选择第二条直线，或按住 Shift 键选择要应用角点的直线：   //选择线段 b

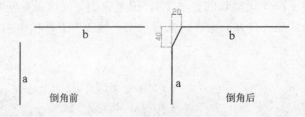

图 3-124

如果两个倒角距离都为 0，则倒角操作将修剪或延伸这两个对象直至它们相交，但不创建倒角线。选择对象时，可以按住 Shift 键，以便使用值 0 替代当前倒角距离，如图 3-125 所示。

图 3-125

在默认情况下，对象在倒角时被修剪，但可以用"修剪"选项指定保持不修剪的状态。

按指定长度和角度进行倒角，可以通过指定第一个选定对象的倒角线起点及倒角线与该对象形成的角度来为两个对象倒角。

对整条多段线进行倒角时，每个交点都被倒角。要得到最佳效果，请保持第一和第二个倒角距离相等，如图 3-126 所示，命令提示如下：

命令: Chamfer✓
（"修剪"模式）当前倒角距离 1 = 40.00，距离 2 = 40.00   //显示当前设置
选择第一条直线或[放弃（U）/多段线（P）/距离（D）/角度（A）/修剪（T）/方式（E）/多个（M）]:D✓
指定第一个倒角距离 <40.00>: 30 ✓
指定第二个倒角距离 <30.00>: ✓   //使用默认值，直接按回车键即可
选择第一条直线或[放弃（U）/多段线（P）/距离（D）/角度（A）/修剪（T）/方式（E）/多个（M）]:P
✓   //输入"P"表示要选择一个多段线对象，而不是选择直线段
选择二维多段线: //选择矩形
4 条直线已被倒角

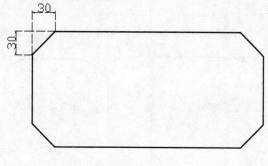

图 3-126

对整条多段线倒角时，只对那些长度足够适合倒角距离的线段进行倒角，某些多段线线段太短而不能进行倒角。

3.6.5 圆角对象（Fillet）

选择定义二维圆角所需的两个对象中的第一个对象，或选择三维实体的边以便给其加圆角。

如果选择的两条直线不相交，则 AutoCAD 将对直线进行延伸或者裁剪，然后用过渡圆弧连接，如图 3-127 所示。

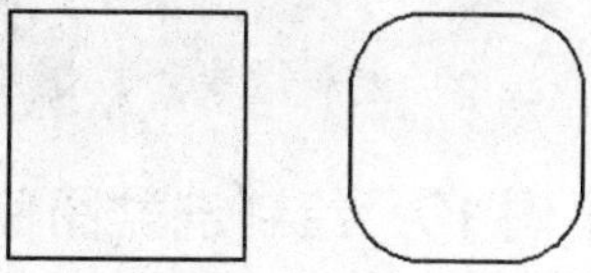

执行 Fillet 命令的方法有以下 3 种：

● 在命令行中输入 Fillet 并按【Enter】键或者空格键。

● 选择"修改>圆角"菜单命令。

● 单击"修改"工具栏中的"圆角"按钮⬜，如图 3-128 所示。

图 3-127

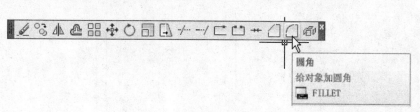

图 3-128

单击"修改"工具栏上的"圆角"按钮□，命令提示如下：

```
命令: Fillet↙
当前设置: 模式 = 修剪，半径 = 0.00              //显示当前设置
选择第一个对象或 [放弃 (U) /多段线 (P) /半径 (R) /修剪 (T) /多个 (M)]: R↙
指定圆角半径 <0.00>: 30 ↙                      //指定圆角半径
选择第一个对象或 [放弃 (U) /多段线 (P) /半径 (R) /修剪 (T) /多个 (M)]: P↙
                  //输入 "P" 表示对多段线进行圆角，就不用对矩形的每一个角都进行一次圆角操作
选择二维多段线:
4 条直线已被圆角
```

如果在修剪模式下输入 N，则保留原对象被修剪的部分，如图 3-129 所示，命令提示
如下：

```
输入修剪模式选项 [修剪 (T) /不修剪 (N) ]<不修剪>: N ↙
        //如果选择的两条直线不相交，则 AutoCAD 将对直线进行延伸或者裁剪，然后用过渡圆弧连接
```

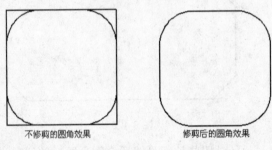

不修剪的圆角效果   修剪后的圆角效果

图 3-129

如果指定的半径为 0，则不产生圆角，而是将两个对象延伸直至相交。如果两个对象不在同一层上，则过渡圆弧被绘制在当前层上，否则过渡圆弧被绘制在对象所在的层上。对于平行线和在图层以外的线段（打开图层检查），都不能使用过渡圆弧来连接。

案例 10: 绘制洗盆图例

本例绘制不锈钢洗盆，主要是利用圆角矩形和圆角命令进行绘制，案例效果如图 3-130
所示。

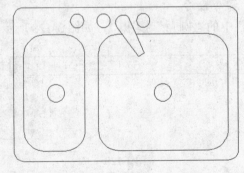

图 3-130

Step 01 单击"绘图"工具栏中的"矩形"按钮▢，或者在命令行中输入 REC 命令，绘制一个 1500×2000mm 的矩形，如图 3-131 所示，命令提示如下：

```
命令：_rectang
指定第一个角点或 [倒角（C）/标高（E）/圆角（F）/厚度（T）/宽度（W）]: f ↙
指定矩形的圆角半径 <0.00>: 30 ↙
指定第一个角点或 [倒角（C）/标高（E）/圆角（F）/厚度（T）/宽度（W）]:    //任意指定一点
指定另一个角点或 [面积（A）/尺寸（D）/旋转（R）]: @675,450 ↙
```

Step 02 单击"修改"工具栏中的"偏移"按钮▣，将矩形顶边向下偏移 50mm，如图 3-132 所示。

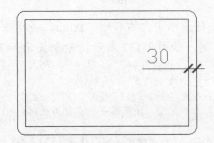

图 3-131

图 3-132

Step 03 选中矩形，然后单击"修改"工具栏中的"分解"按钮▣，将矩形分解，然后将顶边向下移动 50mm，再将左侧的边向右偏移，如图 3-133 所示。

Step 04 单击"修改"工具栏中的"修剪"按钮⊬，先按【Enter】键，再单击矩形内部的圆，结果如图 3-134 所示。

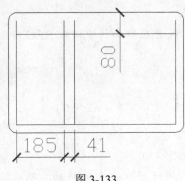

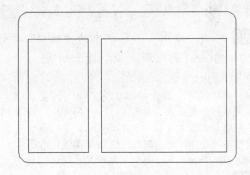

图 3-133

图 3-134

Step 05 单击"修改"工具栏中的"圆角"按钮▢，设置圆角半径为 20，立面的两个矩形进行圆角，如图 3-135 所示。

在默认情况下，使用圆角命令只能对一个角进行圆角，在"选择第一个对象或 [放弃（U）/多段线（P）/半径（R）/修剪（T）/多个（M）]: m"命令提示行中输入 M，就可以对多条个角进行圆角。

Step 06 为了在中间位置绘制圆，可以先绘制一条直线，然后捕捉直线的中点为圆心，绘制一个半径为 20 的圆，如图 3-136 所示。

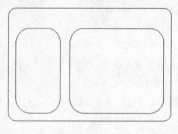

图 3-135

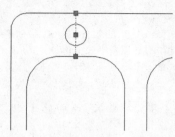

图 3-136

Step 07 将圆水平向右移动 70mm，再单击"修改"工具栏中的"复制"按钮，水平向右进行复制，如图 3-137 所示，命令提示如下：

```
命令: _copy 找到 1 个
当前设置: 复制模式 = 多个
指定基点或 [位移 (D) /模式 (O) ] <位移>:            //任意指定一点
指定第二个点或 <使用第一个点作为位移>: 80 ✓         //打开正交捕捉，将光标水平放置在圆的右侧，
                                                     然后直接输入复制的距离
指定第二个点或 [退出 (E) /放弃 (U) ] <退出>: 200 ✓
指定第二个点或 [退出 (E) /放弃 (U) ] <退出>: ✓
```

Tips

在绘制直线段或移动、复制图形时，如果是在水平或垂直方向上进行操作，可以打开正交捕捉，先用光标确定方向，然后可以直接输入线段的长度，或者移动的距离，这样可以提高绘图速度。

Step 08 单击"绘图"工具栏中的"矩形"按钮，或者在命令行中输入 REC 命令，绘制一个 20×130mm 的矩形，命令提示如下：

```
命令: RECTANG
当前矩形模式:  圆角=30.00
指定第一个角点或 [倒角 (C) /标高 (E) /圆角 (F) /厚度 (T) /宽度 (W) ]: f ✓
指定矩形的圆角半径 <30.00>: 0 ✓
指定第一个角点或 [倒角 (C) /标高 (E) /圆角 (F) /厚度 (T) /宽度 (W) ]: ✓
指定另一个角点或 [面积 (A) /尺寸 (D) /旋转 (R) ]: @20,130 ✓
```

Step 09 先选中矩形，然后单击矩形右上角的夹点，将光标水平向右移动，然后输入移动距离为 12.5，再单击左上角的夹点，水平向左移动 12.5mm，如图 3-138 所示。

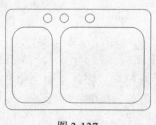

图 3-137

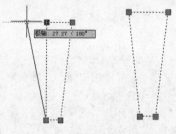

图 3-138

Step 10 单击"修改"工具栏中的"圆角"按钮□，设置圆角半径为 20，对矩形上方的两个角进行圆角，如图 3-139 所示。

Step 11 单击"修改"工具栏中的"旋转"按钮○，将图形旋转 30°，然后移动到如图 3-140 所示的位置，旋转命令提示如下：

```
命令: _rotate
UCS 当前的正角方向: ANGDIR=逆时针  ANGBASE=0
找到 1 个
指定基点:          //指定绕哪一个点为中心进行旋转，这里可以在图形上任意指定一点
指定旋转角度，或 [复制（C）/参照（R）] <90>: 30 ✓
```

Tips

如果不需要很精确地控制移动距离，可以在选中图形后，在图形上按住鼠标右键拖曳到指定位置，再松开鼠标，在弹出的菜单中选择是"移动到此处"还是"复制到此处"命令，如图 3-141 所示。

图 3-139

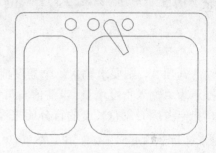

图 3-140

Step 12 单击"修改"工具栏中的"修剪"按钮 ，剪掉圆角矩形里面的线段，最后在中间绘制两个半径为 26mm 的圆，如图 3-142 所示，洗盆图例就绘制完成了。

图 3-141

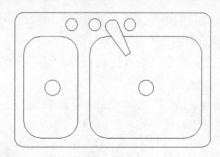

图 3-142

3.7 调整对象大小或形状

本节将学习如何将图形对象拉长，以及如何将图形对象缩小或放大。

3.7.1 拉长对象（Lengthen）

Lengthen（拉长）命令用于改变非封闭对象的长度，包括直线和弧线。但对于封闭的对象，则该命令无效。

用户可以通过直接指定一个长度增量、角度增量（对于圆弧）、总长度或者相对于原长的百分比增量来改变原对象的长度，也可以通过动态拖动的方式来直观地改变原对象的长度。但对于多段线来说，则只能缩短其长度，而不能加长其长度。Lengthen 命令的执行方法有以下几种。

在命令行输入 Lengthen 或者选择"修改>拉长"菜单命令，命令提示如下：

```
命令: Lengthen ∠
选择对象或[增量（DE）/百分数（P）/全部（T）/动态（DY）]:
    //通过直接指定一个增量来加长或者缩短原对象，正的增量表示加长，负的增量表示缩短。该增
      量可以是一个长度值，也可以是一个角度值。增量是从离选择对象时的拾取点近的那一端的端
      点开始度量的
选择对象或[增量（DE）/百分数（P）/全部（T）/动态（DY）]: DE ∠    //输入"DE"并按【Enter】
键
输入长度增量或[角度（A）]<当前值>: 50 ∠                  //输入一个长度增量值
选择要修改的对象或[放弃（U）]:                          //选择修改对象
```

如果输入选项 A，则要求输入一个角度值，通过改变圆弧的夹角来改变弧长。选择该选项后命令提示为"输入角度增量<当前值>:"，提示用户输入一个正的或者负的角度值。

让用户指定占原对象总长度的百分比来设置增量。输入该选项，命令提示如下：

```
选择对象或[增量（DE）/百分数（P）/全部（T）/动态（DY）]: P ∠
输入长度百分数<当前值>: 200 ∠                        //意味着将原长度增加一倍
选择要修改的对象或[放弃（U）]:
```

让用户指定从固定端点开始的对象的总长度对于直线而言，是指定全长；而对于圆弧，则是指定圆弧的夹角。输入该选项，命令提示如下：

```
选择对象或[增量（DE）/百分数（P）/全部（T）/动态（DY）]: T ∠
指定总长度或[角度（A）]<当前值>:
```

将与拾取点距离最近的端点拖动到期望的长度或角度位置，另一个端点保持不动。输入该选项，命令提示如下：

```
选择对象或[增量（DE）/百分数（P）/全部（T）/动态（DY）]: DY ∠
选择要修改的对象或[放弃（U）]:                         //选择对象
指定新端点:                                        //指定新的端点
选择要修改的对象或[放弃（U）]:
```

默认选项，显示选定对象的原长度或者角度。

```
命令: Lengthen ∠
选择对象或[增量（DE）/百分数（P）/全部（T）/动态（DY）]: T ∠
指定总长度或[角度（A）]<当前值>: 200 ∠
选择要修改的对象或[放弃（U）]:                         //选择直线的右端
选择要修改的对象或[放弃（U）]: ∠
```

拉长结果如图 3-143 所示。

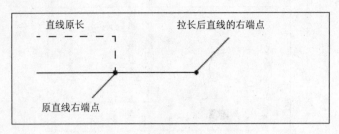

图 3-143

在拉长直线的时候，需要确定直线向哪一端延长，以便选择待延长的对象。比如本例，把直线向右拉长 50 个单位，那么选择光标拾取直线的右端部分，系统就会以直线的右端点作为起点把直线延长 50 个单位，使直线的总长度变为 100 个单位。

3.7.2 拉伸对象（Stretch）

Stretch（拉伸）命令用于拉伸所选定的图形对象，使图形的形状发生改变。拉伸时图形的选定部分被移动，但同时仍保持与原图形中的不动部分相连。

输入 Stretch 命令，或者单击"修改"工具栏中的"拉伸"按钮，命令提示如下：

```
命令: Stretch ✓
以交叉窗口或交叉多边形选择要拉伸的对象...
选择对象:                        //拖动鼠标选择对象（如图 3-58 所示的虚线框）
选择对象: ✓
指定基点或位移:                  //拾取拉伸基点
指定位移的第二个点或<用第一个点作位移>: @30, 0 ✓
```

拉伸后的结果如图 3-144 所示。

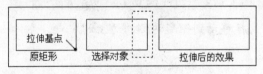

图 3-144

3.7.3 缩放对象（Scale）

Scale（缩放）命令用于将选定的图形对象在 X 和 Y 方向上按相同的比例系数放大或缩小，如图 3-145 所示，注意缩放系数不能取负值。

在命令行中输入 Scale 命令，或者单击"修改"工具栏中的"缩放"按钮，命令提示如下：

```
命令: Scale ✓
选择对象:                        //选择缩放的对象
指定基点:                        //指定缩放基点
指定比例因子或[参照（R）]:        //输入缩放比例系数
```

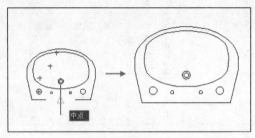

图 3-145

默认选项是用户在第二个提示行后直接输入一个缩放系数，那么该值便是选定对象相对于基点缩小或放大的倍数；而如果在第二个提示行后又指定一个点，那么系统将认为用户选择了参考（Reference）方式，于是该两点的连线长度与绘图单位的比值便作为选定对象的缩放系数。

缩放图形时，图形上的点（坐标值）都按缩放系数放大或缩小，从而使这些点远离或靠近基点。但如果基点在对象上，则对象的大小改变后，基点仍保持在对象上。

案例 11：绘制会议桌平面图例

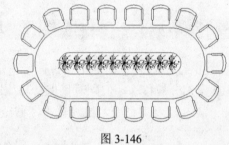

本例主要练习图块的定义和插入，以及环形阵列，可以分两步绘制，先绘制出桌面图例，然后绘制椅子图例，再将椅子图形定义为块，然后围绕桌子图形阵列复制，案例效果如图 3-146 所示。

图 3-146

1. 绘制圆桌

Step 01 单击"绘图"工具栏中的"矩形"按钮□，或者在命令行中输入 REC 命令，绘制一个 3000×2000mm 的矩形，如图 3-147 所示，命令提示如下：

```
命令： RECTANG
指定第一个角点或 [倒角（C）/标高（E）/圆角（F）/厚度（T）/宽度（W）]:
指定另一个角点或 [面积（A）/尺寸（D）/旋转（R）]: @3000,2000 ✓
```

Step 02 选中矩形，将鼠标移动到矩形两侧的边上的中点，在弹出的菜单中选择"转换为圆弧"命令，如图 3-148 所示。

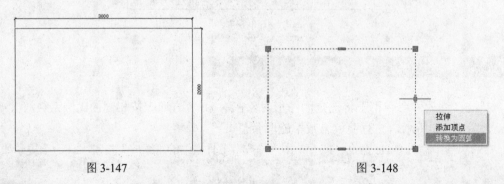

图 3-147   图 3-148

Step 03 将鼠标水平向右移动，然后再命令行中输入 1000，即可将矩形的边转换为半径为 1000 的圆弧，如图 3-149 所示。

Step 04 使用相同的方法，将矩形另外一侧的边也转换为圆弧，如图 3-150 所示。

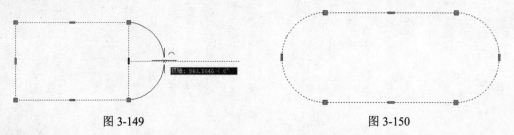

图 3-149   图 3-150

Step 05 单击"修改"工具栏中的"偏移"按钮，将修剪后的图形向内偏移 700mm，如图 3-151 所示，会议桌平面就绘制好了，接下来绘制座椅。

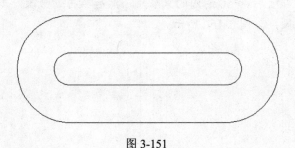

图 3-151

2. 绘制椅子

Step 01 单击"绘图"工具栏中的"矩形"按钮，或者在命令行中输入 REC 命令，绘制一个 440×250mm 的矩形，如图 3-152 所示，命令提示如下：

```
命令:_rectang
指定第一个角点或 [倒角（C）/标高（E）/圆角（F）/厚度（T）/宽度（W）]:
指定另一个角点或 [面积（A）/尺寸（D）/旋转（R）]: @500,480
```

Step 02 单击"修改"工具栏中的"圆角"按钮，对矩形的 4 个角进行圆角，上面两个角的圆角半径为 40，下面的为 50，如图 3-153 所示。

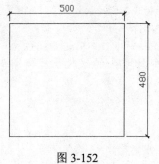

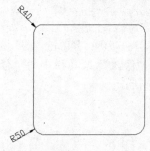

图 3-152   图 3-153

Step 03 单击"绘图"工具栏中的"圆"按钮，分别捕捉圆弧两边的端点为圆心，绘制直径为 60 和直径为 50 的圆，如图 3-154 所示。

Step 04 先选中直径为 50 的圆，然后单击"修改"工具栏中的"复制"按钮，将其向下复制出一个，复制距离为 275，然后将这 3 个圆复制到右边，如图 3-155 所示。

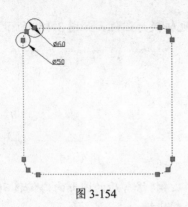

图 3-154

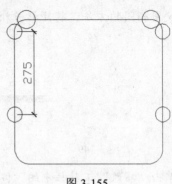

图 3-155

Step 05 使用直线连接直径为 50 的圆的象限点，然后单击"修改"工具栏中的"修剪"按钮，剪掉多余的线段，如图 3-156 所示。

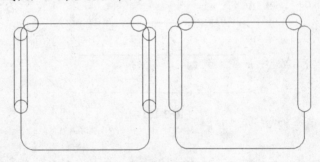

图 3-156

Step 06 单击"绘图"工具栏中的"圆"按钮，或者单击"绘图<圆<相切、相切、半径"菜单命令，绘制两个与直径为 60 的圆的相切圆，如图 3-157 所示，命令提示如下：

命令: _circle 指定圆的圆心或 [三点（3P）/两点（2P）/切点、切点、半径（T）]: t ↙
指定对象与圆的第一个切点：   //捕捉如图 3-103 所示的点 1 附近的切点
指定对象与圆的第二个切点：   //捕捉如图 3-103 所示的点 2 附近的切点
指定圆的半径 <500.00>: 425 ↙   //输入圆的半径
命令: CIRCLE 指定圆的圆心或 [三点（3P）/两点（2P）/切点、切点、半径（T）]: t ↙
指定对象与圆的第一个切点：   //捕捉如图 3-103 所示的点 3 附近的切点
指定对象与圆的第二个切点：   //捕捉如图 3-103 所示的点 4 附近的切点
指定圆的半径 <425.00>: 550 ↙   //输入圆的半径

Step 07 单击"修改"工具栏中的"修剪"按钮，剪掉多余的线段，座椅图例就绘制好了，如图 3-158 所示。

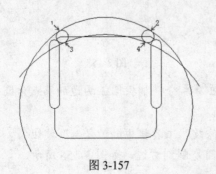

图 3-157

图 3-158

Step 08 在命令行中输入 Wblock 命令，系统会弹出一个如图 3-159 所示的"写块"对话框，单击"选择对象"按钮，选择挣个椅子图形，然后单击"拾取点"按钮，捕捉椅子上的一个点作为基点，再单击▢按钮，在弹出的对话框中选择图块保存的位置，最后单击"确定"按钮即可将图形保存到电脑上。

图 3-159

3. 使用路径阵列

Step 01 单击"绘图"工具栏中的"插入块"按钮▨，在弹出的"插入"对话框中选择定义的图块，然后单击"确定"按钮，在视图中插入图块，放置在如图 3-160 所示的位置。

Step 02 单击"修改"工具栏中的"偏移"按钮▨，将圆桌图形向外偏移 100mm 作为阵列的路径曲线，阵列之后再将其删除，如图 3-161 所示。

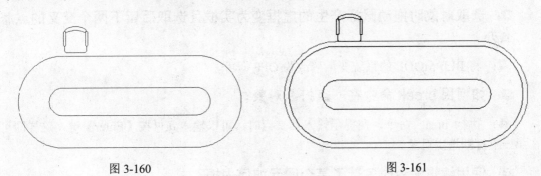

图 3-160   图 3-161

Step 03 单击"修改"工具栏中的"阵列"按钮▨，或者在命令行中输入 arraypath 命令，命令提示如下：

```
命令: arraypath
选择对象: 找到 1 个                    //选择座椅
选择对象: ↙
类型 = 路径   关联 = 是
选择路径曲线: ↙                      //选择上一步中偏移复制出来的曲线
输入沿路径的项数或 [方向(O)/表达式(E)] <方向>: o ↙
指定基点或 [关键点(K)] <路径曲线的终点>: k ↙
指定源对象上的关键点作为基点:              //捕捉座椅下边上的中点作为基点，如图 3-162 所示
指定与路径一致的方向或 [两点(2P)/法线(NOR)] <当前>: 2p ↙
指定方向矢量的第一个点:                  //捕捉路径上的端点 1
指定方向矢量的第二个点:                  //捕捉路径上的端点 2
输入沿路径的项目数或 [表达式(E)] <4>: 18 ↙
指定沿路径的项目之间的距离或 [定数等分(D)/总距离(T)/表达式(E)] <沿路径平均定数等分(D)>: ↙
```

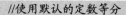
//使用默认的定数等分
按 Enter 键接受或 [关联(AS)/基点(B)/项目(I)/行(R)/层(L)/对齐项目(A)/Z 方向(Z)/退出(X)] <退出>:
//结果如图 3-163 所示

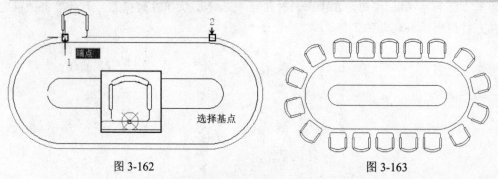

图 3-162   图 3-163

3.8 工程师即问即答

Q：删除图形与分解图形有什么区别？

A：直接按键盘上的【Delete】键即可删除对象，删除后图形就没有了，而使用 Explode 命令则是将一个复杂的图形分解为直线段或弧线等最基本图形。

Q：选取对象时拖动鼠标产生的虚框变为实框且选取后留下两个交叉的点怎么办？

A：将 BLIPMODE 的系统变量修改为 OFF 即可。

Q：如何用 break 命令在一点打断对象？

A：执行 break 命令，在提示输入第二点时，可以输入@再按【Enter】键，这样即可在第一点打断选定对象。

Q：使用编辑命令时多选了某个图元如何去掉？

A：在命令未结束下按住【shift】键选择多选的图元即可。

Q：复制图形粘贴后总是离的很远怎么办？

A：复制时可使用带基点复制，例如选择"编辑>带基点复制"菜单命令。

第 4 章
室内装饰设计常用图例的绘制

专业绘图比例多数是将实物缩小多少倍，也就是用小比例绘制图形。作为装饰施工图中的个别细小构造，如装饰线角贴面、栏杆细部连接、采用 1:1 比例绘图。而绝大部分装饰图使用的比例在 1:50～1:10 之间，所以图形无法按真实形状表示，尤其是细部节点。只能用示意性的符号来画。凡是国家标准规定的正规示意符号，统称为图例。

装饰图纸涉及面较为广泛，在本章中将学习一些常用的国家标准图例、包括总平面图图例、常用构件、配件图例、管线图例等的绘制方法。

学习重点

- 了解平面图图例的绘制
- 绘制家具陈设
- 绘制厨房、卫浴设备
- 了解常用构件

视频时间

- 4-1.avi ～ 4-2.avi 约 13 分钟

4.1 平面图图例的绘制

本节主要练习直线命令的应用，用最基本的直线段绘制出简单的平面图例。

绘制坐标图例

坐标图例分为测量坐标和施工坐标，测量坐标表示实际坐标，施工使用的是相对坐标。绘制过程如下。

Step 01 在命令栏中输入 LINE 命令，绘制出一个直角，如图 4-1 所示。

Step 02 按空格键继续绘制，指定两条线的交点为起点，在45度角的位置绘制一条斜线，如图 4-2 所示。

图 4-1

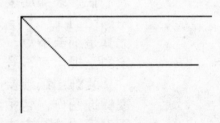

图 4-2

Step 03 使用 mtext 命令标注文字，命令提示如下：

命令: mtext ✓
当前文字样式 :"Standard"　　当前文字高度:163.6719 //显示当前文字样式
指定第一角点:　　　　//在视图中需要画出一个文字范围的矩形框，跟绘制矩形的方法相同，先要指定第一个角点
指定对角点或 [高度(H)/对正(J)/行距(L)/旋转(R)/样式(S)/宽度(W)]: //指定对角点，系统会弹出一个如图 4-3 所示的对话框。

在对话框中输入文字，并设置文字的格式为 Times New Roman 字体，大小根据实际情况决定。然后单击"确定"按钮。

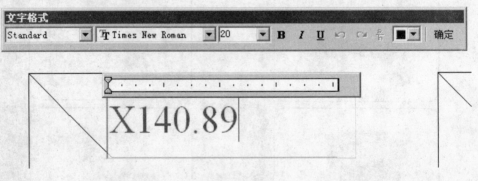

图 4-3

Step 04 选中刚才输入的文字，按住鼠标右键拖动到下边，然后松开鼠标右键，系统会弹出一个如图 4-4 所示的快捷式菜单，在菜单中选择"复制到此处"命令。

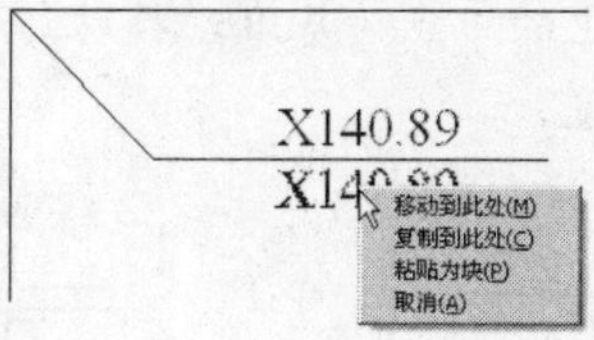

Step 05 双击复制的文字，系统会再次打开"文字样式"对话框，更改文字内容，单击"确定"按钮就完成了文字的修改，也完成了图例的绘制，如图 4-5 所示。

图 4-4

图 4-5

4.2 绘制家具陈设

在绘制室内家具卫浴设备的平面图时，它们的尺寸需要根据实际设备尺寸大小来绘制，本节中所使用的尺寸并不是绝对的，可作为绘制时的参考尺寸。

4.2.1 单人床

Step 01 在命令栏中输入 rectang 命令，命令的提示如下：

```
命令: rectang ↙
指定第一个角点或 [倒角(C)/标高(E)/圆角(F)/
厚度(T)/宽度(W)]:
指定另一个角点或 [尺寸(D)]: @2000,1200↙ //
矩形的大小要根据实际物体的尺寸来决定，绘
制的矩形如图 4-6 所示。
```

图 4-6

Step 03 打开对象捕捉，用 line 命令捕捉矩形的两个对角点，绘制出如图 4-8 所示的线段，单人床平面图就绘制完成了。

Step 02 选择矩形，在命令栏中输入 explode 命令，将矩形分解。再输入 offset 命令，提示如下：

```
命令: offset ↙
指定偏移距离或 [通过(T)] <10.0000>: 100
选择要偏移的对象或 <退出>:     //选择矩形的
左边
指定点以确定偏移所在一侧:     //在矩形的右
侧单击
选择要偏移的对象或 <退出>:↙     //退出命令，
效果如图 4-7 所示
```

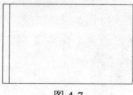

图 4-7

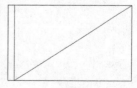

图 4-8

4.2.2 沙发

Step 01 在命令栏中输入 rectang 命令,绘制一个 100×455 的矩形,如图 4-9 所示,命令提示如下:

```
命令: _rectang
指定第一个角点或 [倒角(C)/标高(E)/圆角(F)/
厚度(T)/宽度(W)]:
指定另一个角点或 [面积(A)/尺寸(D)/旋转(R)]:
@100,455✓
```

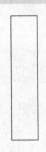

图 4-9

Step 03 单击"修改"工具栏中的"圆角"按钮□,对矩形进行圆角,命令提示如下:

```
命令: _fillet
当前设置: 模式 = 修剪, 半径 = 100.0000
选择第一个对象或 [放弃(U)/多段线(P)/半径
(R)/修剪(T)/多个(M)]: r✓
指定圆角半径 <100.0000>: 10 ✓
选择第一个对象或 [放弃(U)/多段线(P)/半径
(R)/修剪(T)/多个(M)]: p ✓
选择二维多段线或 [半径(R)]:        //选择
最大的那个矩形
4 条直线已被圆角
```

Step 05 单击绘图工具栏中的"复制"按钮
⁰□,将绘制好的图形向右复制,复制距离为610,如图 4-12 所示。

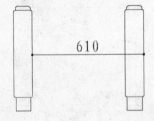

图 4-12

Step 02 在命令栏中输入 rectang 命令,绘制一个 80×70 和一个 80×20 的矩形,然后捕捉以矩形边上的中点为基准,移动到如图 4-10 所示的位置。

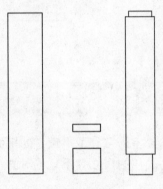

图 4-10

Step 04 按空格键继续执行 fillet 命令,分别对最小的那个矩形的两个角进行圆角处理,结果如图 4-11 所示。

图 4-11

Step 06 捕捉矩形的中点绘制一条直线,然后将这条直线向上偏移 110,向下偏移 160,如图 4-13 所示。

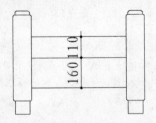

图 4-13

Step 07 单击"绘图"工具栏中的"圆弧"按钮,绘制出如图 4-14 所示的两段圆弧。

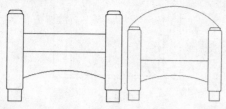

图 4-14

Step 08 选中两个大的矩形,单击"修改"工具栏中的"分解"按钮,将图形分解。

Step 09 单击"修改"工具栏中的"圆角"按钮□,对最上边的水平直线与矩形相交的角进行圆角处理,结果如图 4-15 所示,命令提示见右侧区域。

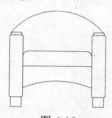

图 4-15

```
命令: _fillet
当前设置: 模式 = 修剪,半径 = 10.0000
选择第一个对象或 [放弃(U)/多段线(P)/半径
(R)/修剪(T)/多个(M)]: r ↙
指定圆角半径 <10.0000>: 40 ↙
选择第一个对象或 [放弃(U)/多段线(P)/半径
(R)/修剪(T)/多个(M)]: t ↙
输入修剪模式选项 [修剪(T)/不修剪(N)] <修剪
>: n ↙
选择第一个对象或 [放弃(U)/多段线(P)/半径
(R)/修剪(T)/多个(M)]:
选择第二个对象,或按住 Shift 键选择对象以
应用角点或 [半径(R)]:
```

案例 1:绘制坐椅

Step 01 在命令栏中输入 rectang 命令,结果如图 4-16 所示,命令的提示如下:

```
命令: rectang ↙
指定第一个角点或 [倒角(C)/标高(E)/圆角(F)/厚度(T)/宽度(W)]:
指定另一个角点或 [尺寸(D)]: @600,600↙
```

Step 02 选择矩形,在命令栏中输入 explode 命令,再按回车键将矩形分解。

Step 03 输入 fillet 命令,对矩形上边的两个角进行圆角,如图 4-17 所示,命令的具体执行过程如下。

```
命令: fillet
当前设置: 模式 = 修剪,半径 =50.0000
选择第一个对象或 [放弃(U)/多段线(P)/半径(R)/修剪(T)/多个(M)]: m ↙
选择第一个对象或 [放弃(U)/多段线(P)/半径(R)/修剪(T)/多个(M)]: r ↙
指定圆角半径 <50.0000>: 300 ↙
选择第一个对象或 [放弃(U)/多段线(P)/半径(R)/修剪(T)/多个(M)]:    //选择矩形左边
选择第二个对象,或按住 Shift 键选择对象以应用角点或 [半径(R)]: //选择矩形顶边
选择第一个对象或 [放弃(U)/多段线(P)/半径(R)/修剪(T)/多个(M)]:    //选择矩形顶边
选择第二个对象,或按住 Shift 键选择对象以应用角点或 [半径(R)]: //选择矩形右边
选择第一个对象或 [放弃(U)/多段线(P)/半径(R)/修剪(T)/多个(M)]: ↙
```

图 4-16

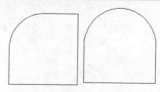

图 4-17

Step 04 单击"修改"工具栏中的"偏移"
按钮 🔳，将图形向内侧偏移30，结果如图 4-18
所示。

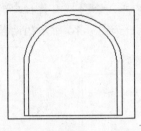

图 4-18

4.2.3 台灯

　　本例学习使用 pline 命令、circle 命令、move 命令、rectang 命令、explode 命令、divide
命令、mirror 命令、lengthen 命令和 offset 命令来绘制台灯，案例效果如图 4-19 所示。

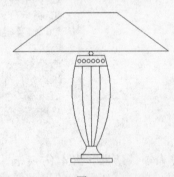

图 4-19

Step 01 用多段线绘制多边形，在命令提示行
中输入 pline 命令或单击绘图工具栏中的"多段
线"按钮，绘制一个长 450，110，150 的多边
形，如图 4-20 所示，命令执行过程如下。

图 4-20

命令: _pline ✓
指定起点: //在绘图区域任意拾取一点
当前线宽为 0.00
指定下一个点或 [圆弧(A)/半宽(H)/长度(L)/放
弃(U)/宽度(W)]: 450 ✓
指定下一点或 [圆弧(A)/闭合(C)/半宽(H)/长度
(L)/放弃(U)/宽度(W)]: 110 ✓
指定下一点或 [圆弧(A)/闭合(C)/半宽(H)/长度
(L)/放弃(U)/宽度(W)]: 150 ✓
指定下一点或 [圆弧(A)/闭合(C)/半宽(H)/长度
(L)/放弃(U)/宽度(W)]:C ✓

Step 02 在绘图区域绘制一个半径为 6 的
圆，将圆平移到 A 边，捕捉圆上的切点与 A
点重合，如图 4-21 所示。

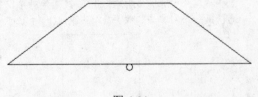

图 4-21

Step 03 绘制一个长 120 宽 60 的矩形,命令提示如下:

Step 04 用 explode 命令将矩形分解,然后用定数等分命令 divide 将 a 边 4 等分,命令提示如下:

```
命令: _divide ✓
选择要定数等分的对象: //选择要等分的线段
输入线段数目或 [块(B)]: 4 ✓
```

Step 05 用 pline 命令绘制如图 4-22 所示的多段线,长分别为 11mm、60mm、25mm 和 30mm,再分别将 b 边和 c 边定数 4 等分,命令提示如下:

Step 06 过 C 边中点绘制一条长为 257mm 的垂直线段,过垂直线段的端点绘制一条长 39mm 水平直线,将水平直线向下偏移 30,再延长至 49,如图 4-23 所示,命令提示如下:

```
命令: _lengthen ✓
选择对象或 [增量(DE)/百分数(P)/全部(T)/动态(DY)]: de ✓
输入长度增量或 [角度(A)] <0.00>: 10 ✓
选择要修改的对象或 [放弃(U)]: //选择 e 边
```

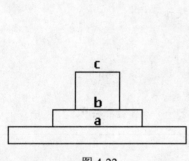

图 4-22

图 4-23

Step 07 采用 "起点、端点、半径" 法绘制圆弧。圆弧半径分别为 24mm,325mm,790mm,绘制完成后对圆弧镜像复制,使用 Trim 命令进行修剪,效果如图 4-24 所示,命令提示如下:

Step 08 分别绘制 6 个半径为 5 的圆,将灯罩平移到如图 4-25 所示的位置,这样就完了台灯的绘制。

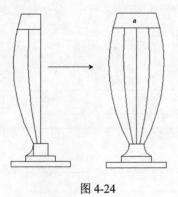

图 4-24

图 4-25

4.2.4 ▶ 壁橱

Step 01 使用直线命令绘制一条长度为 3000 单位的直线，命令的提示如下：

```
命令: line↙
指定第一点:
指定下一点或 [放弃(U)]: @3000,0↙
指定下一点或 [放弃(U)]:↙
```

Step 02 在命令栏中输入 offset 命令，命令的提示如下：

```
命令: offset↙
指定偏移距离或 [通过(T)] <50.0000>: 100↙
选择要偏移的对象或 <退出>:
指定点以确定偏移所在一侧:
选择要偏移的对象或 <退出>:↙  //结束命令，
效果如图 4-26 所示
```

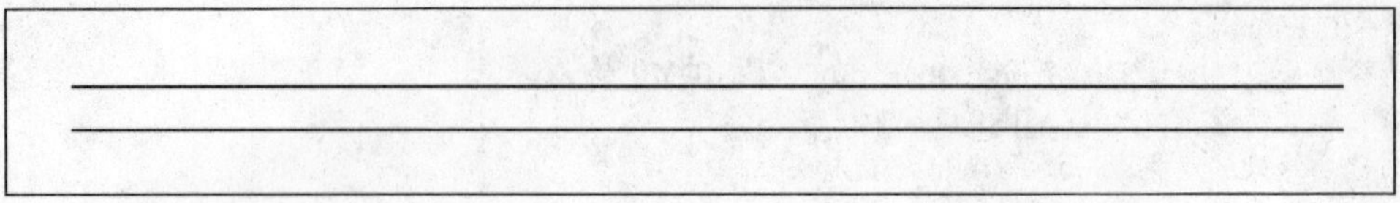

图 4-26

Step 03 使用直线命令绘制一条折线，命令的提示如下：

```
命令: line  指定第一点:
指定下一点或 [放弃(U)]:
指定下一点或 [放弃(U)]:
指定下一点或 [闭合(C)/放弃(U)]:
指定下一点或 [闭合(C)/放弃(U)]:
指定下一点或 [闭合(C)/放弃(U)]:↙        //结束命令，效果如图 4-27 所示
```

图 4-27

Step 04 使用直线命令绘制一条长度为 3000 单位的直线，如图 4-28 所示，命令的提示如下：

```
命令: line↙
指定第一点:
指定下一点或 [放弃(U)]: @3000,0↙
指定下一点或 [放弃(U)]:↙
```

图 4-28

Step 05 在命令栏中输入 rectang 命令，绘制一个 2100×500 的矩形，然后将矩形移动到如图 4-29 所示的位置。

图 4-29

Step 06 使用 trim 命令将矩形内的线段剪掉，完成效果如图 4-30 所示，命令的提示如下：

```
命令: trim ↙
当前设置:投影=UCS，边=无
选择剪切边...
选择对象: 指定对角点: 找到 10 个
选择对象:
选择要修剪的对象，或按住 Shift 键选择要延伸的对象，或 [投影(P)/边(E)/放弃(U)]:
选择要修剪的对象，或按住 Shift 键选择要延伸的对象，或 [投影(P)/边(E)/放弃(U)]:
选择要修剪的对象，或按住 Shift 键选择要延伸的对象，或 [投影(P)/边(E)/放弃(U)]:
选择要修剪的对象，或按住 Shift 键选择要延伸的对象，或 [投影(P)/边(E)/放弃(U)]:
选择要修剪的对象，或按住 Shift 键选择要延伸的对象，或 [投影(P)/边(E)/放弃(U)]:
选择要修剪的对象，或按住 Shift 键选择要延伸的对象，或 [投影(P)/边(E)/放弃(U)]:
选择要修剪的对象，或按住 Shift 键选择要延伸的对象，或 [投影(P)/边(E)/放弃(U)]: ↙ //结束命令
```

图 4-30

Step 07 使用 line 命令在矩形内再绘制一些直线段，并设置线宽为 0.35 毫米，最后完成效果如图 4-31 所示。

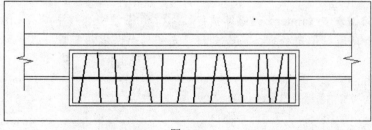

图 4-31

4.3 厨房设备

4.3.1 水池

Step 01 在命令栏中输入 rectang 命令，命令的提示如下：

```
命令: rectang ✓
指定第一个角点或 [倒角(C)/标高(E)/圆角(F)/厚度(T)/宽度(W)]:
指定另一个角点或 [尺寸(D)]: @1000,500✓  //结束命令，绘制的矩形如图 4-32 所示。
```

图 4-32

Step 02 在命令栏中输入 offset 命令，将倒角矩形向内偏移复制一个，命令的提示如下：

```
命令: offset✓
指定偏移距离或 [通过(T)] <10.0000>: 50✓
选择要偏移的对象或 <退出>:
指定点以确定偏移所在一侧:
选择要偏移的对象或 <退出>:✓ //结束命令，图形效果如图 4-33 所示
```

图 4-33

4.3.2 立式洗脸盆

Step 01 在命令栏中输入 rectang 命令，命令的提示如下：

```
命令: rectang✓
指定第一个角点或 [倒角(C)/标高(E)/圆角(F)/厚度(T)/宽度(W)]:
指定另一个角点或 [尺寸(D)]: @800,500✓
```

Step 03 按空格键或者【Enter】键继续执行命令，对另一个角进行倒角处理，命令的提示如下：

```
命令: CHAMFER✓
("修剪"模式) 当前倒角距离 1 = 50.0000，距离 2 = 50.0000
选择第一条直线或 [多段线(P)/距离(D)/角度(A)/修剪(T)/方式(M)/多个(U)]:
选择第二条直线:
倒角后的效果如图 4-34 所示。
```

Step 02 在命令栏中输入 chamfer 命令，对矩形进行倒角，命令的具体招待过程如下：

```
命令: chamfer✓
("修剪"模式) 当前倒角距离 1 = 5.0000，距离 2 = 5.0000
选择第一条直线或 [多段线(P)/距离(D)/角度(A)/修剪(T)/方式(M)/多个(U)]: d
指定第一个倒角距离 <5.0000>: 50✓
指定第二个倒角距离 <50.0000>: ✓
选择第一条直线或 [多段线(P)/距离(D)/角度(A)/修剪(T)/方式(M)/多个(U)]:
选择第二条直线:
```

Step 04 在命令栏中输入 offset 命令，将倒角矩形向内偏移复制一个，命令的提示如下：

```
命令: offset✓
指定偏移距离或 [通过(T)] <10.0000>: 50✓
选择要偏移的对象或 <退出>:
指定点以确定偏移所在一侧:
选择要偏移的对象或 <退出>:✓ //结束命令，图形效果如图 4-35 所示
```

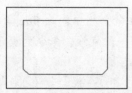

图 4-34

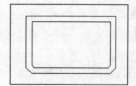

图 4-35

Step 05 使用 pline 命令在矩形内部绘制一个半圆，命令的提示如下：

命令: pline↙
指定起点: //指定多线段的起点
当前线宽为 0.0000   //显示当前线宽
指定下一个点或 [圆弧(A)/半宽(H)/长度(L)/放弃(U)/宽度(W)]: //指定线段的下一个点，该点将作为下面
绘制的圆弧的起点
指定下一点或 [圆弧(A)/闭合(C)/半宽(H)/长度(L)/放弃(U)/宽度(W)]: a↙
指定圆弧的端点或
[角度(A)/圆心(CE)/闭合(CL)/方向(D)/半宽(H)/直线(L)/半径(R)/第二个点(S)/放弃(U)/
宽度(W)]:   //指定圆弧的端点
指定圆弧的端点或
[角度(A)/圆心(CE)/闭合(CL)/方向(D)/半宽(H)/直线(L)/半径(R)/第二个点(S)/放弃(U)/
宽度(W)]:↙   //结束命令,图形样式如图 4-36 所示。

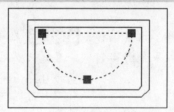

图 4-36

Step 06 在 "对象特性" 对象框中设置线宽   **Step 07** 再使用 line 命令绘制两个十字形图
为 0.35 毫米，如图 4-37 所示。   形，并设置线宽为 0.35 毫米，如图 4-38 所示。

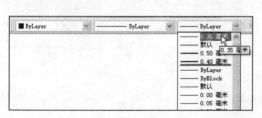

图 4-37

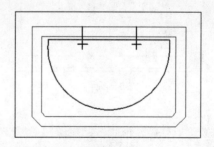

图 4-38

4.3.3 带篦子洗涤盆

Step 01 在命令栏中输入 rectang 命令，命令的提示如下：

命令: rectang↙
指定第一个角点或 [倒角(C)/标高(E)/圆角(F)/厚度(T)/宽度(W)]:
指定另一个角点或 [尺寸(D)]: @800,400↙

Step 02 在命令栏中输入 offset 命令，将倒角矩形向内偏移复制一个，命令的提示如下：

命令: offset↙
指定偏移距离或 [通过(T)] <10.0000>: 50↙
选择要偏移的对象或 <退出>:
指定点以确定偏移所在一侧:
选择要偏移的对象或 <退出>:↙ //结束命令，
图形效果如图 4-39 所示

Step 03 在命令栏中输入 line 命令，在矩形的内部绘制一段直线。命令的提示如下：

命令:line↙
指定第一个角点或 [倒角(C)/标高(E)/圆角(F)/厚度(T)/宽度(W)]:
指定另一个角点或 [尺寸(D)]: 150↙ //将光标移动到水平的位置上，再输入 150，如图 4-40所示。

图 4-39

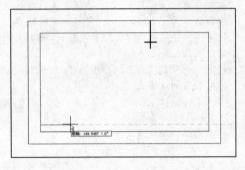

图 4-40

Step 04 在命令栏中输入 O 命令，设置偏移距离为 40,向下偏移复制线段，效果如图 4-41所示。

Step 05 在命令栏中输入 line 命令，绘制一条直线，然后再绘制一个十字图形并设置线宽为 0.35，完成效果图 4-42 所示。

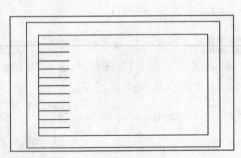

图 4-41

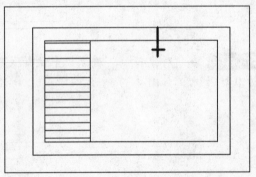

图 4-42

4.3.4 盥洗槽

Step 01 在命令栏中输入 rectang 命令，绘制一个 800×300 的矩形，如图 4-43 所示，命令提示如下。

命令: rectang ↙
指定第一个角点或 [倒角(C)/标高(E)/圆角(F)/厚度(T)/宽度(W)]:
指定另一个角点或 [尺寸(D)]: @800,300↙

Step 02 在命令栏中输入 offset 命令，将倒角矩形向内偏移复制一个，命令的提示如下：

命令: offset ↙
指定偏移距离或 [通过(T)] <10.0000>: 50↙
选择要偏移的对象或 <退出>:
指定点以确定偏移所在一侧:
选择要偏移的对象或 <退出>: ↙ //结束命令，
图形效果如图 4-44 所示

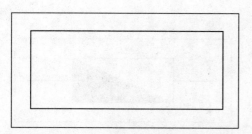

图 4-43

图 4-44

Step 03 在命令栏中输入 circle 命令，在矩形的内部绘制一个圆，如图 4-45 所示，命令的提示如下：

命令: circle ↙
指定圆的圆心或 [三点(3P)/两点(2P)/相切、相切、半径(T)]:
指定圆的半径或 [直径(D)] <100.0000>: 60↙

Step 04 使用 line 命令绘制三个十字图形，并设置它们的线宽为 0.35 毫米，如图 4-46 所示。

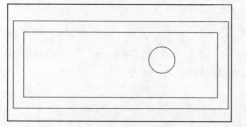

图 4-45

图 4-46

4.3.5 水表

Step 01 在命令栏中输入 rectang 命令，命令的提示如下：

命令: rectang↙
指定第一个角点或 [倒角(C)/标高(E)/圆角(F)/厚度(T)/宽度(W)]:
指定另一个角点或 [尺寸(D)]: @800,400↙

Step 02 在命令栏中输入 line 命令，绘制一条穿过矩形中点的直线，如图 4-47 所示。

图 4-47

Step 03 在命令栏中输入 line 命令，绘制一条矩形的对角线，如图 4-48 所示。

Step 04 选择图形，在"对象特性"工具栏中设置圆形的线宽为 0.35 毫米，如图 4-49 所示。

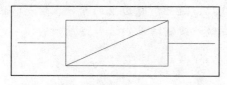

图 4-48

图 4-49

Step 05 在命令栏中输入 bhatch 命令，在对话框中设置图案为 "SOLID"，设置样例为 "Bylayer"，然后再单击 "拾取点" 按钮，这时系统会关闭对话框，返回到视图，在视图中单击三角形区域内部，单右鼠右键确定。系统自动返回到 "边界图案填充" 对话框，单击 "确定" 按钮，完成填充。如图 4-50 所示。

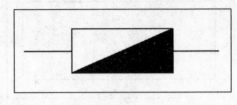

图 4-50

案例 2：绘制燃气灶

这个案例主要练习圆形的绘制和定数等分命令的应用，案例效果如图 4-51 所示。

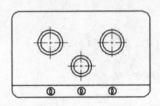

图 4-51

Step 01 单击 "绘图" 工具栏中的 "矩形" 按钮口，绘制一个长 740mm，宽 450mm，圆角半径为 40mm 的圆角矩形，命令提示如下，绘制结果如图 4-52 所示。

```
命令:_rectang ↙
指定第一个角点或 [倒角（C）/标高（E）/圆角（F）/厚度（T）/宽度（W）]: f↙
指定矩形的圆角半径 <0.0000>: 40 ↙//输入圆角的半径
指定第一个角点或 [倒角（C）/标高（E）/圆角（F）/厚度（T）/宽度（W）]: //在绘图区域任意拾取一点
指定另一个角点或 [面积（A）/尺寸（D）/旋转（R）]: @740,450 ↙//输入另外一个角点的相对坐标
```

Step 02 单击 "修改" 工具栏中的 "分解" 按钮，将矩形分解。再执行 "绘图>点>定数等分" 菜单命令，将圆角矩形长边定数等分为 4，宽定数等分为 3，绘制结果如图 4-53 所示。

图 4-52

图 4-53

Step 03 默认情况下，系统没有打开 "节点" 捕捉，那么在绘图时就无法捕捉到这些节点。这时可以再软件界面下方的 "对象捕捉" 按钮上右击，在弹出的菜单中选择 "设置" 命令，然后勾选 "节点" 复选框，如图 4-54 所示。

Step 04 过矩形长边上的等分点绘制 3 条垂直线段，过矩形宽边上的等分点绘制两条水平直线，绘制结果如图 4-55 所示。

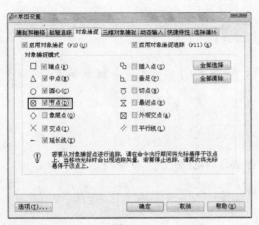

图 4-54

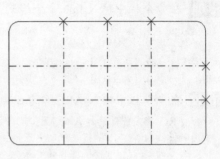

图 4-55

Step 05 过水平直线与垂直直线的交点绘制半径为 65mm，50mm，40mm，55mm 的圆，绘制结果如图 4-56 所示。

Step 06 单击"修改"工具栏中的"偏移"按钮，将矩形中向下数的第二条直线向下偏移 100mm，偏移结果如图 4-57 所示。

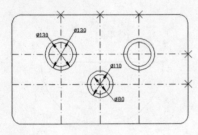

图 4-56

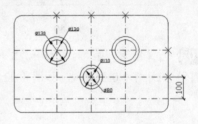

图 4-57

Step 07 用圆和椭圆绘制出燃气灶的开关，圆的半径为 20mm，在圆内绘制一个椭圆作为开关上的把手，绘制好后平移复制到炉具上相应的位置，结果如图 4-58 所示。

Step 08 用修剪工具将辅助线进行修剪，绘制完成的燃气灶如图 4-59 所示。

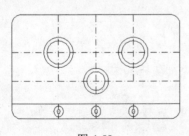

图 4-58

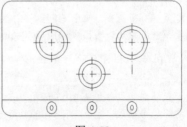

图 4-59

4.4 卫浴设备

本节主要来介绍一下卫浴设备的绘制方法。

4.4.1 挂式小便器

Step 01 在命令栏中输入 line 命令绘制一条直线，如图 4-60 所示，命令提示如下：

命令: line ↙
指定第一点:
指定下一点或 [放弃(U)]: @600,0
指定下一点或 [放弃(U)]: ↙

Step 02 在命令栏中输入 ARC 命令绘制一个圆弧如图 4-61 所示，命令提示如下：

命令: ARC 指定圆弧的起点或 [圆心(C)]: c↙
指定圆弧的圆心: //捕捉直线的中点
指定圆弧的起点: //捕捉直线的起点
指定圆弧的端点或 [角度(A)/弦长(L)]: //捕捉直线的端点

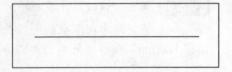

图 4-60

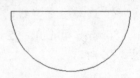

图 4-61

Step 03 选择圆形，在"对象特性"工具栏中
设置圆形的线宽为 0.35 毫米。如图 4-62 所示。

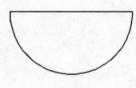

图 4-62

4.4.2 立式小便器

Step 01 在命令栏中输入 rectang 命令，命令的提示如下：

命令: rectang ↙
指定第一个角点或 [倒角(C)/标高(E)/圆角(F)/厚度(T)/宽度(W)]:
指定另一个角点或 [尺寸(D)]: @800,500 ↙

Step 02 在命令栏中输入 circle 命令，绘制圆形。命令的提示如下：

命令:circle↙
指定圆的圆心或 [三点(3P)/两点(2P)/相切、相切、半径(T)]:   //捕捉矩形底边的中点为圆心
指定圆的半径或 [直径(D)] <100.0000>: 150↙ //输入半径，完成效果如图 4-63 所示。

Step 03 在命令栏中输入 trim 命令，将圆形内的线段剪掉，如图 4-64 所示，命令的提示如下：

命令: trim↙
当前设置:投影=UCS，边=无
选择剪切边...
选择对象: 指定对角点: 找到 2 个 //选择矩形和圆形
选择对象:↙ //结束选择对象的操作
选择要修剪的对象，或按住 Shift 键选择要延伸的对象，或 [投影(P)/边(E)/放弃(U)]:
选择要修剪的对象，或按住 Shift 键选择要延伸的对象，或 [投影(P)/边(E)/放弃(U)]:↙ //结束命令

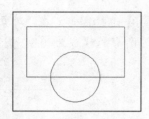

图 4-63

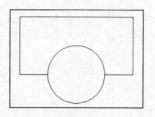

图 4-64

Step 04 选择图形，在"对象特性"工具栏中设置圆形的线宽为 0.35 毫米，如图 4-65 所示。

Step 05 立式小便器平面图的最后效果如图 4-66 所示。

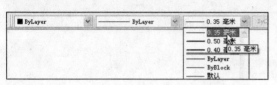

图 4-65

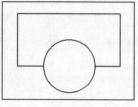

图 4-66

4.4.3 浴盆

Step 01 在命令栏中输入 rectang 命令，命令的提示如下：

> 命令: rectang ✓
> 指定第一个角点或 [倒角(C)/标高(E)/圆角(F)/厚度(T)/宽度(W)]:
> 指定另一个角点或 [尺寸(D)]: @800,500 ✓

Step 02 在命令栏中输入 chamfer 命令，对矩形进行倒角，命令的提示如下：

> 命令: fillet ✓
> 当前设置: 模式 = 修剪，半径 = 200.0000
> 选择第一个对象或 [多段线(P)/半径(R)/修剪(T)/多个(U)]: r✓ //输入倒角半径
> 指定圆角半径 <200.0000>: 350
> 选择第一个对象或 [多段线(P)/半径(R)/修剪(T)/多个(U)]:
> 选择第二个对象:

Step 03 按空格键继续执行 fillet 命令，对另一个矩形的角进行倒角处理，如图 4-67 所示，命令的提示如下：

> 命令: FILLET✓
> 当前设置: 模式 = 修剪，半径 = 350.0000
> 选择第一个对象或 [多段线(P)/半径(R)/修剪(T)/多个(U)]:
> 选择第二个对象:

Step 04 在命令栏中输入 offset 命令，将倒角矩形向内偏移复制一个，如图 4-68 所示，命令的提示如下：

> 命令: offset ✓
> 指定偏移距离或 [通过(T)] <通过>: 50 ✓
> 选择要偏移的对象或 <退出>:
> 指定点以确定偏移所在一侧:
> 选择要偏移的对象或 <退出>: ✓

图 4-67

图 4-68

Step 05 在命令栏中输入 circle 命令，绘制一个圆形，命令的提示如下：

> 命令: circle↙
> 指定圆的圆心或 [三点(3P)/两点(2P)/相切、相切、半径(T)]:
> 指定圆的半径或 [直径(D)]: 100↙

Step 06 选择圆形，在"对象特性"工具栏中设置圆形的线宽为 0.35 毫米，如图 4-69 所示。

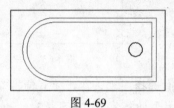

图 4-69

4.5 常用构件

4.5.1 单扇单开门

Step 01 在命令栏中输入 rectang 命令，执行过程如下：

> 命令: rectang ↙
> 指定第一个角点或 [倒角(C)/标高(E)/圆角(F)/厚度(T)/宽度(W)]:
> 指定另一个角点或 [尺寸(D)]: @110,180↙

Step 02 使用 line 命令绘制一条与矩形底边重合的直线，然后选择矩形和直线，在"对象特性"工具栏中设置矩形的线宽为"0.35 毫米"，如图 4-70 所示。

Step 03 在命令栏中输入 offset 命令，命令执行过程如下：

> 命令: offset↙
> 指定偏移距离或 [通过(T)] <10.0000>: 5↙
> 选择要偏移的对象或 <退出>:   //选择矩形
> 指定点以确定偏移所在一侧: //在矩形内部单击
> 选择要偏移的对象或 <退出>:↙   //结束命令

Step 04 选中矩形，在命令栏中输入 explode 命令将内部的矩形分解，然后将矩形的底边删除，如图 4-71 所示。

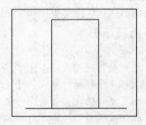

图 4-70

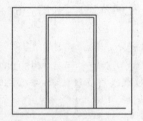

图 4-71

Step 05 在命令栏中输入 rectang 命令，在矩形内部再绘制一个矩形，命令执行过程如下：

> 命令: rectang ↙
> 指定第一个角点或 [倒角(C)/标高(E)/圆角(F)/厚度(T)/宽度(W)]:
> 指定另一个角点或 [尺寸(D)]: @80,40 ↙

Step 06 使用 copy 命令将矩形复制 4 个，并使用 line 命令绘制一条斜线，单扇单开门的立图例就绘制完成了，如图 4-72 所示。

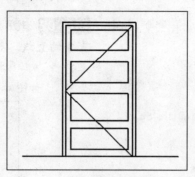

图 4-72

Step 07 在命令栏中输入 rectang 命令，命令执行过程如下：

```
命令: rectang ↙
指定第一个角点或 [倒角(C)/标高(E)/圆角(F)/
厚度(T)/宽度(W)]:
指定另一个角点或 [尺寸(D)]: @40,24 ↙
```

Step 08 在命令栏中输入 copy 命令，将矩形按水平位置再复制一个，命令执行过程如下：

```
命令: copy ↙
选择对象: 指定对角点: 找到 4 个 //选择矩形
选择对象: ↙          //结束对象的选择
指定基点或位移，或者 [重复(M)]: 指定位移的
第二点或 <用第一点作位移>:
//将矩形水平移动，矩形的距离为窗的宽度，如
图 4-73 所示。
```

图 4-73

Step 09 选中这两个矩形，在命令栏中输入 explode 命令，按下回车键将矩形分解，然后将左右两边的边删除，如图 4-74 所示。

图 4-74

Step 10 使用 line 命令绘制一条直线，窗的平面图例就绘制完成了，如图 4-75 所示。

图 4-75

Step 11 剖面图例的绘制方法完全相同，在这里就不再赘述了。最终效果如图 4-76 所示。

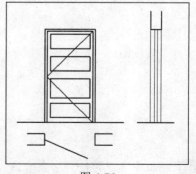

图 4-76

4.5.2 墙外单扇推拉门

Step 01 在命令栏中输入 rectang 命令，执行过程如下：

命令: rectang ↙
指定第一个角点或 [倒角(C)/标高(E)/圆角(F)/厚度(T)/宽度(W)]:
指定另一个角点或 [尺寸(D)]: @110,180 ↙

Step 02 使用 line 命令绘制一条与矩形底边重合的直线，然后选择矩形和直线，在"对象特性"工具栏中设置矩形的线宽为"0.35毫米"，如图 4-77 所示。

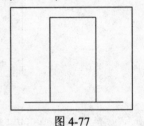

图 4-77

Step 03 在命令栏中输入 offset 命令，命令执行过程如下：

命令: offset ↙
指定偏移距离或 [通过(T)] <10.0000>: 5 ↙
选择要偏移的对象或 <退出>:   // 选择矩形
指定点以确定偏移所在一侧: //在矩形内部单击
选择要偏移的对象或 <退出>: ↙   //结束命令

Step 04 选中矩形，在命令栏中输入 explode 命令将内部的矩形分解，然后将矩形的底边删除，如图 4-78 所示。

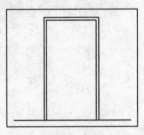

图 4-78

Step 05 在命令栏中输入 rectang 命令，在矩形内部再绘制一个矩形，命令执行过程如下：

命令: rectang ↙
指定第一个角点或 [倒角(C)/标高(E)/圆角(F)/厚度(T)/宽度(W)]:
指定另一个角点或 [尺寸(D)]: @80,80 ↙

Step 06 使用 copy 命令将矩形复制 1 个，单扇单开门的立图例就绘制完成了，如图 4-79 所示。

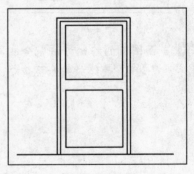

图 4-79

Step 07 捕捉中点，再绘制一条直线。然后使用 pline 命令绘制一个箭头符号。命令执行过程如下：

命令:pline
指定起点:
当前线宽为 0.0000
指定下一个点或 [圆弧(A)/半宽(H)/长度(L)/放弃(U)/宽度(W)]:
指定下一点或 [圆弧(A)/闭合(C)/半宽(H)/长度(L)/放弃(U)/宽度(W)]:
指定下一点或 [圆弧(A)/闭合(C)/半宽(H)/长度(L)/放弃(U)/宽度(W)]:
指定下一点或 [圆弧(A)/闭合(C)/半宽(H)/长度(L)/放弃(U)/宽度(W)]: C
//闭合多段线，形成一个封闭的三角形箭头，如图 4-80 所示。

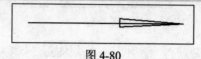

图 4-80

Step 08 将箭头填充为黑色，在命令栏中输入 bhatch 命令，在对话框中选择图案类型为 Solid，然后再单击"选择对象"按钮，这时系统会关闭对话框，返回到视图，在视图中单击三角形箭头，再按【Enter】键完成填充。

Step 09 使用 line 命令在图形的上方绘制一条直线，墙外单扇推拉门的立面图例就绘制完成了，效果如图 4-81 所示。

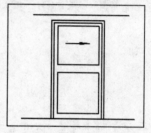

图 4-81

Step 10 外单扇推拉门的平面图例和剖面图例的绘制过程非常简单，在此就不再详细讲解绘制过程，立面、平面和剖面图例如图 4-82 所示。

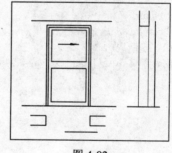

图 4-82

4.5.3 转门

Step 01 在命令栏中输入 rectang 命令，执行过程如下:

命令: rectang ↙
指定第一个角点或 [倒角(C)/标高(E)/圆角(F)/厚度(T)/宽度(W)]:
指定另一个角点或 [尺寸(D)]: @120,200↙↙

Step 02 选中矩形，在命令栏中输入 explode 命令，按下回车键，将矩形分解。在命令栏中输入 offset 命令，将矩形的左右两条边向内偏移 10 个单位，如图 4-83 所示，命令提示如下:

命令: offset ↙
指定偏移距离或 [通过(T)] <10.0000>: 10↙
选择要偏移的对象或 <退出>:
指定点以确定偏移所在一侧:
选择要偏移的对象或 <退出>: ↙

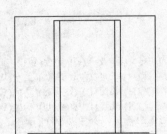

图 4-83

Step 03 在命令栏中输入 rectang 命令，在矩形内部再绘制一个矩形，命令执行过程如下：

命令: rectang ↙
指定第一个角点或 [倒角(C)/标高(E)/圆角(F)/厚度(T)/宽度(W)]:
指定另一个角点或 [尺寸(D)]: @80,80

Step 04 使用 copy 命令将矩形复制 4 个，并在它们的中间绘制一条直线，旋转门立面图例就绘制完成了，如图 4-84 所示。

图 4-84

Step 05 在命令栏中输入 rectang 命令，命令执行过程如下：

命令: rectang ↙
指定第一个角点或 [倒角(C)/标高(E)/圆角(F)/厚度(T)/宽度(W)]:
指定另一个角点或 [尺寸(D)]: @40,24 ↙

Step 06 在命令栏中输入 copy 命令，将矩形按水平位置再复制一个，命令执行过程如下：

命令: copy ↙
选择对象: 指定对角点: 找到 4 个 //选择矩形
选择对象: ↙   //结束对象的选择
指定基点或位移，或者 [重复(M)]: 指定位移的第二点或 <用第一点作位移>:
//将矩形水平移动，矩形之间的距离和窗的宽度相等，如图 4-85 所示。

图 4-85

Step 07 选中这两个矩形，在命令栏中输入 explode 命令，按下回车键将矩形分解，然后将左右两边的边删除，如图 4-86 所示。

Step 08 在两个矩形的中部绘制一个圆，如图 4-87 所示，命令提示如下：

命令: circle ↙
指定圆的圆心或 [三点(3P)/两点(2P)/相切、相切、半径(T)]:
指定圆的半径或 [直径(D)] <100>: 60 ↙

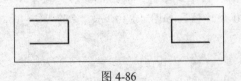

图 4-86

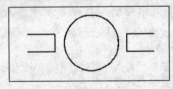

图 4-87

Step 09 打开对象捕捉，使用 line 命令捕捉圆的象限点，在圆的内部绘制一个十字形，如图 4-88 所示。

Step 10 将圆形删除。在命令栏中输入 Rotate 命令，将十字图形旋转 45 度，如图 4-89 所示，命令提示如下：

```
命令: rotate ↙
UCS 当前的正角方向：  ANGDIR=逆时针   ANGBASE=0
选择对象: 指定对角点: 找到 2 个 //选择十字图形
选择对象: ↙  //结束选择对象的操作
指定基点:   //选择十字图形的中心为基点
指定旋转角度或 [参照(R)]: 45 //输入旋转角度
```

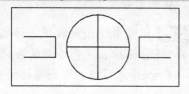
图 4-88

图 4-89

Step 11 在命令栏中输入 c 命令，以十字线的中点为圆心绘制出如图 4-90 所示的圆。

Step 12 剖面图例只需要将立面图例稍微修改一下即可，最终三面图例的效果如图 4-91 所示。

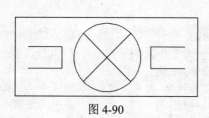

图 4-90

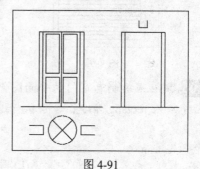
图 4-91

4.5.4 ▶ 卷帘门

Step 01 在命令栏中输入 rectang 命令，执行过程如下：

```
命令: rectang ↙
指定第一个角点或 [倒角(C)/标高(E)/圆角(F)/厚度(T)/宽度(W)]:
指定另一个角点或 [尺寸(D)]: @200,250 ↙
```

Step 02 选中矩形，在命令栏中输入 offset 命令，将矩形的左右两条边向内偏移 10 个单位，如图 4-92 所示，命令提示如下：

```
命令: offset ↙
指定偏移距离或 [通过(T)] <10.0000>: 10↙
选择要偏移的对象或 <退出>:
指定点以确定偏移所在一侧:
选择要偏移的对象或 <退出>: ↙
```

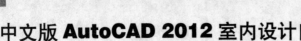

图 4-92

Step 03 选中矩形，在命令栏中输入 explode 命令，将矩形分解。

Step 04 在命令栏中输入 array 命令，在命令行中设置阵列的行数为 30，偏移值为 8，如图所示，结果如图 4-93 所示。

Step 05 选择最下边的线段，移动线段上的节点，将它们拉长，再绘制两条短线段，如图 4-94 所示。卷帘门的立面图就绘制完成了。

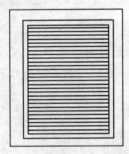

图 4-93

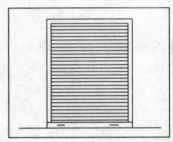

图 4-94

Step 06 现在来给制卷帘门的平面图例，在命令栏中输入 rectang 命令，命令执行过程如下：

```
命令: rectang ↙
指定第一个角点或 [倒角(C)/标高(E)/圆角(F)/
厚度(T)/宽度(W)]:
指定另一个角点或 [尺寸(D)]: @40,24 ↙
```

Step 07 在命令栏中输入 copy 命令，将矩形按水平位置再复制一个，命令执行过程如下：

```
命令: copy
选择对象: 指定对角点: 找到 4 个//选择矩形
选择对象:                //结束对象的选择
指定基点或位移，或者 [重复(M)]: 指定位移的
第二点或 <用第一点作位移>:
//将矩形水平移动，矩形的距离为窗的宽度，
如图 4-95 所示。
```

图 4-95

Step 08 选中这两个矩形，在命令栏中输入 explode 命令，按下回车键将矩形分解，然后将左右两边的边删除，如图 4-96 所示。

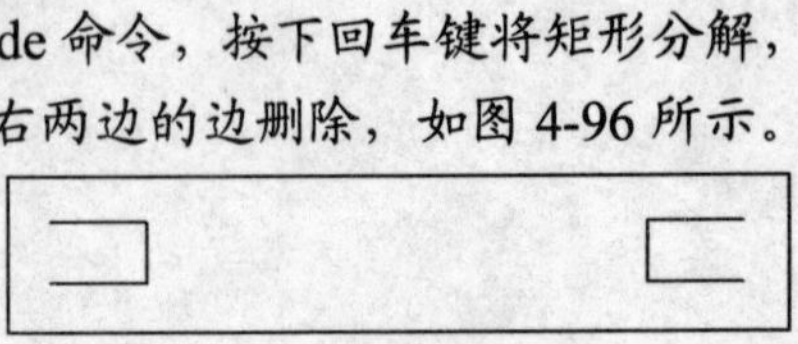

Step 09 在两个矩形的下边部绘制一条直线，命令提示如下：

```
命令:line↙
指定第一点:
指定下一点或 [放弃(U)]:
指定下一点或 [放弃(U)]:↙
```

图 4-96

Step 10 选择绘制的直线段，在"对象特性"工具栏中设置线型为 ACAD_IS002W100，如图 4-97 所示。

Step 11 将平面图例复制一个，然后使用 rotate 命令将它旋转 90 度，并移动两个矩形之间的距离，使其与卷帘门的高度相同。然后再绘制两条直线，设置直线的线宽为默认值，图例效果如图 4-98 所示。

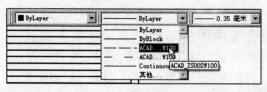

图 4-97

图 4-98

Step 12 在图形的右边再绘制一条垂直的直线，在直线的顶端绘制一个圆形，剖图例就绘制完成了，最后完成的立面、平面和剖面图例如图 4-99 所示。

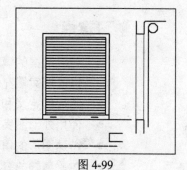

图 4-99

第5章
图案填充与图块的应用

填充图案是 AutoCAD 提供的一种非常实用的图形表现手法，其主要功能就是向已经存在的图形对象中添加剖面图案。在工程制图中，剖面图案用来区分工程的部件或表现组成对象的材质。用户可以使用预定义的填充图案，也可以自定义填充图案。

学习重点

- 一般图案的填充方法
- 修改图案填充
- 图块的定义和使用
- 使用外部图案填充文件
- 特殊图形的填充方法
- 对象属性的查询方法

视频时间

- 5-1.avi～5-5.avi 约8分钟

5.1 使用图案填充对象

使用 Bhatch（图案填充）命令可以进行图案填充，执行 Bhatch（图案填充）命令的常用方法有以下 3 种。

- 在命令行中输入 Bhatch（图案填充）命令（简写形式为 BH）。
- 选择"绘图>图案填充"菜单命令。
- 在"绘图"工具栏中单击"图案填充"按钮，如图 5-1 所示。

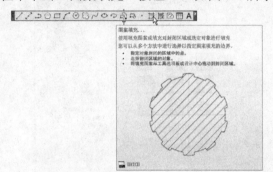

图 5-1

执行 Bhatch 命令时，系统首先自动计算并构成封闭区域的临时边界，然后创建边界，并用指定的剖面线图案或色彩来填充这个封闭区域。

Bhatch 命令既可以产生相关剖面线，也可以产生无关剖面线。

5.1.1 选择填充图案的类型

一般情况下，使用系统预定义的填充图案基本上能满足用户需求，用户可以在"图案"下拉列表中选择图案，也可以单击 按钮，系统会弹出"填充图案选项板"对话框，如图 5-2 所示。

图 5-2

在该对话框中，包含四个选项卡：ANSI、ISO、"其他预定义"和"自定义"。每个选项卡中列出了以字母顺序排列，用图像表示的填充图案和实体填充颜色，用户可以在此查看系统预定义的全部图案，并定制图案的预览图像。

用户可以使用预定义填充图案填充对象，也可以使用当前线型来定义填充图案或创建更复杂的填充图案。

另外，还有一种图案类型叫做渐变色，它使用单色或双色渐变色填充指定区域，如图 5-3 所示。

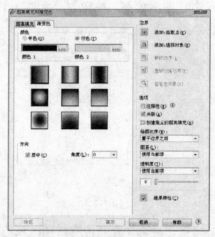

图 5-3

5.1.2 控制填充图案的角度

在"角度"下拉列表框中，用户可以指定所选图案相对于当前用户坐标系 X 轴的旋转角度，图 5-4 所示为两个不同角度的填充效果。

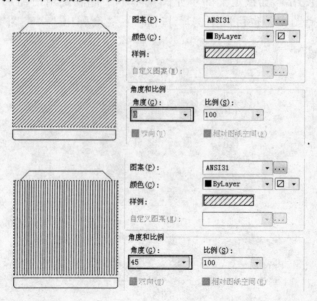

图 5-4

在 2012 这个版本中还新增了一个快捷修改命令，在填充图案上单击鼠标将其选中，然后单击填充图案中间的夹点，系统会弹出一个如图 5-5 所示的快捷菜单，选择图案填充角度即可在绘图区域中手动调整图案，或在命令行中输入相关参数。

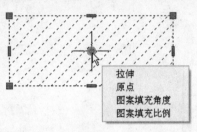

图 5-5

5.1.3 控制填充图案的密度

在"比例"下拉列表框中，用户可以设置剖面线图案的缩放比例系数，以使图案的外观变得更稀疏一些或者更紧密一些，从而在整个图形中显得比较协调，图 5-6 所示是同一种填充图案使用不同比例的填充效果。

"间距"编辑框用于在编辑用户自定义图案时指定图案中线的间距。只有在"类型"下拉列表框中选择了"用户定义"选项时，才可以使用"间距"编辑框。

"ISO 笔宽"下拉列表框用于设置 ISO 预定义图案的笔宽。只有在"类型"下拉列表框中选择了"预定义"，并且选择了一个可用的 ISO 图案时，才可以使用此选项。

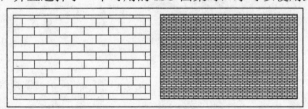

图 5-6

选择"图案填充"命令后，要填充的区域没有被填入图案，或者全部被填入白色或黑色。出现这些情况，都是因为"图案填充"对话框中的"比例"设置不当。要填充的区域没有被填入图案，是因为比例过大，要填充的图案被无限扩大之后，显示在需填充的局部小区域中的图案正好是一片空白，或者只能看到图案中少数的局部花纹。反之，如果比例过小，要填充的图案被无限缩小之后，看起来就像一团色块，如果背景色是白色，则显示为黑色色块；如果背景色是黑色，则显示为白色色块，这就是前面提到的全部被填入白色或黑色的情况。在"图案填充"对话框的"比例"中调整适当的比例因子即可解决这个问题。

案例 1：使用 Bhatch 命令填充电脑显示器图例

Step 01 打开配套光盘中的"素材文件\第 5 章\电脑显示器.dwg"文件，如图 5-7 所示。

Step 02 在命令行中输入 Bhatch 命令，系统会弹出图 5-8 所示的"图案填充和渐变色"对话框。

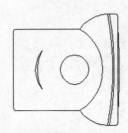

图 5-7

图 5-8

Step 03 首先选择填充图案。单击"图案"列表右侧的 ⋯ 按钮，在弹出的"填充图案选项板"对话框中选择要填充的图案，单击"确定"按钮，如图 5-9 所示。

图 5-9

Tips

在"填充图案选项板"对话框中有 4 个选项卡，前 3 种是系统自带的填充图案，而"自定义"则需要用户将外部填充图案文件复制到指定的路径下才可以使用，在本章后面的即问即答中将会详细介绍。

Step 04 单击"添加拾取点"按钮，然后在图形中要填充的封闭区域中单击鼠标，如图 5-10 所示。

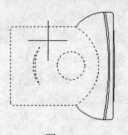

图 5-10

在选择填充区域时，如果选择的对象不是封闭区域，系统会弹出一个图 5-11 所示的"边界定义错误"对话框。此时，可以用"窗口放大"命令观察各个交点，检查线段之间没有封闭的地方，将其封闭才能执行填充命令。

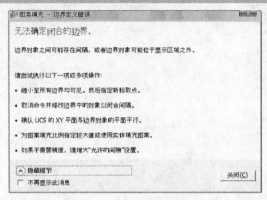

图 5-11

Step 05 按空格键或【Enter】键返回到"图案填充和渐变色"对话框中，设置填充比例为 50，如图 5-12 所示，然后单击"预览"按钮观察填充效果，如果效果不行，再继续调整比例，直到比例合适为止。

Step 06 最后单击"确定"按钮完成填充，完成后的效果如图 5-13 所示。

图 5-12

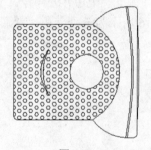

图 5-13

5.1.4 控制图案填充的原点

默认情况下，填充图案始终相互对齐。但是，有时您可能需要移动图案填充的起点（称为原点）。例如，如果创建砖形图案，可能希望在填充区域的左下角以完整的砖块开始。在这种情况下，请使用"图案填充和渐变色"对话框中的"图案填充原点"选项，如图 5-14 所示。

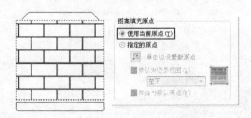
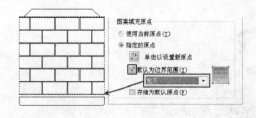

图 5-14

5.1.5 填充孤岛

图案填充区域内的封闭区域被称作孤岛，用户可以使用以下三种填充样式填充孤岛：普通、外部和忽略，如图 5-15 所示。

图 5-15

"普通"填充样式是默认的填充样式，这种样式将从外部边界向内填充。如果填充过程中遇到内部边界，填充将关闭，直到遇到另一个边界为止。"外部"填充样式也是从外部边界向内填充，并在下一个边界处停止。"忽略"填充样式将忽略内部边界，填充整个闭合区域。

图 5-16 所示为分别使用"普通"、"外部"、"忽略"三种填充样式得到的填充效果。

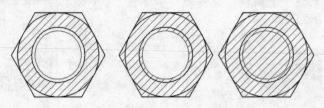

图 5-16

案例 2：使用自定义图案填充客厅地面

Step 01 打开配套光盘中的"素材文件\第 5 章\二层平面图.dwg"文件，如图 5-17 所示。

图 5-17

技巧：从图中可以看出，每个房间都不是封闭的区域，那么就需要绘制一些临时的线段将其封闭，然后才能分别填充不同的图案，如图 5-18 所示。

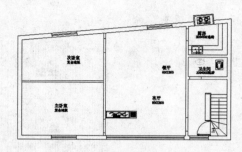

图 5-18

Step 02 单击"绘图"工具栏中的"图案填充"按钮，选择填充类型为 DOLMIT，设置比例为 25，如图 5-19 所示。

图 5-19

Step 03 单击"拾取点"按钮，在视图中分别在两间卧室区域中单击鼠标，然后将鼠标再次移动到单击的卧室区域，便可以预览图案填充的效果，再根据实际情况返回到"图案填充和渐变色"对话框中修改"角度"和"比例"，最后按【Enter】键完成填充，填充效果如图 5-20 所示。

图 5-20

Step 04 按空格键继续选择"图案填充"命令，选择填充类型为"用户定义"，然后勾选"双向"复选框，设置间距为 600，如图 5-21 所示。

图 5-21

Step 05 单击"拾取点"按钮，在视图中单击客厅区域，然后按【Enter】键完成填充，效果如图 5-22 所示。

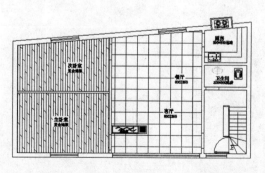

图 5-22

Step 06 按空格键继续选择"图案填充"命令，设置间距距为 300，其余参数与上一步中的设置相同，填充厨房和卫生间区域，填充效果如图 5-23 所示。

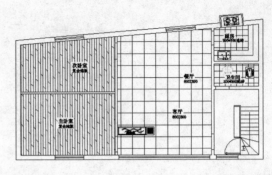

图 5-23

5.2 块的定义与使用

块（Block）是由多个对象组成的集合，并具有块名。通过建立块，用户可以将多个对象作为一个整体来操作，可以随时将块作为单个对象插入到当前图形中的指定位置上，而且在插入时可以指定不同的缩放系数和旋转角度

块在图形中可以被移动、删除和复制。用户还可以给块定义属性，在插入时附加上不同的信息。

5.2.1 Block 命令的应用——将单人床图形定义为块

块的定义方法有多种，但定义的块只能在存储该块的图形中使用。在进行块定义时，组成块的对象必须在屏幕上是可见的，即块定义所包含的对象必须已经被画出。

Step 01 打开配套光盘中的"素材文件\第 5 章\办公桌.dwg"文件，如图 5-24 所示。

Step 02 在将其定义为图块之前，先将图案全部移动到 0 层。可以框选全部图形，然后在"图层特性管理"工具栏的图层下拉列表中选择 0 层即可，如图 5-25 所示。

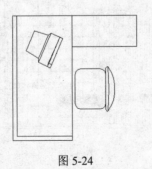

图 5-24

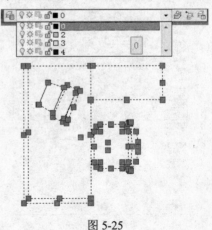

图 5-25

Step 03 在命令行中输入 Block 命令，或者单击 "绘图" 工具栏上的 "创建块" 按钮 🔲，在弹出的对话框中单击 "选择对象" 按钮，接着在视图中选择要定义为块的图形，然后单击 "拾取点" 按钮，接着在图形上拾取一个基点，最后单击 "确定" 按钮完成定义，如图 5-26 所示。

图 5-26

Step 04 将图形定义为块之后，单击图形上任何一部分都会将整个图形选中，单击图形上的基点，再移动鼠标即可移动整个图形，如图 5-27 所示。

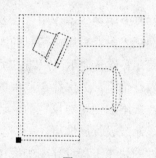

图 5-27

5.2.2 Wblock 命令的应用——将块保存为文件

如果想在其他文件中也使用当前定义的块，则需要将块或图形对象保存到一个独立的图形文件中，新的图形将图层、线型、样式及其他设置应用于当前图形中，该图形文件可以在其他图形中作为块定义使用。

将选定对象保存到指定的图形文件或将块转换为指定的图形文件。输入 Wblock 命令并按【Enter】键，会弹出图 5-28 所示的 "写块" 对话框。

图 5-28

在"源"参数栏中的"块"下拉列表中可以选择已经定义好的图块名称或者选择"整个图形"选项，如果选择"对象"选项，则操作步骤与定义块相同。

最后单击"文件名和路径"右侧的 按钮，设置图块的保存路径。

5.3 属性的定义与使用

属性是附加在块对象上的各种文本数据，它是一种特殊的文本对象，可包含用户需要的各种信息。当插入图块时，系统将显示或提示输入属性数据。

5.3.1 块属性定义的用途

块属性具有两种基本作用。

一是在插入附着有属性信息的块对象时，根据属性定义的不同，系统自动显示预先设置的文本字符串，或者提示用户输入字符串，从而为块对象附加各种注释信息；二是可以从图形中提取属性信息，并保存在单独的文本文件中，供用户进一步使用。

属性在被附加到块对象之前，必须先在图形中进行定义。对于附加了属性的块对象，在引用时可显示或设置属性值。

带属性的块在工程设计图中应用非常方便，更为后期的自动统计提供了数据源。例如，在化工流程图中，可以将一系列阀门、管件、法兰、管段、泵、设备等做成带属性的块，通过对这些块的引用，设计流程图。

块的属性可以包括：名称、型号、规格、材质、压力等级、位号、介质等；许多二次开发的流程图设计软件同样基于这一原理。

案例 3：使用 Attdef 命令在块对象中使用属性

Step 01 打开配套光盘中的"素材文件\第 5 章\两位单相双用插座.dwg"文件，如图 5-29 所示。

Step 02 在定义属性之前，首先利用"文字样式"对话框，将当前的"标准"文字样式的字体设为"宋体"，如图 5-30 所示。

图 5-29

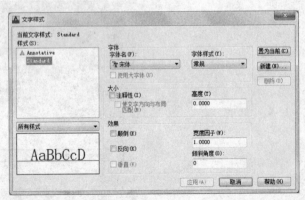

图 5-30

Step 03 选择"绘图>块>定义属性"菜单命令，弹出"属性定义"对话框，设置如图 5-31 所示。

Step 04 单击"确定"按钮，返回绘图区，在图形中部位置选择一点，即可结束属性定义操作，如图 5-32 所示。

图 5-31

两位单相双用插座

图 5-32

完成后，双击文字，便会弹出图 5-33 所示的"编辑属性定义"对话框，在此可以更改属性。

图 5-33

5.3.2 创建附加属性的块（block）

在命令行中输入 block 命令，以插座图例的左下角为基点，并选择包含属性在内的全部图形来创建名为 chazuo 的块，其中在"对象"栏中选择"保留"选项，如图 5-34 和图 5-35 所示。

图 5-34

图 5-35

在命令行中输入 bedit（编辑块定义）命令，或者在选定的块上右击，选择"块编辑器"菜单命令，即可在块编辑器中打开现有块定义，如图 5-36 所示。

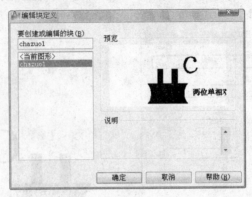

图 5-36

5.3.3 引用附加属性的块（Insert）

在命令行中输入 Insert 命令，在"插入"对话框中选择名为 chazuo1 的块，其他项保持默认值不变，单击"确定"按钮后在屏幕上指定插入点完成插入块的操作。

双击插入的块，系统会弹出"增强属性编辑器"对话框，在这里可以更改块的值，例如将值改为"两位单相双用插座"，如图 5-37 所示。

在"文字选项"面板中设置文字的样式和大小，如图 5-38 所示。

图 5-37

图 5-38

ATTMODE 系统变量用于控制 A 属性的可见性，如果该变量取值为 0，则不显示所有属性；取值为 2，则显示所有属性；取值为 1（默认），保持每个属性当前的可见性，即显示可见属性而不显示不可见属性。

5.3.4　重新定义块和属性（attredef）

对于一个已有的块，用户可使用属性重定义命令，为现有的块参照指定的新属性，通常使用其默认值。新块定义中的旧属性仍保持其原值，删除所有未包含在新块定义中的旧属性。

attredef 删除所有使用 attedit 或 eattedit 进行的格式更改或特性更改。也将删除所有与块关联的扩展数据，并可能影响动态块和第三方应用程序创建的块。

5.3.5　块属性管理器（battman）

块属性管理器可以对当前图形中所有块定义中的属性进行管理。

选择"修改>对象>属性>块属性管理器"菜单命令，系统弹出图 5-39 所示的"块属性管理器"对话框。

图 5-39

该对话框的列表中显示了当前块中定义的所有属性。如果用户需要显示其他块定义中的属性，则可单击 🔲 按钮在图形文件中选择一个块对象，或者在"块"下拉列表中进行选择，该列表显示了当前图形中定义的所有块。

默认情况下，列表中将显示属性的"标记"、"提示"、"默认值"和"模式"等信息。如果用户希望查看其他信息，则可单击 编辑(E)... 按钮，弹出图 5-40 所示的"编辑属性"对话框，用户可在该对话框中选择其他可显示在列表中的信息。

图 5-40

5.3.6　属性提取命令（attext）

通常属性中可能保存有许多重要的数据信息，为了使用户能够更好地利用这些信息，AutoCAD 提供了属性提取命令，用于以指定格式来提取图形中包含在属性里的数据信息。

在命令行中输入 attext 命令，按【Enter】键，系统就会弹出图 5-41 所示的"属性提取"对话框。

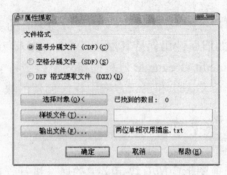

图 5-41

在该对话框中，用户可指定输出的数据文件格式，包括如下三种：

- 逗号分隔文件（CDF）：使用 CDF 格式的文件可包含图形中每个块参照的记录，记录中的字段用逗号分隔，字符字段括在单引号中。
- 空格分隔文件（SDF）：使用 SDF 格式的文件也包含图形中每个块参照的记录。但每个记录的字段有固定的宽度，不使用字段分隔符或字符串分隔符。
- DXF 格式提取文件（DXX）：使用 DXF 格式的文件可生成一个只包含块参照、属性和序列终点对象的 AutoCAD 图形交换文件格式（DXF）的子集。这种类型的文件以".dxx"为扩展名，以便和 DXF 文件区分开来。
- 选择对象(O)< 按钮：选择用于提取属性数据的对象。
- 样板文件(T)... 按钮：指定某个样板文件，如使用 DXF 格式则不需要样板。
- 输出文件(F)... 按钮：指定输入文件的名称和保存路径。CDF 格式和 SDF 格式文件均以".txt"为扩展名，DXF 格式文件以".dxx"为扩展名，但这三种文件都是 ASCII 文件。

5.4 对象属性的查询

本节介绍了在 AutoCAD 中使用各种查询命令来获取相应的信息，如点坐标、距离、面积等。

5.4.1 距离查询（Dist）

Dist 命令用于计算空间中任意两点间的距离和角度，如图 5-42 所示。

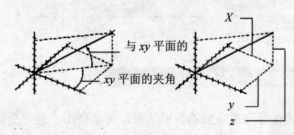

图 5-42

dist 命令最后一次的测量结果存储在系统变量 DISTANCE 中。

执行 Dist 命令的执行方法有以下 3 种。

- 在命令提示行中输入 dist 命令。
- 选择"工具>查询>距离"菜单命令。
- 单击"查询"工具栏中的"距离"按钮 。

在命令提示行中输入 dist 命令后，根据提示分别指定第一点和第二点，即可得到查询结果。其结果包括表 5.1 所示的各项。

表 5.1　DIST 命令查询内容

项　目	含　义
距离	两点之间的三维距离
平面中的倾角	两点之间连线在 XY 平面上的投影与 X 轴的夹角
与 XY 平面的夹角	两点之间连线与 XY 平面的夹角
X 增量	第二点 X 坐标相对于第一点 X 坐标的增量
Y 增量	第二点 Y 坐标相对于第一点 Y 坐标的增量
Z 增量	第二点 Z 坐标相对于第一点 Z 坐标的增量

5.4.2　面积查询（Area）

AutoCAD 中的面积查询命令可以计算对象或指定区域的面积和周长。此外，该命令还可使用加模式和减模式来计算组合面积。

执行 Area 命令的方法有以下 3 种：

- 在命令提示行中输入 Area 命令。
- 选择"工具>查询>面积"菜单命令。
- 单击"查询"工具栏中的"区域"按钮 。

执行 Area 命令后，命令行提示如下：

```
命令: area
指定第一个角点或 [对象(O)/加(A)/减(S)]: o
选择对象:
面积 = 678.8441，周长 = 104.2185
```

根据提示指定一系列角点，如图 5-43 所示，AutoCAD 将其视为一个封闭多边形的各个顶点，并计算和显示该封闭多边形的面积和周长。

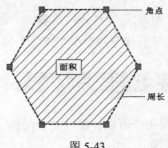

图 5-43

执行 Area 命令后，根据提示指定某个对象，AutoCAD 将计算和显示该对象的面积和周长；可以被 Area 命令使用的对象包括圆、椭圆、样条曲线、多段线、正多边形、面域和实体等。

> **Tips**
>
> 在计算某对象的面积和周长时，如果该对象不是封闭的，则系统在计算面积时认为该对象的第一点和最后一点间通过直线进行封闭；而在计算周长时则为对象的实际长度，而不考虑对象的第一点和最后一点间的距离。

通过上述两种方式进行计算时，均可使用"加（Add）"模式和"减（Subtract）"模式进行组合计算。

- Add（加）：使用该选项计算某个面积时，系统除了显示该面积和周长的计算结果之外，还在总面积中加上该面积。
- Subtract（减）：使用该选项计算某个面积时，系统除了显示该面积和周长的计算结果之外，还在总面积中减去该面积。

如图 5-44 中所示，左图在加模式下选择对象 1，在减模式下选择对象 2，则总面积为对象 1 和对象 2 之间部分。右图中在加模式下选择对象 1 和对象 2，则总面积为面积 1 和面积 2 之和。

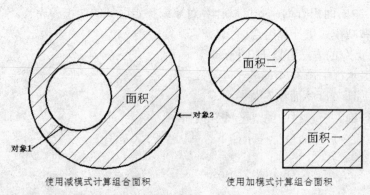

使用减模式计算组合面积　　　　　使用加模式计算组合面积

图 5-44

> **Tips**
>
> 系统变量 Area 存储的是 Area 命令计算的最后一个面积值。系统变量 PERIMETER 存储的是 Area、Dblist 和 List 命令计算的最后一个周长值。

5.4.3　面域/质量特性查询（Massprop）

AutoCAD 中的质量特性查询命令可以计算并显示面域（Region）或实体（Solids）的质量特性，如面积、质心和边界框等。

该命令的执行方法有以下 3 种：

- 在命令提示行中输入 Massprop 命令。
- 选择"工具>查询>面域>质量特性"菜单命令。
- 在"查询"工具栏中单击"面域/质量特性"按钮 。

执行 Massprop 命令后，根据提示可指定一个或多个面域对象，查询结果如表 5.2 所示。

表 5.2　Massprop 命令查询内容

项　　目	含　　义
面积	面域的封闭面积
周长	面域的内环和外环的总长度
质量	用于测量物体的惯性。由于使用的密度为 1，因此质量和体积具有相同的值。
体积	实体包容的三维空间总量
边界框	边界框是包含所选对象的最小的矩形，系统将给出边界框左下角和右上角的坐标
质心	面域质量中心点坐标
惯性矩	计算公式为：面积惯性矩=面积×半径×半径
惯性积	面域的面积惯性积
旋转半径	旋转半径也用于表示实体的惯性矩，计算公式为：旋转半径=（惯性积/物体质量）½
主力矩与质心 的 X–Y–Z 方向：	面积的主力矩和质心的 X、Y、Z 轴

AutoCAD 还允许用户将 Massprop 命令的查询结果写入文本文件中，显示查询结果的最后系统将给出提示：

是否将分析结果写入文件？[是(Y)/否(N)] <否>:

如果选择 Yes，则系统进一步提示输入一个文件名，并将结果保存在该文件中。

Tips

对于一个没有处于 XY 平面上的面域对象，Massprop 命令将不显示惯性矩、惯性积、旋转半径以及主力矩和质心的 X、Y、Z 轴方向等信息。

5.4.4　列表显示命令（List）

AutoCAD 中的列表显示命令用来显示任何对象的当前特性，如图层、颜色、样式等。此外，根据选定对象的不同，该命令还将给出相关的附加信息。

执行 LIST（列表）命令的方法有以下 3 种：

- 在命令提示行中输入 List 命令。
- 选择"工具>查询>列表显示"菜单命令。
- 单击"查询"工具栏中的"列表"按钮 。

除 List 命令外，AutoCAD 还提供了一个 DBList 命令，该命令可依次列出图形中所有对象的数据。其中每个对象的显示数据和 List 命令一样。

执行 List 命令可显示指定对象的特性，如表 5.3 所示。

表 5.3　List 命令查询内容

项　目	含　义
对象	对象的类型
图层	对象所在的图层
空间	当前是模型空间还是图纸空间
句柄	对象的句柄，以十六进制数表示，在图形数据库中作为对象的标识
X、Y、Z	对象的位置
颜色	如果对象的颜色不是 ByLayer 或 ByBlock，则显示该信息
线型	如果对象的线型不是 ByLayer 或 ByBlock，则显示该信息
线宽	如果对象的线宽不是 ByLayer 或 ByBlock，则显示该信息
线型比例	如果对象的线型比例不是默认值，则显示该信息
厚度	如果对象厚度非零，则显示该信息
附加数据	与所选择对象有关的内容，如直线的端点、圆的圆心等

5.4.5　点坐标查询（id）

id 命令用于查询指定点的坐标值。该命令的执行方法有以下 3 种：

● 在命令提示行中输入 id 命令。
● 选择"工具>查询>点坐标"菜单命令。
● 在"查询"工具栏中单击"定位点"按钮 。

5.4.6　时间查询（Time）

在 AutoCAD 系统中，在命令行中输入 Time 命令可以在文本窗口中显示关于图形的日期和时间的统计信息，如当前时间、图形的创建时间等。该命令使用系统时钟来完成时间功能，用 24 小时时间格式，可精确显示到毫秒。Time 命令查询内容，如表 5.4 所示。

表 5.4　Time 命令查询内容

项　目	说　明
当前时间	显示当前的日期和时间
创建时间	显示当前图形创建的日期和时间
上次更新时间	显示当前图形最后一次修改的日期和时间
累计编辑时间	显示编辑当前图形的总时间
消耗时间计时器	运行 AutoCAD 的同时运行另一个计时器
下次自动保存时间	显示距离下一次自动保存的时间间隔

在累计编辑时间中不包括打印时间。该计时器由 AutoCAD 更新，不能重置或停止。

Tips

　如果不保存图形而退出编辑任务，编辑任务中所花的时间将不记入累计编辑时间。
Time 命令还具有如下选项：

- 显示（D）：显示最新的时间信息。
- 开（ON）：启动用户消耗时间计时器。
- 关（OFF）：停止用户消耗时间计时器。
- 重置（R）：将用户消耗时间计时器重置为 0 天 00:00:00.000。

5.4.7 图形统计信息（Status）

用户可以在命令行中输入 Status 命令查询当前图形的基本信息，如当前图形范围、各种图形模式等。

此外，还可以在提示符 DIM 下使用 Status，系统显示所有标注系统变量的值和说明。

执行 Status 命令后将返回各种统计信息，如表 5.5 所示。

表 5.5　Status 命令的查询内容

项　　目	说　　明
当前图形中的对象数	其中包括各种图形对象、非图形对象（如图层和线型）和内部程序对象（如符号表）等
模型空间图形界限	由 LIMITS 定义的图形界限，包括界限左下角和右上角的 XY 坐标，以及界限检查设置状态
模型空间使用	包括图形范围左下角和右上角的 XY 坐标。如显示注释"Over（超界）"则表明图形范围超出绘图界限
显示范围	包括显示范围左下角和右上角的 XY 坐标。
插入基点	图形的插入点
捕捉分辨率	X 和 Y 方向上的捕捉分辨率
栅格间距	X 和 Y 方向上的栅格间距
当前空间	显示当前激活的是模型空间还是图纸空间
当前布局	图形的当前布局
当前图层	图形的当前图层
当前颜色	图形的当前颜色
当前线型	图形的当前线型
当前材质	图形的当前材质
当前线宽	图形的当前线宽
当前打印样式	图形的当前打印样式
当前标高、厚度	图形的当前标高和当前厚度
填充，栅格，正交，快速文字，捕捉，数字化仪	填充，栅格，正交，快速文字，捕捉，数字化仪模式的当前状态
对象捕捉模式	正在运行的对象捕捉模式
可用图形文件磁盘空间	AutoCAD 图形文件所在磁盘的可用空间容量
可用临时文件磁盘空间	AutoCAD 临时文件所在磁盘的可用空间容量
可用物理内存	系统中可使用的内存容量
可用交换文件空间	操作系统的交换文件中可用的空间容量

案例 4：绘制地面花砖图例

本例主要学习定数等分和图案填充命令的应用，图形效果如图 5-45 所示。

图 5-45

Step 01 单击"绘图"工具栏中的"矩形"按钮□，绘制一个 1400×1400 的矩形，命令提示如下：

命令: _rectang
指定第一个角点或 [倒角(C)/标高(E)/圆角(F)/厚度(T)/宽度(W)]:
指定另一个角点或 [面积(A)/尺寸(D)/旋转(R)]: @1400,1400↙

Step 02 单击"修改"工具栏中的"偏移"按钮凸，将绘制的矩形向内偏移 45，命令执行过程如下，结果如图 5-46 所示。

命令: _offset
当前设置: 删除源=否 图层=源
OFFSETGAPTYPE=0
指定偏移距离或 [通过(T)/删除(E)/图层(L)] <通过>: 45↙
选择要偏移的对象，或 [退出(E)/放弃(U)]
<退出>: //选择矩形
指定要偏移的那一侧上的点，或 [退出(E)/多个(M)/放弃(U)] <退出>://在矩形内部单击
选择要偏移的对象，或 [退出(E)/放弃(U)]
<退出>:↙

图 5-46

Step 03 在"绘图"工具栏中单击"直线"按钮╱，捕捉矩形的中点，绘制出图 5-47 所示的辅助线。

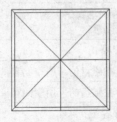

图 5-47

Step 04 选择"绘图>圆>两点"菜单命令，分别捕捉辅助线的中点和辅助线与内矩形的交点绘制一个圆形，然后将圆形向内偏移 140，如图 5-48 所示。

图 5-48

图案填充与图块的应用

Step 05 在命令行中输入 divide 命令，将两个圆形等分为 16 份，如图 5-49 所示。

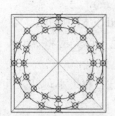

图 5-49

Step 06 单击"绘图"工具栏中的"直线"按钮 ，捕捉两个圆形上的节点，绘制出如图 5-50 所示的图形。

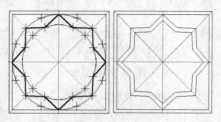

图 5-50

Step 07 单击"绘图"工具栏中的"圆"按钮，以辅助线的中心点为圆心，绘制一个半径为 420 的圆，如图 5-51 所示。

图 5-51

Step 08 单击"绘图"工具栏中的"直线"按钮 ，捕捉圆形与辅助线的交点，绘制出图 5-52 所示的图形。

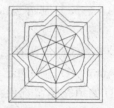

图 5-52

Step 09 单击"修改"工具栏中的"修剪"按钮 ，剪掉多余线段，得到图 5-53 所示的图形。

Step 10 单击"绘图"工具栏中的"图案填充"按钮，选择 AR-SAND 图案，设置比例为 1，如图 5-54 所示。

图 5-54

图 5-53

Step 11 单击"添加：拾取点"按钮，然后单击要填充的区域，地砖图形就绘制完成了，结果如图 5-55 所示。

图 5-55

5.5 工程师即问即答

Q：如何在 Word 文档中插入 AutoCAD 图形？

A：可以先将 AutoCAD 图形复制到剪贴板，再在 Word 文档中粘贴。要注意的是，由于 AutoCAD 默认背景颜色为黑色，而 Word 背景颜色为白色，首先应将 AutoCAD 图形背景颜色改成白色（选择"工具>选项>显示>颜色"菜单命令）。

另外，AutoCAD 图形插入 Word 文档后，往往空边过大，效果不理想，可以利用 Word 图片工具栏上的裁剪功能进行修整，空边过大问题即可解决。

Q：当块文件不能打开及不能用另外一些常用命令时如何解决？

A：这是一种在局域网传播较广的 lisp 程序造成的，使几个常用的命令不能用，块打开只能用 XP 命令。可以有两种方法解决，一是删除 acad.lsp 和 acadapp.lsp 文件，大小应该一样都是 3kB，然后复制两次 acadr14.lsp，命名为上述两个文件名，并设置为"只读"属性即可。

还要删掉 DWG 图形所在目录的所有 lsp 文件。不然会感染别人的。

如何在 AutoCAD 中用自定义图案来进行填充？

AutoCAD 的填充图案都保存在一个名为 acad.pat 的库文件中，其默认路径为安装目录的 \\Acad2012\\Support 目录下。我们可以用文本编辑器对该文件直接进行编辑，添加自定义图案的语句；也可以自己创建一个*.pat 文件，保存在相同目录下，CAD 均可识别。下面，我们就以新创建一个菱形花纹钢板图案库文件为例，来说明 AutoCAD 2012 中自定义图案的方法。首先，在 CAD 中按国标作出菱形花纹图案，并标注各部分尺寸，参看下面的库文件标准格式：

*pattern-name [, description]

angle, x-origin, y-origin, delta-x, delta-y [, dash-1, dash-2, ...]

第一行为标题行。星号后面紧跟的是图案名称，执行 HATCH 命令选择图案时，将显示该名称。方括号内是图案由 HATCH 命令的"？"选项显示时出现的可选说明。如果省略说明，则图案名称后不能有逗号。

第二行为图案的描述行。可以有一行或多行。其含义分别为：直线绘制的角度，填充直线族中的一条直线所经过的点的 X、Y 轴坐标，两条填充直线间的位移量，两条填充直线的垂直间距，dash-n 为一条直线的长度参数，可取正负值或为零，取正值表示该段长度为实线，取负值表示该段为留空，取零则画点。

打开记事本，书写内容如下：

*custom, steel plate GB/T3277-1991

68.4667, 0, 0, -9.8646, 25, 30.0213, -6.59

111.5333, 0, 0, 9.8646, 25, 30.0213, -6.59

68.4667, -11.0191, 27.926, -9.8646, 25, 30.0213, -6.59

111.5333, 11.0191, 27.926, 9.8646, 25, 30.0213, -6.59

本例中的四行图案描叙行分别对应图中的线段 a、b、c、d。对照图文，各项取值应不难理解。这里只着重讲叙一下 delta-x 与 delta-y 的取值规则，为方便理解，我们如上面所示设置 UCS 坐标系，确定原点与 X 轴正方向。线段 a、e 在 Y 轴上的垂直间距 25 构成 delta-y，也相当于 AutoCAD 中的 offset 命令的取值 25；如果线段 e 是由线段 a 经 offset 而来，这时线段 e 同时还相对于线段 a 沿 X 轴负方向移动了 9.8646，这段位移也就是 delta-x。

下面还有几个注意事项：

图案定义文件的每一行最多可包含 80 个字符。

AutoCAD 忽略空行和分号右边的文字。根据这一条，我们可以在文件中添加版权信息、备注或者是我们想加入的任何内容。例如：

;Copyright (c) 2012 by everyone. All rights reserved.

然后，将文件保存，取名 custom.pat。注意，文件名必须与图案名相同。至此，相信各位朋友已经掌握了自定义图案的方法。现在，只需一点点耐心，你就可以编辑出非常复杂的图案了。

要使用外部图案填充，需要先将扩展名为.pat 的文件复制到 AutoCAD 2012 的安装目录下的 Support 文件夹中，例如 C:\Program Files\AutoCAD 2012\Support 文件夹，然后在"图案填充和渐变色"对话框中切换到"自定义"选项卡，这样就可以使用外部图案填充了。

第6章
文本、表格与尺寸标注

文字在图形中是不可缺少的重要组成部分，文字可以对图形中不便于表达的内容加以说明，使图形的含义更加清晰，使设计和施工及加工人员对图形一目了然，例如技术条件、标题栏内容、对某些图形的说明等。对于工程设计类图纸来说，没有文字说明的图纸简直就是一堆废纸。还有就是表格，合理使用表格可以让图纸更加美观，也便于识图者阅读。

学习重点

- Text 命令的运用
- 文本格式的设置
- Mtext 命令的运用
- 表格的创建和编辑
- 尺寸标注样式设置
- 尺寸标注的应用

视频时间

- 6-1.avi～6-4.avi 约 16 分钟

6.1 文字的创建

在 AutoCAD 中可以使用 text 命令创建单行文本，还可以用 Mtext 命令创建多行文本，本节就来学习这两个命令的应用以及文本格式的设置。

6.1.1 输入单行文字（Text）

输入单行文字的命令执行方式有以下两种。

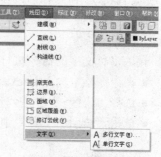

图 6-1

- 在命令提示行中输入 Text 命令并按空格键或【Enter】键
- 选择"绘图>文字>单行文字"菜单命令，如图 6-1 所示。

Text（单行文字）命令提示如下：

```
命令: text
当前文字样式: "FS"  文字高度: 60.0000  注释性: 否
指定文字的起点或 [对正(J)/样式(S)]:  //指定文字的起点
指定文字的旋转角度 <0>: //指定文字的角度，然后按回车键，接着输入文字，
如图 6-2 所示。
```

图 6-2

单行文字中的字体也不能直接修改，需要通过修改单行文字使用的文字样式来改变字体。

此外，在文字显示方式方面，系统还设置了一些控制码，用于输入不能用键盘直接输入的特殊字符，如表 6.1 所示。

表 6.1　AutoCAD 常用控制码

符　号	功　　能	符　号	功　　能
%%O	打开或关闭文字上划线	%%P	正负值符号"±"
%%U	打开或关闭文字下划线	%%C	直径符号"Φ"
%%D	"度"符号"°"	%%%	百分号"%"

一般情况下，键盘是不能直接输入"×"(乘号) 的，所以使用 AutoCAD 的"单行文字"功能无法在命令提示行中输入"×"，那么如何来解决这个问题呢？在输入"×"之前，通过别的渠道复制一个"×"到剪贴板(比如，将 Word 文档中的"×"复制到剪贴板)，然后在 AutoCAD 的命令提示行中按【Ctrl+V】组合键，即可将剪贴板中的"×"复制到命令提示行中。

6.1.2 输入多行文字（Mtext）

采用单行文字输入方法虽然也可以输入多行文字，但是每行文字都是独立的对象，无法统一进行编辑和修改。为此，AutoCAD 还提供了多行文字输入的功能。

利用 Mtext 命令输入的多行文字与用 Text 命令输入的多行文字有所不同，系统将利用 Mtext 命令输入的多行文字作为一个段落、一个对象来处理，整个对象必须采用相同的样式、字体和颜色。

输入多行文字的命令执行方式有以下 3 种。

- 在命令行中输入 mtext 命令。
- 选择"绘图>文字>多行文字"菜单命令。
- 单击"绘图"工具栏中的"文字"按钮 A，如图 6-3 所示。

图 6-3

在命令提示行中输入 Mtext 命令，系统会弹出图 6-4 所示的文本框和"文字格式"工具栏，用户可以在文本框中输入文字，然后在"文字格式"工具栏中设置文字的格式。

图 6-4

- Standard 样式：选择多行文字的样式，当前样式保存在 TEXTSTYLE 系统变量中。如果将新样式应用到现有的多行文字对象中，用于字体、高度和粗体或斜体属性的字符格式将被替代。堆叠、下划线和颜色属性将保留在应用了新样式的字符中。
- txt：为新输入的文字指定字体或改变选定文字的字体。TrueType 字体按字体族的名称列出。
- A：打开或关闭当前多行文字对象的"注释性"。
- 2.8：按图形单位设置文字的字符高度。如果当前文字样式没有固定高度，则文字高度是 TEXTSIZE 系统变量中存储的值。多行文字对象可以包含不同高度的字符。
- ByLayer 文字颜色：指定新文字的颜色或更改选定文字的颜色。
- 堆叠：如果选定文字中包含堆叠字符，选中这组文字，然后单击该按钮即可创建堆叠文字，如图 6-5 所示。如果选定堆叠文字，再单击该按钮则取消堆叠。

图 6-5

使用堆叠字符、插入符(^)、正向斜杠(/)和磅符号(#)时，堆叠字符左侧的文字将堆叠在字符右侧的文字之上。

默认情况下，包含插入符的文字转换为左对正的公差值。包含正斜杠(/)的文字转换为居中对正的分数值，斜杠被转换为一条同较长的字符串长度相同的水平线，如图 6-6 所示。

包含磅符号(#)的文字转换为被斜线分开的分数，斜线高度与两个字符串高度相同，斜线上方的文字向右下对齐，斜线下方的文字向左上对齐，如图 6-7 所示。

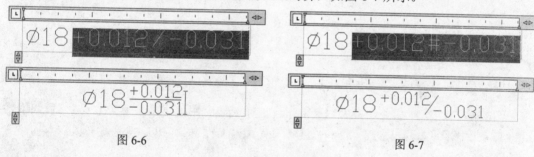

图 6-6   图 6-7

6.1.3 设置文字样式（Style）

文字样式是在图形中添加文字的标准，是文字输入都要参照的准则。设置文字样式主要是指设置文字的字体、样式、大小、宽、高和比例等属性。

AutoCAD 为用户提供了一个标准的文字样式（Standard），用户一般都采用这个标注样式来输入文字。如果用户希望创建一个新的样式，或修改已有的样式，则可以使用 Style（文字样式）命令来完成。

使用 Rename（重命名）命令也可以修改已有文字样式的名称。任何使用原有样式名称的已有文字对象将自动采用新的名称。

Step 01 选择"格式>文字样式"菜单命令，在系统弹出的对话框中选择一种字体，然后设置字体的样式、高度等参数，在预览窗口中可以看到对文字属性进行更改后的样式，如图 6-8 所示。

Step 02 单击"新建"按钮，系统会弹出如图 6-9 所示的对话框，在弹出的对话框中输入要新建样式的名称即可。

图 6-8

图 6-9

Step 03 单击"确定"按钮，系统自动回到"文字样式"对话框，然后在"字体"下拉列表中选择一种字体，比如选择"华文仿宋"，如图 6-10 所示。

图 6-10

Tips 关于 AutoCAD 的字库。

在 AUTOCAD 软件中，可以利用的字库有两类。一类是存放在 AUTOCAD 目录下的 Fonts 中，字库的后缀名为 shx，这一类是 CAD 的专有字库，英语字母和汉字分属于不同的字库。

第二类是存放在 WINNT 或 WINXP 等（看系统采用何种操作系统）的目录下的 Fonts 中，字库的后缀名为 ttf，这一类是 Windows 系统的通用字库，除了 CAD 以外，其他，如 Word、Excel 等软件，也都是采用的这个字库。其中，汉字字库都已包含了英文字母。

我们在 CAD 中定义字体时，两种字库都可以采用，但它们分别有各自的特点，我们要区别使用。第一类后缀名为 shx 的字库，这一类字库最大的特点就在于占用系统资源少。因此，一般情况下都使用这类字库。

那后缀名为 ttf 的字库什么时候采用呢？有两种情况，一是你的图纸文件要与其他公司交流，采用宋体、黑体这样的字库，可以保证其他公司在打开你的文件时，不会发生任何问题。

第二种情况就是在做方案、封面等情况时。因为这一类的字库文件非常多，各种样式都有，五花八门，而且比较好看。因此，在需要较美观效果的字样时，就可以采用这一类字库。

首先，同样是在够用情况下，越少越好的原则。这一点，应该适用于 CAD 中所有的设置。不管什么类型的设置，都是越多就会造成 CAD 文件越大，在运行软件时，也可能会给运算速度带来影响。更为关键的是，设置越多，越容易在图元的归类上发生错误。

案例 1：绘制派出接线箱图例

Step 01 选择"绘图>圆环"菜单命令，绘制一个内经为 30mm，外径为 32mm 的圆环，命令提示如下：

```
命令:_donut
指定圆环的内径 <0.5000>: 30
指定圆环的外径 <1.0000>: 32
指定圆环的中心点或 <退出>:
        //在绘图区域拾取一点作为中心点
```

Step 02 打开"对象捕捉"模式，以圆环的中心点为圆心绘制一个半径为 19mm 的同心圆，如图 6-11 所示。

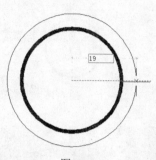

图 6-11

Step 03 单击"绘图"工具栏中的"多行文字"按钮 A，系统弹出"文字格式"对话框，设置文字的字体为 Times New Roman，字高为 2，如图 6-12 所示。

图 6-12

Step 04 在文本编辑区右击，在弹出的菜单中选择"符号>其他"命令，如图 6-13 所示。

Step 05 系统弹出"字符映射表"，在"文字"下拉列表中选择"宋体"，然后选择要插入的字符 π；然后顺此单击"选择"和"复制"按钮，最后关闭对话框，如图 6-14 所示。

图 6-13

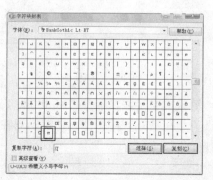

图 6-14

Step 06 按快捷键【Ctrl+V】将存放在剪贴板中的字符π复制到文本编辑区中，如图 6-15 所示，然后单击"确定"按钮关闭"文字格式"对话框。

Step 07 将字符 π 移至圆环的正中心位置，最终效果如图 6-16 所示。

图 6-15

图 6-16

6.2 文字编辑命令

对于图形中已有的文字对象，用户可使用各种编辑命令对其进行修改。

6.2.1 文字编辑命令（ddedit）

该命令对多行文字、单行文字以及尺寸标注中的文字均可适用。

编辑文字的命令执行方式有以下 3 种。

● 在命令行中输入 ddedit 命令。
● 选择"修改>对象>文字>编辑"菜单命令，如图 6-17 所示。
● 单击"文字"工具栏中的"编辑"按钮 。

调用该命令后，如果选择多行文字对象或标注中的文字，则出现"多行文字编辑器"对话框。而对于单行的文字对象，则弹出"编辑文字"对话框。该对话框只能修改文字，而不支持字体、调整位置以及文字高度的修改，如图 6-18 所示。

图 6-17

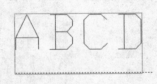

图 6-18

默认的文字编辑器是"Multiline Text Editor（多行文字编辑器）多行文字编辑器"，但可以选择使用第三方编辑器，该编辑器在 Option（选项）对话框中设置，也可以用 MTEXTED 系统变量设置。

6.2.2 拼写检查命令（spell）

将文字输入图形中时可以检查所有文字的拼写。也可以指定已使用的特定语言的词典并自定义和管理多个自定义拼写词典。

可以检查图形中所有文字对象的拼写，包括标注文字、单行文字和多行文字、块属性中的文字以及外部参照。

使用拼写检查，将搜索用户指定的图形或图形的文字区域中拼写错误的词语。如果找到拼写错误的词语，则将亮显该词语并且图形区域将缩放为便于读取该词语的比例。

该命令用于对图形中被选择的文字进行拼写检查，并可根据不同的语言在几种主词典之中选择一个。

拼写检查命令的执行方式有以下 3 种：

● 选择"工具>拼写检查"菜单命令。

● 在命令行中输入 spell 命令或别名 sp。

● 运行该命令后，系统会弹出图 6-19 所示的
  "拼写检查"对话框。

显示要检查拼写的区域，有 3 个可用选项："整个图形"、"当前空间/布局"和"选定的对象"。

不在词典中：显示标识为拼错的词语。

建议：显示当前词典中建议的替换词列表。两个"建议"区域的列表框中的第一条建议均亮显。

图 6-19

可以从列表中选择其他替换词语，或在顶部"建议"文字区域中编辑或输入替换词语。

● 主词典：列出主词典选项。默认词典将取决于语言设置。

● 开始：开始检查文字的拼写错误。

● 忽略：跳过当前词语。

● 全部忽略：跳过所有与当前词语相同的词语。

● 添加到词典：将当前词语添加到当前自定义词典中。词语的最大长度为 63 个字符。

● 修改：用"建议"框中的词语替换当前词语。

● 全部修改：替换拼写检查区域中所有选定文字对象中的当前词语。

● 词典：显示"词典"对话框。

● 设置：显示"拼写检查设置"对话框。

6.2.3 查找命令（find）

查找命令可以对文字对象进行查找、替换、选择或缩放等各种操作，该命令所适用的对象包含单行文字、多行文字、块属性值、标注注释文字、超级链接说明和超级链接等。

选择"编辑>查找"菜单命令，然后在系统弹出的"查找和替换"对话框中输入要查找和替换的内容，如图 6-20 所示。

图 6-20

Tips

查找命令将应用于模型空间中和当前图形中定义的任意布局中的所有已加载的对象。如果只部分地打开了当前图形，则该命令不考虑那些未加载的对象。

6.2.4 对象特性命令（Properties）

同其他对象一样，文字对象也可以通过"Properties（特性）"窗口进行编辑操作，在其中可以更改文字内容、插入点、样式、对正、尺寸和其他特性。

另外，用户还可先选中要编辑的文字，然后右击，在弹出的快捷菜单中选择"特性"选项，弹出"特性"选项板，如图 6-21 所示。

当文字对象非常多时，如果逐个选择，非常不方便。此时，用户可以选择全部对象，然后打开"特性"选项板，在下拉列表中选择文字或者其他要修改的对象类型，如图 6-22 所示。

图 6-21

图 6-22

6.3　表格的创建与编辑

在 AutoCAD 中，用户可以向表中添加文字或块、添加单元以及调整表的大小，还可以修改单元内容的特性，例如类型、样式和对齐。

6.3.1　创建表格（Table）

在命令行中输入 Table 命令，或者选择"绘图>表格"菜单命令，系统会弹出图 6-23 所示的"插入表格"对话框。

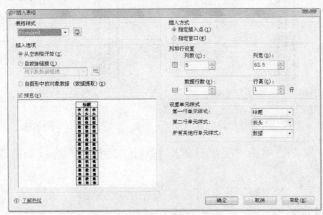

图 6-23

有两种插入表格的方式，一是指定插入点，通过指定表格左上角的位置来确定表格在绘图区域中的位置。使用这种方式先要设置好列和行的数目、大小。

可以使用鼠标在绘图区域中指定表格的位置，也可以在命令行上输入坐标值。如果表格样式将表格的方向设置为由下而上读取，则插入点位于表格的左下角。

另一种方式就是指定窗口，这种方式类似于绘制矩形，通过在绘图区域指定两个对角点来指定表格的大小和位置，如图 6-24 所示。选定此选项时，列宽和行高取决于窗口的大小以及列和行的设置。

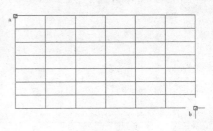

图 6-24

- 列：选定"指定窗口"选项并指定列宽时，则选定了"自动"选项，且列数由表格的宽度控制。
- 列宽：指定列的宽度。选定"指定窗口"选项并指定列数时，列宽由表格的宽度控制，最小列宽为一个字符。
- 数据行：指定行数。选定"指定窗口"选项并指定行高时，行数由表格的高度控制，带有标题行和表格头行的表格样式最少应有三行，最小行高为一行。
- 行高：按照文字行高指定表格的行高。文字行高基于文字高度和单元边距，这两项均在表格样式中设置。选定"指定窗口"选项并指定行数时，行高由表格的高度控制。

"插入表格"对话框左上角的下拉列表用于选择表格样式，单击▣按钮，系统会弹出如图 6-25 所示的"表格样式"对话框，用户可以修改样式或者新建表格样式。

单击"修改"按钮，系统弹出图 6-26 所示的"修改表格样式"对话框，在该对话框中用户可以选择文字样式、设置文字高度、设置文字颜色、填充颜色、设置文字对齐方式，还可以设置表格的边框特性、设置单元格的边距和表格方式等参数。

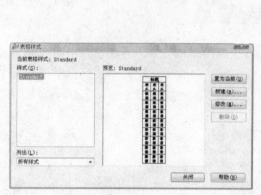

图 6-25

图 6-26

单击"文字"标签，再单击"文字样式"右边的▭按钮，可以修改或者新建文字样式，如图 6-27 所示。

单击"常规"标签，在该对话框中可以对表格的填充颜色、对齐方式、格式、类型和页边距进行修改，如图 6-28 所示。

图 6-27

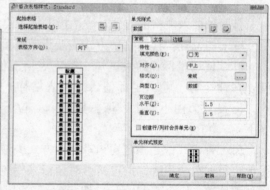

图 6-28

单击"边框"标签，在该对话框中可以对边框特性进行修改，包括边框的线宽、线型、颜色与间距，如图 6-29 所示。

当表格的样式设置完成之后，单击"确定"按钮，系统自动返回到"表格样式"对话框，再单击该对话框中的"关闭"按钮，系统自动返回到"插入表格"对话框，单击"确定"按钮，然后在绘图区域中创建表格。

创建表格后，会亮显第一个单元，显示"文字格式"工具栏时开始输入文字，如图 6-30 所示。单元格的行高会加大以适应输入文字的行数。要移动到下一个单元，可以按【Tab】键，或使用箭头键向左、向右、向上和向下移动。单击"文字格式"工具栏中的"确定"按钮即可停止输入数据。

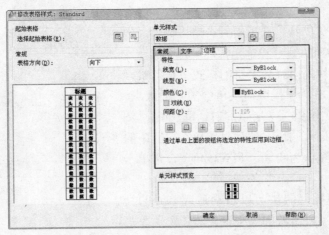

图 6-29

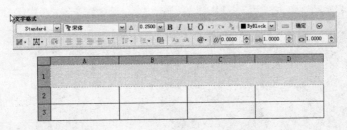

图 6-30

要选择多个单元，可以按住【Shift】键并在另一个单元内单击。选中单元格后，可以右击，然后使用快捷菜单中的选项来插入/删除列和行、合并相邻单元或进行其他修改，如图 6-31 所示。

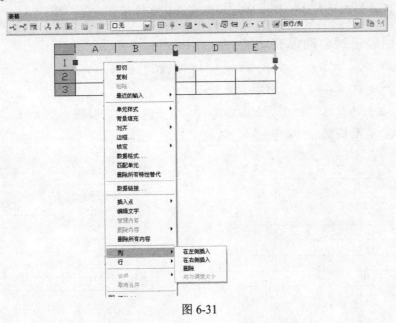

图 6-31

选中单元后，可以按【Ctrl+Y】组合键来重复上一个操作，包括在"特性"选项板中所做的修改。

将表格添加到"工具"选项板时，表格特性（例如，表格样式、行/列的编号和单元特性）将存储在工具定义中。文字或块的内容和字符的格式将被忽略。

选择单元，右击，选择快捷菜单中的"插入点>块"选项，系统会弹出图 6-32 所示的对话框，单击"浏览"按钮，选择要插入的块，然后设置块在单元中的对齐方式、比例（默认为自动）和旋转角度，再单击"确定"按钮即可。

在表格单元中插入的块可以自动适应单元的大小，当调整单元大小时，块的大小也会随之发生改变。

图 6-32

如何高效地制作表格，是一个很实用的问题。在 AutoCAD 环境下用手工画线方法绘制表格，然后在表格中填写文字，不但效率低下，而且很难精确控制文字的书写位置，文字排版也不方便。

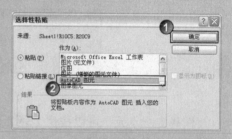

在 Excel 中完成表格的制作，然后将表格内容复制到剪贴板，再在 AutoCAD 中选择"编辑>选择性粘贴"菜单命令，在弹出的对话框中选择"AutoCAD 图元"选项，单击"确定"按钮，如图 6-33 所示，表格即转化成 AutoCAD 图元，与在 AutoCAD 中创建的表格一样，可以直接编辑其中的线条及文字。

图 6-33

案例 2：使用表格的自动填充功能

Step 01 打开配套光盘中的"素材文件\第 6 章 \ 表格.dwg"文件，如图 6-34 所示。这是一个已经填入数据的表格，但这个表格还没有标题，格式也需要调整。

Step 02 单击"文字格式"工具栏中的"多行文字对正"按钮，在下拉列表中选择文字对齐的方式，如图 6-35 所示。

图 6-34

图 6-35

Step 03 单击内容为"1"的单元，单击单元右下角的"自动填充"夹点，并向下拖动至该列最后一个单元右下角，再次单击鼠标完成操作，如图6-36所示。

Step 04 使用同样的方法填充第二列，如图6-37所示。

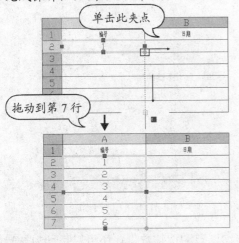

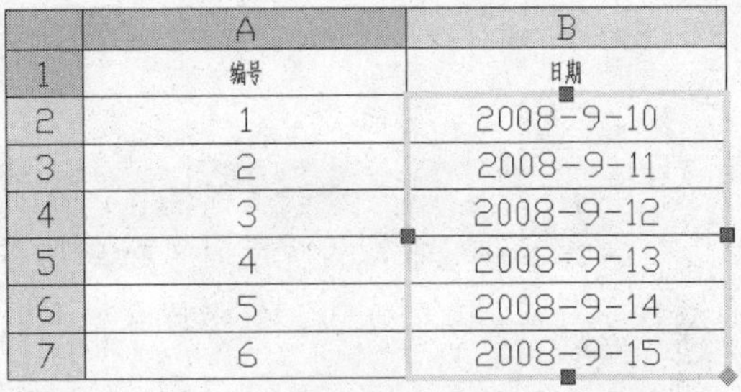

图 6-36

	A	B
1	编号	日期
2	1	2008-9-10
3	2	2008-9-11
4	3	2008-9-12
5	4	2008-9-13
6	5	2008-9-14
7	6	2008-9-15

图 6-37

> **Tips**
>
> 表格打断功能可以将表格打断成多个部分，激活"表格打断"夹点会将表格打断为多个片断。拖动已激活的夹点时，将确定主要表格片断和次要表格片断的高度。

Step 05 选中整个表格，然后单击表格下方中间的"表格打断"夹点，向上拖动至要打断的置，再次单击鼠标即可完成操作，如图6-38所示。

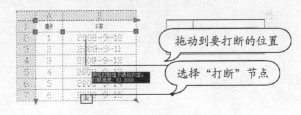

图 6-38

Step 06 按【Esc】键退出表格选择状态，得到图6-39所示的结果。

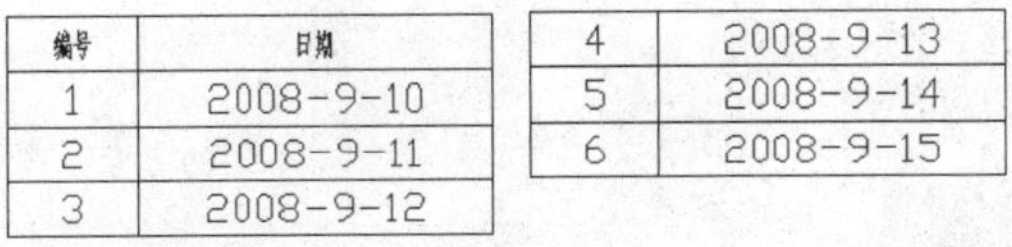

编号	日期
1	2008-9-10
2	2008-9-11
3	2008-9-12

4	2008-9-13
5	2008-9-14
6	2008-9-15

图 6-39

6.3.2 编辑表格

表格创建完成后，用户可以单击该表格上的任意网格线以选中该表格，然后通过使用"特性"选项板或夹点来修改该表格。双击表格则可以直接输入数据。

在单元内单击，单元边框的中央将显示夹点，如图6-40所示。在另一个单元内单击可以将选中的内容移到该单元。拖动单元上的夹点可以使单元及其列或行更宽或更小。

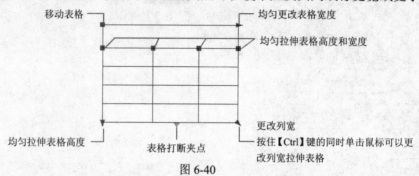

图 6-40

> 修改表格的高度或宽度时，行或列将按比例变化。修改列的宽度时，表格将加宽或变窄以适应列宽的变化。要维持表宽不变，请在使用列夹点时按住【Ctrl】键。

使用表格的"自动填充"夹点，可以在表格中拖动以自动增加数据，还可以自动填写日期单元。

案例 3：创建图纸目录表

在命令行中输入 Table 命令，或者单击"绘图"工具栏上的"表格"按钮，在弹出的对话框中设置插入方式为"指定窗口"，这样就可以像绘制矩形一样确定表格的大小，设置好表格的列数和行数，如图 6-41 所示。

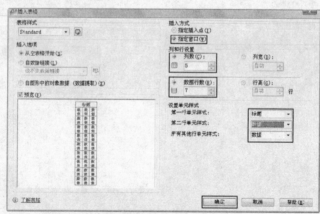

图 6-41

Step 01 单击"确定"按钮之后，先指定表格的左上角点，如何输入第二角点的相对坐标值，命令提示如下：

```
命令:_table
指定第一个角点:
指定第二个角点:@210,150 ✓
```

结束命令后，系统会创建如图所示的表格，自动激活表格的标题并打开"文字格式"工具栏，就可以开始输入文字，如果暂时不需要输入文字，可以直接单击"确定"按钮完成表格的创建，如图 6-42 所示。

图 6-42

Step 02 框选表格，单击调整单元格列宽的夹点，分别调整表格每列的宽度，如图 6-43 所示，调整后的效果如图 6-44 所示。

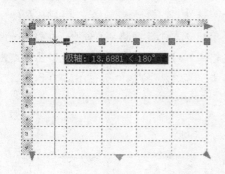

图 6-43

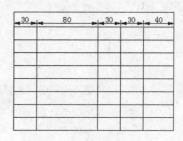

图 6-44

Step 03 系统默认表格每行的最低高度为 9 个单位，要使行高更小一些，可以单击"修改"工具栏上的"缩放"按钮，将其缩小，命令提示如下：

```
命令:_scale 找到 1 个
指定基点: //捕捉表格上的任意一点
指定比例因子或 [复制(C)/参照(R)]: 0.5 ✓
```

Step 04 双击表格的标题格，输入"图纸目录表"文字，并设置字体样式为"宋体"，设置大小为 3，如图 6-45 所示。

图 6-45

Step 05 在继续单击其余表格，分别输入对应的标题，字体同样使用"宋体"，设置大小为 2.5，如图 6-46 所示。

图 6-46

Step 06 单击左侧的行序列号 2，将该行全部选中，然后单击"对齐"下拉列表，选择"正中"对齐方式将文字对齐到表格的正中，如图 6-47 所示。

Step 07 接下来输入序号，这里需要将数据格式更改为"文本"，才能输入 01、02 和 03 之类的序号。选中 A 列的单元格，右击，在弹出的快捷菜单中选择"数据格式"命令，在弹出的"表格单元格式"对话框中设置数据类型为"文本"，然后单击"确定"按钮，如图 6-48 所示。

图 6-47

图 6-48

Step 08 最后在表格中输入序号 01、02 和 03 等，如图 6-49 所示，其余内容可根据实际情况填写，图纸目录表就绘制完成了。

图纸目录表				
序号	图纸名称	图号	图副	备注
01				
02				
03				
04				
05				
06				
07				

图 6-49

6.4 尺寸标注的类型

完整的尺寸标注通常由尺寸线、尺寸界线、箭头和尺寸文本等部分组成，如图 6-50 所示。

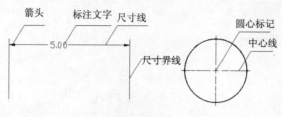

图 6-50

- 尺寸线（line）：尺寸线是表示尺寸标注的方向和长度的线段。除角度型尺寸标注的尺寸线是弧线段外，其他类型尺寸标注的尺寸线均是直线段。
- 尺寸界线（extension line）：尺寸界线是从被标注对象边界到尺寸线的直线，它界定了尺寸线的起始与终止范围。圆弧型的尺寸标注通常不使用尺寸界线，而是将尺寸线直接标注在弧上。
- 箭头（arrow-head）：箭头是添加在尺寸线两端的端结符号。在我国的国家标准中，规定该端结符号可以用箭头、短斜线和圆点等。在 AutoCAD 中，端结符号有多种形式，其中箭头和短斜线最为常用。在机械设计图中一般用箭头，而在建筑设计图中一般用短斜线。
- 尺寸文本（text）：尺寸文本是一个字符串，用于表示被标注对象的长度或者角度。尺寸文本中除了包含基本尺寸数字外，还可以含有前缀（prefixes）、后缀（suffixes）和公差（tolerance）等。
- 引线（Leader）：引线是从注释到引用特征的线段。当被标注的对象太小或尺寸界线间的间隙太窄而放不下尺寸文本时，通常采用引线标注。AutoCAD 中提供了 3 种基本的尺寸标注类型，它们是：长度型、圆弧型和角度型。用户可以通过选择要标注尺寸的对象，并指定尺寸线位置的方法来进行尺寸标注；还可以通过指定尺寸界线原点及尺寸线位置的方法来进行尺寸标注。

对于直线、多段线和圆弧，默认的尺寸界线原点是其端点；对于圆，其尺寸界线原点是指定角度的直径的端点。

6.4.1 线性标注（Dimlinear）

线性标注可以水平、垂直或对齐放置。使用对齐标注时，尺寸线将平行于两尺寸延伸线原点之间的直线，如图 6-51 所示。

执行线性标注命令的方式有以下 3 种。

- 在命令行中输入 dimlinear 命令并按【Enter】键。
- 选择"标注>线性"菜单命令，如图 6-52 所示。
- 单击"标注"工具栏中的"线性"按钮，如图 6-53 所示。

在命令行输入 Dimlinear（线性）命令，或者选择"标注/线性标注"菜单命令，命令提示如下：

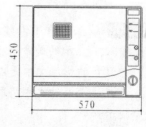

图 6-51

```
命令：Dimlinear ↙
指定第一条尺寸界线原点或<选择对象>：    //捕捉图 6-54 所示的 A 点
指定第二条尺寸界线原点：                //捕捉图 6-54 所示的 B 点
```

图 6-52

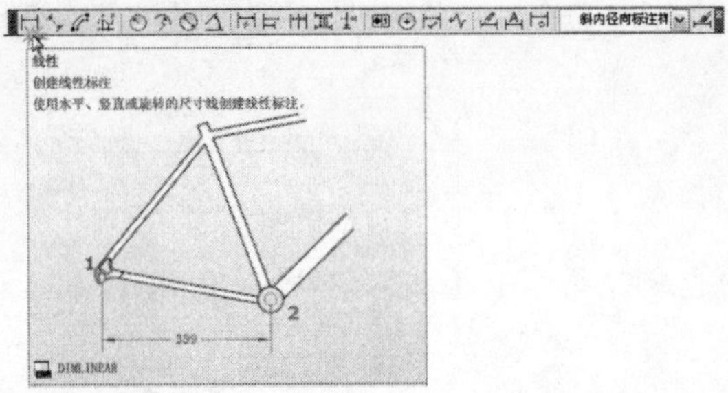

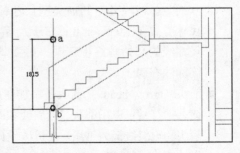

图 6-53

第二种尺寸的标注方式就是直接选择要标注的对象，Autocad 自动确定两条尺寸界线的原点。

如果选择的是直线或者圆弧，则尺寸界线的原点为各自相应的端点；如果选择的是圆，则尺寸界线的原点为直径的端点；如果用于选择圆的拾取点靠近圆的象限点，则进行的尺寸标注是水平的或者是垂直的。

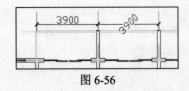

图 6-54

对于多义线段和其他可分解的对象，只有其中的直线段和圆弧段可以加注尺寸。

无论以两种方式中的哪一种响应，在确定尺寸界线的原点后，紧接着系统将显示以下提示：

```
命令: Dimlinear ✓
指定第一条尺寸界线原点或<选择对象>: ✓
指定尺寸线位置或[多行文字（M）/文字（T）/角度（A）/水平（H）/垂直（V）/旋转（R）]:
```

如果用户直接在屏幕上指定一个点（此为默认选项），则 Autocad 便用该点来定位尺寸线并因此确定尺寸界线的绘制方向，随后以测量值作为对象的尺寸标注。

Step 01 如果输入 M，按下【Enter】键，系统将弹出一个"文字格式"的对话框，对话框中显示了当前对象的测量值，用户可以设置标注文字的格式，也可以重新输入新的文本来表示对象的尺寸，如图 6-55 所示。

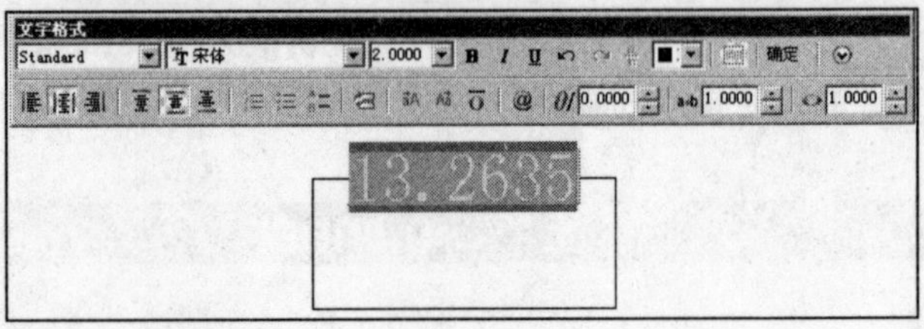

图 6-55

Step 02 输入选项 T 与输入选项 M 相似，只是输入 T 显示的是命令行提示而不是对话框，并且新的标注文本是以单行文字的方式输入，在此输入的文本将取代原来的文本，命令提示如下。

```
[多行文字（M）/文字（T）/角度（A）/水平（H）
/垂直（V）/旋转（R）]:T ✓
输入标注文字 <1815>:        //用户在此输入新
的文本来替代原来的标注文字
```

Step 03 输入选项 A，可以设置标注尺寸文本的角度，图 6-56 所示是没有设置角度和设置角度为 45 时的标注文本显示效果。

图 6-56

Step 04 输入选项 H，将强制进行水平型尺寸标注，也就是说只能标注水平位置的尺寸。

Step 05 输入选项 V，将强制进行垂直型尺寸标注。

Step 06 输入选项 R，可以进行旋转型尺寸标注，使尺寸标注旋转指定的角度，如图 6-57 所示。

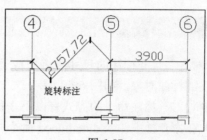

图 6-57

案例 4：标注楼梯踏步尺寸

在绘制建筑详图时，需要使用详细的尺寸标注，如图所示的尺寸，不仅标明了楼梯的高度，还标明了楼梯踏步的高度和数量，如图 6-58 所示。

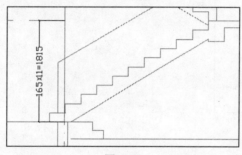

图 6-58

Step 01 输入 Dimlinear（线性）命令，或选择"标注>线性"菜单命令，命令提示如下：

```
命令: Dimlinear↙
指定第一条尺寸界线原点或 <选择对象>: //指定第一条尺寸界线原点
指定第二条尺寸界线原点:              //指定第二条尺寸界线原点
创建了无关联的标注。
指定尺寸线位置或[多行文字（M）/文字（T）/角度（A）/水平（H）/垂直
（V）/旋转（R）]: T↙
输入标注文字 <1>: 165×11=1815          //输入标注文本
指定尺寸线位置或[多行文字（M）/文字（T）/角度（A）/水平（H）/垂直
（V）/旋转（R）]: A ↙
指定标注文字的角度: 90                  //输入标注文字的角度
指定尺寸线位置或[多行文字（M）/文字（T）/角度（A）/水平（H）/垂直
（V）/旋转（R）]:                        //指定尺寸线的位置
标注文字 = 181
```

Step 02 如果要对已经完成的标注样式进行修改，可以选择尺寸标注，然后按【Ctrl+1】键打开对象特性对话框，如图 6-59 所示。

图 6-59

Tips

Dimscale 决定了尺寸标注的比例，其值为整数，默认为 1，在图形有了一定比例缩放时应最好将其改成为缩放比例。

6.4.2 对齐尺寸标注（dimaligned）

"对齐"尺寸标注的尺寸线将平行于两尺寸延伸线原点之间的连线，常用于标注具有倾斜角度的标注对象，如图 6-60 所示。

执行对齐标注命令的方式有以下 3 种。

● 在命令行中输入 dimaligned 命令并按【Enter】键。
● 选择"标注>对齐"菜单命令。
● 单击"标注"工具栏中的"对齐"按钮，如图 6-61 所示。

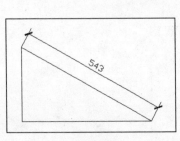

图 6-60

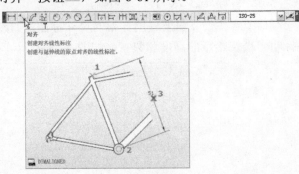

图 6-61

对齐命令提示如下：

```
命令：_dimaligned
指定第一条延伸线原点或 <选择对象>：
指定第二条延伸线原点:指定尺寸线位置或[多行文字(M)/文字(T)/角度(A)]：
标注文字 = 13
```

6.4.3 弧长标注（dimarc）

弧长标注用于测量圆弧或多段线弧线段上的距离，如图 6-62 所示。弧长标注的延伸线可以正交或径向。在标注文字的上方或前面将显示圆弧符号。

执行弧长标注命令的方式有以下 3 种。

● 在命令行中输入 dimarc 命令并按【Enter】键。
● 选择"标注>弧长"菜单命令。
● 单击"标注"工具栏中的"弧长"按钮，如图 6-63 所示。

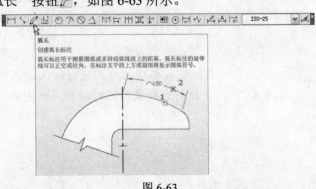

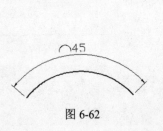

图 6-62

图 6-63

对齐命令提示如下：

```
命令：_dimarc
选择弧线段或多段线弧线段：
指定弧长标注位置或 [多行文字(M)/文字(T)/角度(A)/部分(P)/]：
标注文字 = 57
```

6.4.4 坐标标注（dimordinate）

坐标标注测量原点（称为基准）到特征（例如部件上的一个孔）的垂直距离。这种标注保持特征点与基准点的精确偏移量，从而避免增大误差。

执行线性标注命令的方式有以下 3 种。

● 在命令行中输入 dimordinate 命令并按【Enter】键。

● 选择"标注>坐标"菜单命令。

● 单击"标注"工具栏中的"坐标"按钮，如图 6-64 所示。

坐标标注由 x 或 y 值和引线组成。x 基准坐标标注沿 x 轴测量特征点与基准点的距离。y 基准坐标标注沿 y 轴测量距离，如图 6-65 所示。

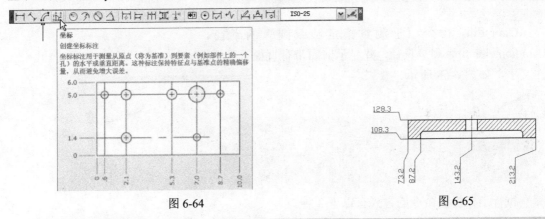

图 6-64　　　　　　　　　　　　　　　图 6-65

```
命令：_dimordinate
指定点坐标：
指定引线端点或 [X 基准(X)/Y 基准(Y)/多行文字(M)/文字(T)/角度(A)]：y
指定引线端点或 [X 基准(X)/Y 基准(Y)/多行文字(M)/文字(T)/角度(A)]：
标注文字 = 128.3
```

当前 UCS 的位置和方向确定坐标值。在创建坐标标注之前，通常要设置 UCS 原点以与基准相符，如图 6-66 所示。

指定特征位置后，将提示用户指定引线端点。默认情况下，指定的引线端点将自动确定是创建 X 基准坐标标注还是 Y 基准坐标标注，如图 6-67 所示。

例如，可以通过指定引线端点（相对水平线，该引线端点更接近于垂直线）的位置可以创建 X 基准坐标标注。

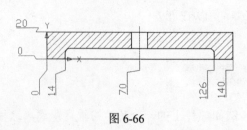

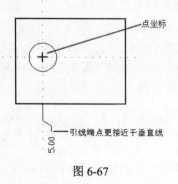

图 6-66   图 6-67

Tips

　创建坐标标注后，可以使用夹点编辑轻松地重新定位标注引线和文字。标注文字始终与坐标引线对齐。

6.4.5　半径与直径标注（Dimradius）

　Dimradius 命令用于测量指定圆或圆弧的半径，Dimdiameter 命令测量直径，并显示前面带有直径符号的标注文字，如图 6-68 所示。

Tips

　标注好直径或半径后，可以使用夹点轻松地重新定位生成的直径标注。

图 6-68

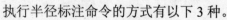

　执行半径标注命令的方式有以下 3 种。

● 在命令行中输入 Dimradius 命令并按【Enter】键。

● 选择"标注>半径"菜单命令。

● 单击"标注"工具栏中的"半径"按钮◎。

Dimradius 命令提示如下：

```
命令: Dimdiameter ↙
选择圆弧或圆: //选择要标注的圆弧或圆
标注文字: <测量值>
指定尺寸线位置或[多行文字（M）/文字（T）/角度（A）]:　 //指定尺寸线的位置
```

各选项的含义如下。

（1）多行文字（M）和文字（T）：输入新的尺寸文本，输入的新尺寸将替代原有的测量值。用户可输入 M 或 T 对这两个选项进行选择。

（2）角度（A）：改变尺寸文本的标注角度。当标注文本和角度都确定以后，AutoCAD会再次提示用户给出尺寸线的位置。用户拾取一点指定尺寸线的位置后，由 AutoCAD 自动完成标注。直径标注的尺寸数字前有一个字母Φ。

对圆弧进行标注时，半径或直径标注不需要直接沿圆弧进行放置。如果标注位于圆弧末尾之后，则将沿进行标注的圆弧的路径绘制延伸线，或者不绘制延伸线。取消（关闭）延伸线后，半径标注或直径标注的尺寸线将通过圆弧的圆心（而不是按照延伸线）进行绘制，如图6-69所示。

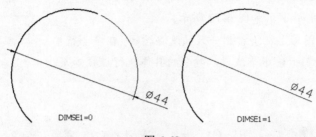

图 6-69

DIMSE1 系统变量用于控制在半径标注或直径标注位于圆弧末尾之外时，是否使用延伸线进行绘制。如果未取消圆弧延伸线的显示，则圆弧和圆弧延伸线之间会具有间隔，如图6-70所示，所绘制间隔的大小通过 DIMEXO 系统变量控制。

圆弧或圆的中心位于布局之外并且无法在其实际位置显示时，使用 DIMJOGGED 命令可以创建折弯半径标注，也称为"缩放的半径标注"。可以在更方便的位置指定标注的原点（这称为中心位置替代），如图6-71所示。

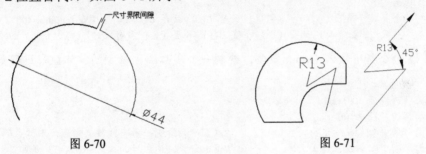

图 6-70

图 6-71

案例 5：绘制散热器

Step 01 单击"绘图"工具栏上的"多段线"按钮⟆，绘制一个大小为 200mm×1000mm 的矩形，命令提示如下：

```
命令: _pline
指定起点:
当前线宽为 40              //显示当前线宽
指定下一个点或 [圆弧（A）/半宽（H）/长度（L）/放弃（U）/宽度（W）]: h↙
指定起点半宽 <20>: 10 ↙    //设置起点半宽为10
指定端点半宽 <10>:↙        //设置端点半宽为10
指定下一个点或 [圆弧（A）/半宽（H）/长度（L）/放弃（U）/宽度（W）]: @200,0 ↙//输入下一点
的相对坐标
指定下一点或 [圆弧（A）/闭合（C）/半宽（H）/长度（L）/放弃（U）/宽度（W）]: @0,1000 ↙
指定下一点或 [圆弧（A）/闭合（C）/半宽（H）/长度（L）/放弃（U）/宽度（W）]: @-200,0 ↙
指定下一点或 [圆弧（A）/闭合（C）/半宽（H）/长度（L）/放弃（U）/宽度（W）]: @0,-1000 ↙
指定下一点或 [圆弧（A）/闭合（C）/半宽（H）/长度（L）/放弃（U）/宽度（W）]: c ↙//闭合多段线
```

Step 02 按空格键继续执行 Pline 命令，以矩形短边的中心为起点，绘一条长度为 250mm 的直线。

Step 03 单击"绘图"工具栏上的 ⊙（圆）按钮，绘制一个半径为 50mm 圆，命令提示如下：

命令: _circle 指定圆的圆心或 [三点（3P）/两点（2P）/相切、相切、半径（T）]:
指定圆的半径或 [直径（D）] <15>: 50 ✓

散热器图例就绘制完毕了，如图 6-72 所示。

Step 04 在散热器图形上在绘绘制一只预设温控阀。在命令行中 输入 Pline 命令，绘制一条水平线段，命令的具体执行过程如下。

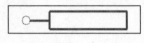

图 6-72

命令: pline ✓
指定起点:
当前线宽为 0
指定下一个点或 [圆弧（A）/半宽（H）/长度（L）/放弃（U）/宽度（W）]: h✓
指定起点半宽 <0>: 10 ✓
指定端点半宽 <10>: ✓
指定下一个点或 [圆弧（A）/半宽（H）/长度（L）/放弃（U）/宽度（W）]: @100,0✓
指定下一点或 [圆弧（A）/闭合（C）/半宽（H）/长度（L）/放弃（U）/宽度（W）]: ✓

Step 05 按空格键继续执行该命令，绘制垂直的线段。

命令: PLINE✓
指定起点: //以上一条线段的中点为起点
当前线宽为 20 ✓
指定下一个点或 [圆弧（A）/半宽（H）/长度（L）/放弃（U）/宽度（W）]: @0,-100 ✓
指定下一点或 [圆弧（A）/闭合（C）/半宽（H）/长度（L）/放弃（U）/宽度（W）]: ✓

Step 06 在命令行中输入 Donut 命令，绘制一个实心圆，命令的具体执行过程如下。

命令: Donut✓
指定圆环的内径 <40>: 0 ✓
指定圆环的外径 <100>: 80 ✓
指定圆环的中心点或 <退出>:   //以上一步绘制一垂直线段的顶点为中心点
指定圆环的中心点或 <退出>:✓   //退出命令，完成后的效果如图 6-73 所示。

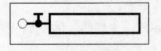

图 6-73

6.4.6 ▶ 角度标注（Dimangular）

角度标注用于标注两条直线之间的夹角，或者三点构成的角度。

执行半径标注命令的方式有以下 3 种。

● 在命令行中输入 dimangular 命令并按【Enter】键。

● 选择"标注>角度"菜单命令。

● 单击"标注"工具栏中的"角度"按钮 △，如图 6-74 所示。

输入 Dimangular（角度）命令，或选择"标注>角度"菜单命令，命令提示如下：

命令：Dimangular ↙
选择圆弧、圆、直线或<指定顶点>：　　　　//选择如图 6-75 所示的线段 a
选择第二条直线：//选择如图 6-75 图所示的线段 b
指定标注弧线位置或[多行文字（M）/文字（T）/角度（A）]：
标注文字：<当前对象的测量值>

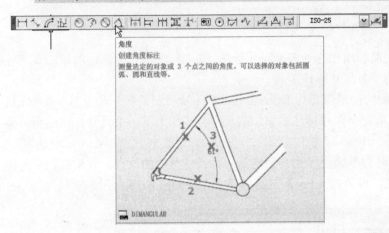

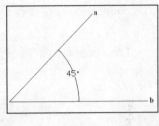

图 6-74   图 6-75

6.4.7 基线尺寸标注（Dimbaseline）

基线尺寸标注是从上一个标注或选定标注的基线处创建线性标注、角度标注或坐标标注基线型尺寸标注，如图 6-76 所示。

图 6-76

 Tips

基线尺寸标注只适用于长度型和角度型尺寸标注。

执行半径标注命令的方式有以下 3 种。

● 在命令行中输入 dimbaseline 命令并按【Enter】键。
● 单击"标注"工具栏中的"基线"按钮 🔲。
● 选择"标注>基线"菜单命令，如图 6-77 所示。

Dimbaseline 命令提示如下：

图 6-77

命令：_dimbaseline
选择基准标注：
指定第二条延伸线原点或 [放弃(U)/选择(S)] <选择>：

标注文字 = 39.9
指定第二条延伸线原点或 [放弃(U)/选择(S)] <选择>:
标注文字 = 162.7
……

6.4.8 连续尺寸标注（Dimcontinue）

连续尺寸标注是尺寸线端与端相连的多个尺寸标注，其中前一个尺寸标注的第二条尺寸界线与后一个尺寸标注的第一条尺寸界线重合。

Dimcontinue 命令执行后的提示信息与 Dimbaseline 命令执行后的提示信息基本类似，只不过 Dimcontinue 命令是将前一个尺寸标注的第二条尺寸界线作为下一个尺寸标注的第一条尺寸界线。

Dimcontinue 命令执行时会不断提示用户指定第二条尺寸界线的原点，并根据用户的输入形成多个相连的尺寸标注，直至按【Esc】键结束该命令，如图 6-78 所示。

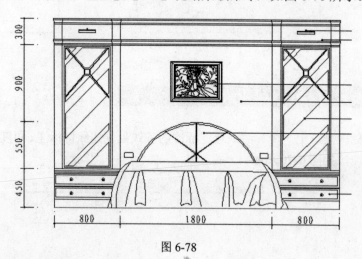

图 6-78

案例 6：绘制蹲式大便器

Step 01 在命令行中输入 REC（Rectang）命令，或者单击"绘图"工具栏中的 ⬜（矩形）按钮，命令提示如下：

命令: REC↙
RECTANG
指定第一个角点或 [倒角（C）/标高（E）/圆角（F）/厚度（T）/宽度（W）]:
指定另一个角点或 [面积（A）/尺寸（D）/旋转（R）]: @450,280↙

Step 02 按空格键或者【Enter】键继续执行 Rectang 命令，再绘制一个矩形，命令提示如下：

命令: ↙
RECTANG
指定第一个角点或 [倒角（C）/标高（E）/圆角（F）/厚度（T）/宽度（W）]: //以上一个矩形的右下角点为起点
指定另一个角点或 [面积（A）/尺寸（D）/旋转（R）]: @120,280↙ //结果如图 6-79 所示。

Step 03 在命令行中输入 C（Circle）命令，在矩形内绘制一个圆，命令提示如下：

命令: c ↙
CIRCLE 指定圆的圆心或 [三点（3P）/两点（2P）/相切、相切、半径（T）]:
指定圆的半径或 [直径（D）]: 75↙ //结果如图 6-80 所示

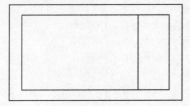

图 6-79

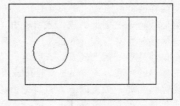

图 6-80

Step 04 在命令行中输入 Explode（分解）命令，将两个矩形分解，命令提示如下：

命令: Explode↙
选择对象: 指定对角点: 找到 2 个
选择对象: ↙

Step 05 在命令行中输入 Fillet（圆角）命令，对矩形进行倒圆角处理，命令行过程如下。

命令: Fillet↙
当前设置: 模式 = 修剪，半径 = 110.0000
选择第一个对象或 [放弃（U）/多段线（P）/半径（R）/修剪（T）/多个（M）]: R ↙
指定圆角半径 <110.0000>: 40 ↙   //输入圆角半径
选择第一个对象或 [放弃（U）/多段线（P）/半径（R）/修剪（T）/多个（M）]: //选择如图 6-81 所示的 a 边
选择第二个对象，或按住 Shift 键选择要应用角点的对象: //选择如图 6-81 所示的 b 边

Step 06 使用相同的方法再将矩形的右下角进行圆角处理，继续执行 Fillet 命令，对另一个矩形进行圆角处理，命令提示如下：

命令: Fillet ↙
当前设置: 模式 = 修剪，半径 = 120.0000
选择第一个对象或 [放弃（U）/多段线（P）/半径（R）/修剪（T）/多个（M）]: R↙
指定圆角半径 <120.0000>: 110 ↙
选择第一个对象或 [放弃（U）/多段线（P）/半径（R）/修剪（T）/多个（M）]:
选择第二个对象，或按住 Shift 键选择要应用角点的对象:

完成后的效果如图 6-82 所示。

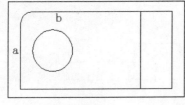

图 6-81

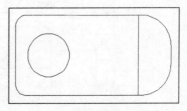

图 6-82

Step 07 在命令行中输入 O（offset）命令，将矩形的边向内偏移，命令提示如下：

命令: O↙
OFFSET
当前设置: 删除源=否   图层=源   OFFSETGAPTYPE=0

指定偏移距离或 [通过（T）/删除（E）/图层（L）]＜通过＞: 30 ↙
选择要偏移的对象，或 [退出（E）/放弃（U）]＜退出＞:
指定要偏移的那一侧上的点，或 [退出（E）/多个（M）/放弃（U）]＜退出＞:
选择要偏移的对象，或 [退出（E）/放弃（U）]＜退出＞:
指定要偏移的那一侧上的点，或 [退出（E）/多个（M）/放弃（U）]＜退出＞:
选择要偏移的对象，或 [退出（E）/放弃（U）]＜退出＞:
指定要偏移的那一侧上的点，或 [退出（E）/多个（M）/放弃（U）]＜退出＞:
选择要偏移的对象，或 [退出（E）/放弃（U）]＜退出＞:
指定要偏移的那一侧上的点，或 [退出（E）/多个（M）/放弃（U）]＜退出＞:
选择要偏移的对象，或 [退出（E）/放弃（U）]＜退出＞:
指定要偏移的那一侧上的点，或 [退出（E）/多个（M）/放弃（U）]＜退出＞:
选择要偏移的对象，或 [退出（E）/放弃（U）]＜退出＞:

偏移结果如图 6-83 所示。

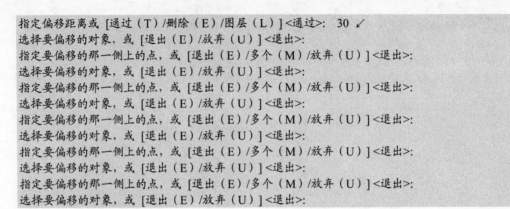

图 6-83

6.4.9 折断标注（Dimjogline）

折断标注是 AutoCAD 2009 的新增功能，它允许用户在尺寸线或尺寸界线与几何对象或其他标注相交的位置将其打断。

用户可以将折断标注添加到线性标注（对齐和旋转）、角度标注（2 点和 3 点）、半径标注（半径、直径和折弯）、弧长标注、坐标标注和多重引线标注（仅直线）。

多重引线标注（仅样条曲线）和以前版本中的引线标注（直线或样条曲线）不支持折断标注。

使用 Dimjogline 命令可以向线性标注添加折弯线，以表示实际测量值与尺寸界线之间的长度不同，如图 6-84 所示。

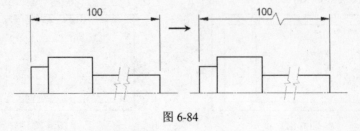

图 6-84

如果显示的标注对象小于被标注对象的实际长度，则通常用折弯尺寸线表示。

6.4.10 引线标注（Qleader）

引线标注用于对图形中的某一特征进行文字说明。因为在设计图中，有些特征对象可能需要加上一些说明和注释，所以为了更加明确地表示这些注释与被注释对象之间的关系，就需要用一条引线将注释文字指向被说明的对象，这就是引线标注，如图 6-85 所示。

引线是由箭头、直线段或样条曲线段等组成的复杂对象。引线的末端放置注释文本，默认的注释是一个多行文本。引线和注释在图形中被定义成两个独立的对象，但两者是相关的。移动注释会引起引线的移动，而移动引线则不会导致注释的移动。

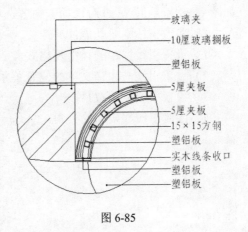

玻璃夹
10厘玻璃搁板
塑铝板
5厘夹板
5厘夹板
15×15方钢
塑铝板
实木线条收口
塑铝板
塑铝板

图 6-85

1. Qleader 命令

使用 Qleader 命令进行引线标注，命令提示如下。

指定第一个引线点或[设置（S）]<设置>:	//指定引线的起点或直接按回车键对引线标注进行设置；如果输入 S 选项并✓系统则弹出"引线设置"对话框
指定下一点:	//指定引线的另一点
指定下一点:	//指定引线的另一点
指定下一点:	//指定引线的另一点，或按回车键结束引线绘制，输入注释

指定的引线点数目由用户在"引线设置"对话框中设置，用户指定了所有的点后，AutoCAD 将提示用户输入注释文字，接下来的提示将根据在"引线设置"对话框中的设置而有所不同，其主要的几项如下。

（1）如果用户在"引线设置"对话框中的"注释"选项卡中选中了"多行文字"单选按钮，接下来的提示为：

指定文字宽度<0>:	//指定多行文本的宽度
输入注释文字的第一行<多行文字（M）>:	//输入第一行文字

在此提示下，如果按一次回车键，则输入另一行文字，如果按两次【Enter】键，则直接在图形中显示出引线和注释文本；如果按【Esc】键，则画一个没有注释的引线。

（2）如果用户在"引线设置"对话框中的"注释"选项卡中选中了"复制对象"单选按钮，则接下来的提示为：

选择要复制的对象:	//指定一个文字对象、块或形位公差特征控制框
AutoCAD 将把所选择的对象绑附到引线上。	

2. "引线设置"对话框

"引线设置"对话框如图 6-86 所示。

在此对话框中，可以对 Qleader 命令进行定制和设置引线及注释文字。它有 3 个选项卡："注释"、"引线和箭头"（如图 6-87 所示）和"附着"（如图 6-88 所示）。通过对选项卡中各选项的设置，可以实现下述主要功能：

（1）设置引线标注的类型及格式。

（2）设置引线与注释文本的位置关系。

（3）设置引线点的数目。

（4）限制引线线段间的夹角。

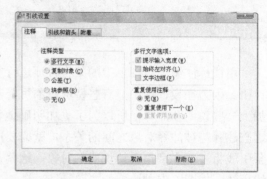

图 6-86

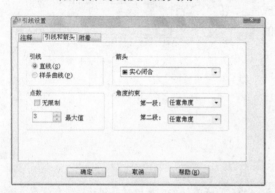

图 6-87

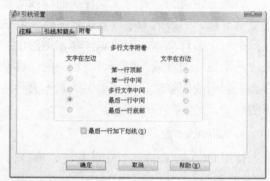

图 6-88

勾选"最后一行加下划线"复选框之后，其余选项变为不可用，文字将显示在下划线上方，如图 6-89 所示。

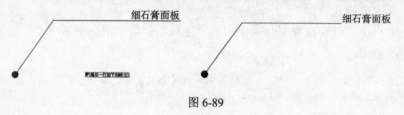

图 6-89

3. 多重引线

多重引线（Mleader）是具有多个选项的引线对象。对于多重引线，先放置引线对象的头部、尾部或内容均可。可以将多条引线附着到同一注解；可以均匀隔开并快速对齐多个注解，如图 6-90 所示。

通过使用 Mleadercollect 命令对若干多重引线对象与块内容进行编组，并将其附着到一条引线，来组织图形，如图 6-91 所示。

使用 Mleaderalign 命令，可以沿指定的线对齐若干多重引线对象。水平基线将沿指定的不可见的线放置。箭头将保留在原来放置的位置，如图 6-92 所示。

对齐多重引线对象时，也可以将它们隔开。

通过分布多重引线，也可以根据需要使用不可见的线均匀地隔开多重引线对象。多重引线将沿对齐线的长度均匀分布，如图 6-93 所示。

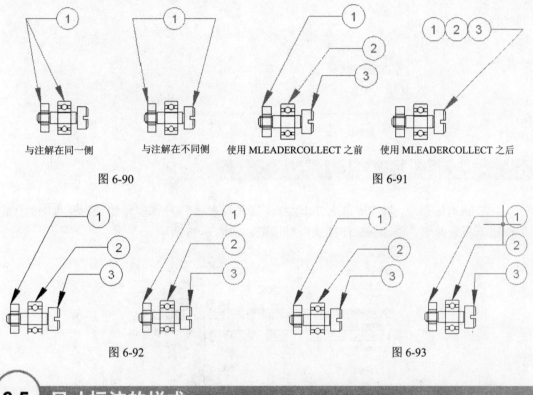

与注解在同一侧　　与注解在不同侧　　使用 MLEADERCOLLECT 之前　　使用 MLEADERCOLLECT 之后

图 6-90 　　　　　　　　　　　　　　　　　　图 6-91

图 6-92 　　　　　　　　　　　　　　　　　　图 6-93

6.5　尺寸标注的样式

通过使用尺寸标注样式（style），用户可以设置并控制尺寸标注的布局和外观。所有的尺寸标注都是在当前的标注样式下进行的。如果在进行尺寸标注之前没有设置或者应用样式，则 AutoCAD 将应用默认样式。

AutoCAD 提供了一个称为尺寸标注样式管理器的工具，利用此工具可创建新的尺寸标注样式，以及管理、修改已有的尺寸标注样式。这样，通过对尺寸标注样式管理器的操作，就可以直观地实现对尺寸标注样式的设置和修改。

在进行标注之前，要选择一种尺寸标注的样式。如果没有选择尺寸标注的样式，则使用当前样式；如果还没有建立样式，则尺寸标注被指定为使用默认样式。

6.5.1　标注样式管理器（Dimstyle）

执行 Dimstyle 命令后，将在屏幕上弹出"标注样式管理器"对话框，如图 6-94 所示。利用"标注样式管理器"对话框，可以实现对尺寸标注样式的设置工作。

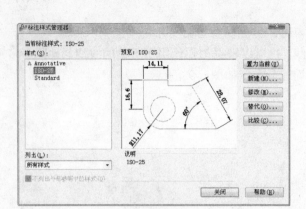

图 6-94

6.5.2 设置新的标注样式

执行 Dimstyle 命令，将在屏幕上弹出"标注样式管理器"对话框，单击该对话框中的"新建"按钮，将会弹出"创建新标注样式"对话框，如图 6-95 所示。

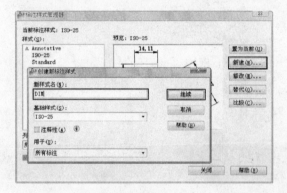

图 6-95

单击"创建新标注样式"对话框中的"继续"按钮以后，系统将弹出图 6-96 所示的对话框，用户可以在此对话框中设置新的样式。

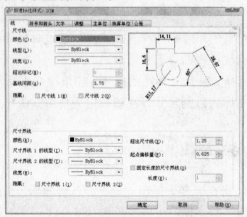

图 6-96

设置完成后，单击"确定"按钮，将返回到"标注样式管理器"对话框，新建的样式将显示在样式列表中，单击"置为当前"按钮将新样式设置为当前样式，如图 6-97 所示。

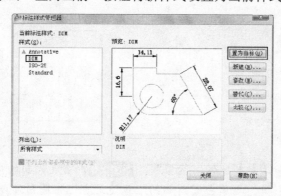

图 6-97

案例 7：绘制楼梯局部详图

1．绘制楼梯局部剖面

Step 01 先在视图中绘制一条水平直线段作为地面的水平线。

Step 02 单击"绘图"工具栏中的"多段线"按钮 🖍，以水平线上的任意一点为起点，绘制一个楼梯踏步的剖面，如图 6-98 所示，命令提示如下：

图 6-98

```
命令：_pline
指定起点：
当前线宽为 0.0000
指定下一个点或 [圆弧(A)/半宽(H)/长度(L)/放弃(U)/宽度(W)]: @0,130↙
指定下一点或 [圆弧(A)/闭合(C)/半宽(H)/长度(L)/放弃(U)/宽度(W)]: @190,0↙
指定下一点或 [圆弧(A)/闭合(C)/半宽(H)/长度(L)/放弃(U)/宽度(W)]: @0,130↙
指定下一点或 [圆弧(A)/闭合(C)/半宽(H)/长度(L)/放弃(U)/宽度(W)]: @190,0↙
指定下一点或 [圆弧(A)/闭合(C)/半宽(H)/长度(L)/放弃(U)/宽度(W)]: ↙
```

Step 03 单击"修改"工具栏中的"偏移"按钮 ⊘，将绘制的多段线向内外各偏移 20 个单位，如图 6-99 所示。

```
命令：_offset
当前设置：删除源=否  图层=源  OFFSETGAPTYPE=0
指定偏移距离或 [通过(T)/删除(E)/图层(L)] <20.0000>: ↙
选择要偏移的对象，或 [退出(E)/放弃(U)] <退出>:  //选择上一步绘制的多段线
指定要偏移的那一侧上的点，或 [退出(E)/多个(M)/放弃(U)] <退出>:
选择要偏移的对象，或 [退出(E)/放弃(U)] <退出>:
指定要偏移的那一侧上的点，或 [退出(E)/多个(M)/放弃(U)] <退出>:
选择要偏移的对象，或 [退出(E)/放弃(U)] <退出>:
```

Step 04 单击"修改"工具栏中的"分解"按钮 🗗，将 3 条多段线分解。

Step 05 单击"绘图"工具栏中的"圆"按钮 ⊘，用两点法绘制一个圆形，如图 6-100 所示，命令执行过程。

```
命令：_circle 指定圆的圆心或 [三点(3P)/两点(2P)/切点、切点、半径(T)]: 2p ↙
```

指定圆直径的第一个端点: //捕捉端点
指定圆直径的第二个端点: //捕捉端点

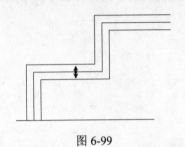

图 6-99

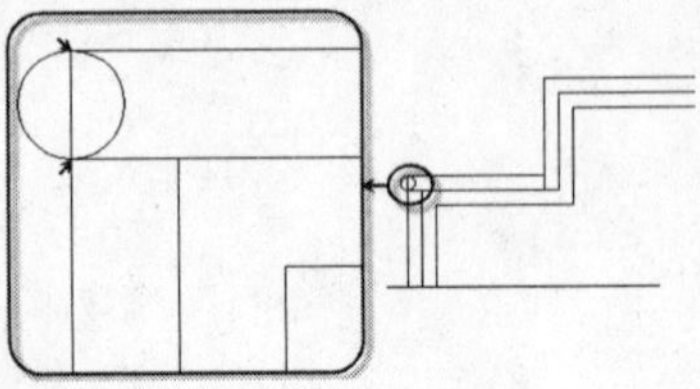

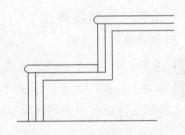

图 6-100

Step 06 单击"修改"工具栏中的"修剪"按钮，先按【Enter】键，再单击圆内部的线段和圆的右侧，结果如图 6-101 所示。

Step 07 重复前面的操作，将第二个楼梯踏步边沿也进行圆角处理，如图 6-102 所示。

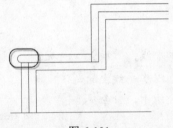

图 6-101

图 6-102

Step 08 接下来绘制楼梯扶手栏杆局部。单击"修改"工具栏中的"偏移"按钮，将楼梯踏步边沿的线段向左偏移复制 65 个单位，如图 6-103 所示。

命令: _offset
当前设置: 删除源=否　图层=源　OFFSETGAPTYPE=0
指定偏移距离或 [通过(T)/删除(E)/图层(L)] <20.0000>: 65 ✓
选择要偏移的对象，或 [退出(E)/放弃(U)] <退出>: //选择楼梯边沿线段
指定要偏移的那一侧上的点，或 [退出(E)/多个(M)/放弃(U)] <退出>:
选择要偏移的对象，或 [退出(E)/放弃(U)] <退出>:

Step 09 使用 lengthen 命令将线段拉长为 230 单位的线段，如图 6-104 所示，命令提示如下:

命令: LENGTHEN ✓
选择对象或 [增量(DE)/百分数(P)/全部(T)/动态(DY)]: t✓
指定总长度或 [角度(A)] <230.0000>: 230✓
选择要修改的对象或 [放弃(U)]: ✓ //结束命令

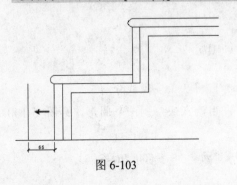

图 6-103

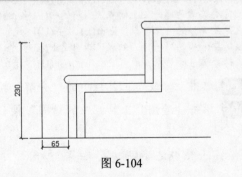

图 6-104

2．绘制扶手

Step 01 单击"绘图"工具栏中的"多段线"按钮 ⤵，绘制图 6-105 所示的栏杆线段，命令提示如下：

```
命令: _pline
指定起点:
当前线宽为 0.0000
指定下一个点或 [圆弧(A)/半宽(H)/长度(L)/放弃(U)/宽度(W)]: @150,0✓
指定下一点或 [圆弧(A)/闭合(C)/半宽(H)/长度(L)/放弃(U)/宽度(W)]: @300<30✓
指定下一点或 [圆弧(A)/闭合(C)/半宽(H)/长度(L)/放弃(U)/宽度(W)]: ✓
```

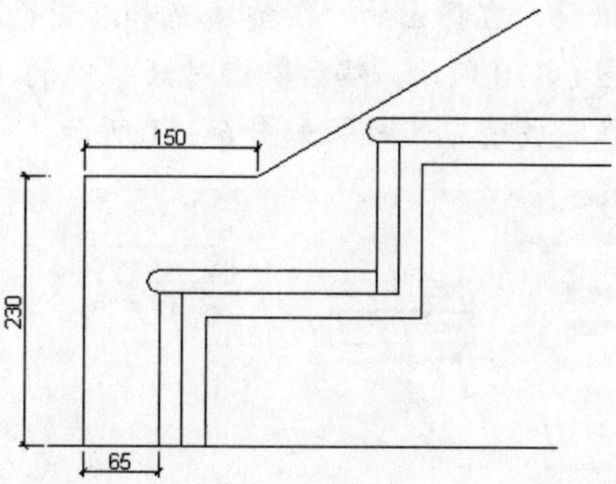

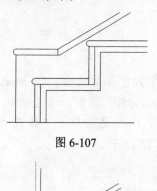

图 6-105

Step 02 单击"修改"工具栏中的"偏移"按钮 ⤶，将楼梯踏步边沿的线段向上偏移复制 65 个单位，如图 6-106 所示。

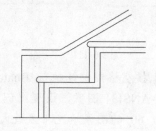

图 6-106

Step 03 和前面绘制楼梯踏步的圆角方法相同，先使用两点法绘制圆，再进行修剪，得到图 6-107 所示的图形。

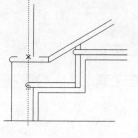

图 6-107

Step 04 打开"对象捕捉"并勾选"交点"捕捉类型，捕捉楼梯踏步边沿端点延伸线与栏杆的"交点"绘制两条垂直线段，如图 6-108 所示。

图 6-108

3．填充图案

Step 01 绘制一个圆形将需要的区域圈起来，并将线型设置为虚线，然后使用 trim（修剪）命令将圆形以外的部分剪掉，如图 6-109 所示。

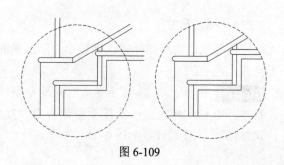

图 6-109

Step 02 在命令行中输入 Bhatch 命令，或者单击"绘图"工具栏中的"图案填充和渐变色"按钮，在弹出的"图案填充和渐变色"对话框中选择 ANSI33 图案，并设置比例为 30，如图 6-110 所示，然后单击对话框中的"拾取点"按钮，选择如图所示的区域，单击"确定"按钮完成填充，效果如图 6-111 所示。

图 6-110

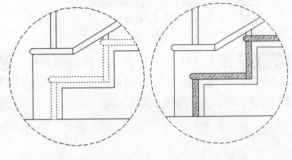

图 6-111

Step 03 按空格键继续执行 Bhatch 命令，选择 AR-CONC 图案，设置比例为 10，使用比例为 10 的图案填充下方最大的区域，如图 6-112 所示。

Step 04 按空格键继续执行 Bhatch 命令，选择 AR-ANSI31 图案，设置比例为 60，使用比例为 60 的图案填充下方最大的区域，如图 6-113 所示，到此图案填充就完成了。

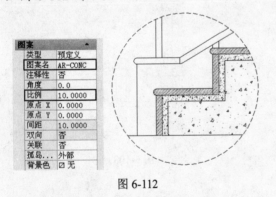

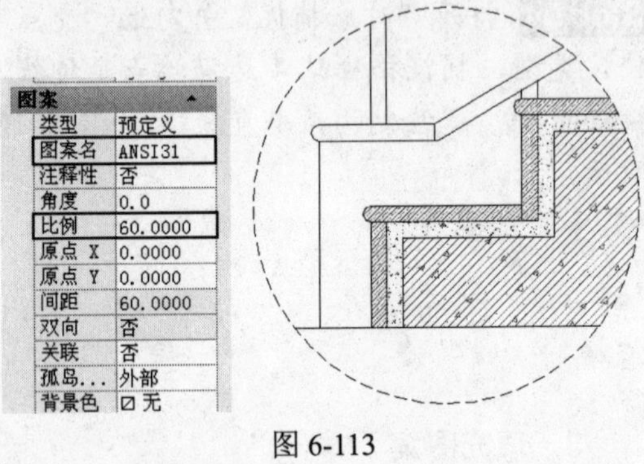

图 6-112

图 6-113

4. 标注尺寸

由于默认的标注样式比例较小，标出来的尺寸看不清楚，所以在标注之前要设置好标注样式。

Step 01 选择"格式>标注样式"菜单命令，新建一个标注样式，设置符号和箭头为"建筑标记"，大小为 1，如图 6-114 所示。

Step 02 切换到"文字"选项卡，设置文字高度为 2，"从尺寸线偏移"为 0.5，"文字对齐"方式设置为"与尺寸线对齐"，如图 6-115 所示。

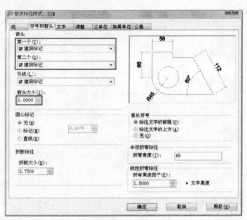

图 6-114

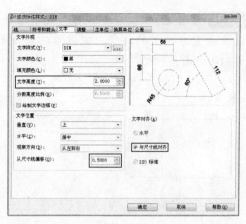

图 6-115

Step 03 切换到"调整"选项卡，这里最重要的参数是"使用全局比例"，当发现尺寸标注大小不合适时，只需要修改该参数即可，可以不用去逐一更改其他参数，具体设置如图 6-116 所示。

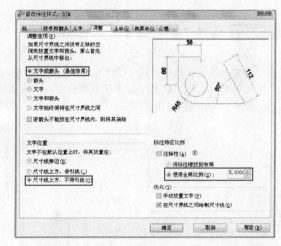

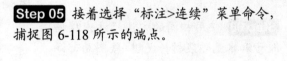

图 6-116

Step 04 参数设置好之后，开始标注图形的尺寸。选择"标注>线性"菜单命令，先捕捉图 6-117 所示的两个端点，标注出第一个尺寸。

Step 05 接着选择"标注>连续"菜单命令，捕捉图 6-118 所示的端点。

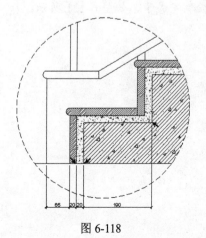

图 6-117

图 6-118

Step 06 重复选择"标注>线性"菜单命令，标注出垂直方向上的尺寸，完成后的效果如图 6-119 所示。

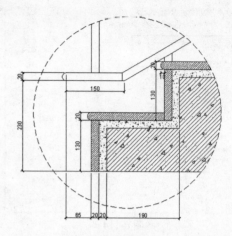

图 6-119

Step 07 选择"标注>多重引线"菜单命令，标注出栏杆的材料说明，命令提示如下：

命令: _mleader
指定引线箭头的位置或 [引线基线优先(L)/内容优先(C)/选项(O)] <选项>:
指定引线基线的位置: //指定了引线位置后，系统会弹出文本框，在此输入要标注的文字，并设置好文字大小，如图 6-120 所示。

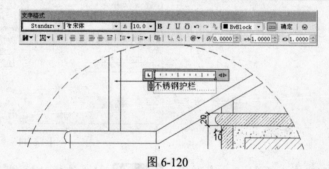

图 6-120

Step 08 使用相同的方法标注出楼梯踏步和水泥砂浆材料说明，楼图局部详图就绘制完成了，如图 6-121 所示。

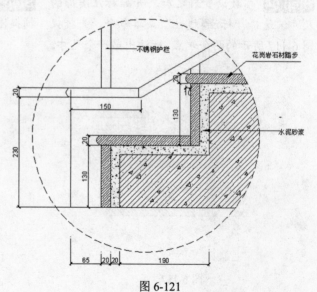

图 6-121

6.6 尺寸标注的编辑

对于图形中已经标注好的尺寸，用户仍可以进行修改编辑。比如，可以使用基本编辑命令对尺寸标注进行移动、复制、删除、旋转和拉伸等常见的编辑操作。除此之外，还可以使用专门的尺寸标注编辑命令，对尺寸标注进行修改、改变特性等编辑工作。

6.6.1 Dimedit 命令

可以使用 Dimedit 命令对尺寸标注进行修改，命令提示如下。

命令: Dimedit ✓
输入标注编辑类型[默认（H）/新建（N）/旋转（R）/倾斜（O）]<默认>:

各选项的含义如下。

- 默认（H）：移动尺寸文本到默认位置。
- 新建（N）：选择该选项将弹出 "文字格式" 工具栏。用户可使用该工具栏输入新的尺寸文本，然后单击 "确定" 按钮关闭工具栏。
- 旋转（R）：旋转尺寸文本。
- 倾斜（O）：调整长度型尺寸标注的尺寸界线的倾斜角度，在绘制轴测图时经常会用到该命令，如图 6-122 所示。

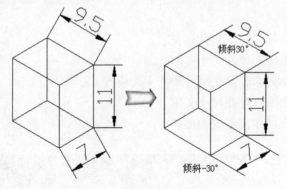

图 6-122

6.6.2 Ddedit 命令

除了可以使用 Dimedit 命令对尺寸文本进行修改编辑外，还可以使用 Ddedit 命令对尺寸文本进行修改编辑，命令提示如下：

命令: Ddedit ✓
选择注释对象或[放弃（U）]:

默认选择为 "选择注释对象或[放弃（U）]"，提示用户选择一个尺寸标注。当选择结束后将弹出 "文字格式" 工具栏，用户可在该工具栏中输入新的尺寸文本，然后单击 "确定" 按钮结束该处的修改。AutoCAD 不断重复以上的提示，以便用户可以连续进行多处修改，直至按【Enter】键结束该命令。

如选择"放弃（U）"，则撤销上一次所做的修改。

> **Tips**
>
> 　　在修改尺寸文本或者用键盘输入尺寸文本时，有些尺寸标注中所用的符号（如直径符号、角度符号等）没有直接对应的键码，因此必须用特定的代码来表示。
> 　　（1）"％％c"表示直径符号"Φ"。
> 　　（2）"％％d"表示角度符号"°"。
> 　　（3）"％％p"表示公差标注中的"±"。

6.6.3　Dimtedit 命令

使用 Dimtedit 命令可以改变尺寸文本的位置，一般包括对尺寸文本进行移动和旋转，命令提示如下。

```
命令: Dimtedit ✓
选择标注:            //选择一个尺寸标注对象
用户选择要进行编辑的尺寸标注后将显示以下提示:
指定标注文字的新位置或 [左（L）/右（R）/中心（C）/默认（H）/角度（A）]:
```

在默认的情况下，用户可用鼠标直接指定尺寸文本的位置，或者选择其中的某一选项。各选项的含义如下。

- 默认（H）：移动尺寸文本到默认位置。
- 左（L）：沿尺寸线左对齐尺寸文本。
- 中心（C）：尺寸文本放置在尺寸线的中间位置。
- 右（R）：沿尺寸线右对齐尺寸文本。
- 角度（A）：改变尺寸文本的角度。

6.7　工程师即问即答

Q： 使用 AutoCAD 打开从别处复制来的图，经常会因为在本机找不到相应的字体，而出现各式各样的乱码。如何替换找不到的原文字体？

A： 复制要替换的字库为将被替换的字库名，如：打开一幅图，提示未找到字体 jd，你想用 hztxt.shx 替换它，那么你可以去找 AutoCAD 字体文件夹(font)，把里面的 hztxt.shx 复制一份，重新命名为 jd.shx，然后在把 XX.shx 放到 font 里面，再重新打开此图就可以了。以后如果你打开的图包含 jd 这类你机子里没有的字体，就再也不会不停地要你找字体替换了。

Q： 如何输入键盘上的符号以外的许多特殊字符？

在文本框中右击，系统会弹出一个快捷菜单，选择菜单中的"符号"选项，在子菜单中选择要插入的字符，如图 6-123 所示。

图 6-123

用户还可以在"字符映射表"对话框中，选择一种字体，单击要使用的字符，然后单击"选择"按钮，再单击"复制"按钮，将字符复制到剪贴板上，如图 6-124 所示。

单击"关闭"按钮返回到"文字格式"工具栏，将光标放置在要插入字符的位置，按【Ctrl＋V】组合键即可将字符从剪贴板上粘贴到当前窗口中。

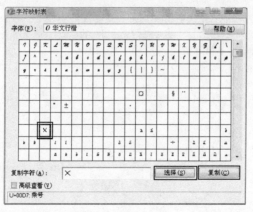

图 6-124

Q：在标注文字时，如何标注上标和下标？

A：上标：编辑文字时，输入 5^，然后选中 5^，单击"文字格式"工具栏中的 ![](堆叠）按钮即可。

下标：编辑文字时，输入 ^5，然后选中 ^5，单击 ![](堆叠）按钮即可。堆叠的使用要主

意两点：一是要有堆叠符号（#、^、/）；二是要把堆叠的内容选中后才可以操作。

Q：标注时使标注离图有一定的距离。

A：执行 DIMEXO 命令，再输入数字调整距离。

Q：如何将图中所有的 STANDADN 样式的标注文字改为 SIMPLEX 样式？

A：可在 ACAD.LSP 中加一句：(vl-cmdf ".style" "standadn" "simplex.shx")。

Q：如何修改尺寸标注的关联性？

A：改为关联，选择需要修改的尺寸标注，执行 DIMREASSOCIATE 命令即可；改为不关联，则选择需要修改的尺寸标注，执行 DIMDISASSOCIATE 命令即可。

第07章
室内设计与工程制图基础

为了使图样正确无误地表达设计者的意图，图样的画法就要遵循一定的规则，本章将主要介绍国内建筑设计制图规范和标准。

学习重点

- 图纸幅面及格式
- 图签的常用尺度
- 符号的设置
- 尺寸与文字标注规范
- 比例的设置

7.1 室内设计基础知识

本节将介绍设计的基本理论知识，使读者对室内设计有一个初步的认识。

7.1.1 室内设计的含义

室内设计是指根据建筑物的使用性质、所处环境和相应标准，运用物质技术手段和建筑美学原理，创造功能合理、舒适优美、满足人们物质和精神生活需要的室内环境。这样的空间环境既具有使用价值，满足相应的功能要求，同时也反映了历史文脉、建筑风格、环境气氛等精神因素。

现代室内设计既包括视觉环境和工程技术方面的问题，也包括声、光、热等物理环境以及氛围、意境等心理环境和文化内涵等内容。现代室内设计更加重视其与环境、生态、人文等方面的关系。

7.1.2 室内设计的内容

室内设计的内容包括：根据使用和造型要求、原有建筑结构的已有条件，对室内空间进行组织、调整及再创造；对室内平面功能的分析和布置；对实体的地面、墙面、顶棚等各界面的线型和装饰设计；根据室内环境的功能性质和需要，烘托适宜的环境氛围，协同相关专业，对采光、照明、控温等进行设计；按使用和造型要求，确定室内色调与色彩配接的构造与做法；还需要协调室内环境和水电等设施要求，以及考虑家具、灯具、陈设、标识、室内绿化等的选用、设计和布置。

7.1.3 室内设计的相关因素

室内设计包括下面一些相关因素。

1. 室内空间组织和界面处理

室内设计的空间组织，包括平面布置，首先需要对原有建筑设计的意图充分理解，对建筑物的总体布局、功能分析、人流动向以及结构体系等有深入的了解，在室内设计时对室内空间和平面布置予以完善、调整或再创造。室内空间组织和平面布置，也必然包括对室内空间各界面围合方式的设计，如图 7-1 和图 7-2 所示。

图 7-1

室内界面处理，是指对室内空间的各个围合——地面、墙面、隔断、平顶等各界的使用功能和特点的分析，界面的形状、图形线脚、肌理构成的设计，以及界面和结构的连接构造，界面和风、水、电等管线设施的协调配合等方面的设计。如图 7-3 所示，该中餐厅以海洋为主题，围绕序列柱形，以两个方向连续的弧形强烈地勾勒出空间动感和"水"的流线概念。

图 7-2

图 7-3

附带需要指明的一点是，界面处理不一定要做"加法"。从建筑的使用性质、功能特点方面考虑，一些建筑物的结构构件，也可以不加装饰，作为界面处理的手法之一，这正是单纯的装饰和室内设计在设计思路上的不同之处。

室内空间组织和界面处理，是确定室内环境基本形体和线形的设计内容，设计时以物质功能和精神功能为依据，考虑相关的客观环境因素和主观的身心感受。

2. 室内光照、色彩设计和材质选用

正是由于有了光，才使人眼能够分清不同的建筑形体和细部，光照是人们对外界视觉感受的前提。

室内光照是指室内环境的天然采光和人工照明，光照除了能满足正常的工作生活环境的采光，照明要求外，光照和光影效果还能有效地起到烘托室内环境气氛的作用。例如，图 7-4 为自然采光，图 7-5 所示为人工照明的效果。

色彩是室内设计中最为生动、最为活跃的因素，室内色彩往往给人们留下室内环境的第一印象。色彩最具表现力，通过人们的视觉感受产生的生理、心理和类似物理的效应，形成丰富的联想、深刻的寓意和象征。

图 7-4

图 7-5

光和色不能分离，除了色光以外，色彩还必须依附于界面、家具、室内织物、绿化等物

体。室内色彩设计需要根据建筑物的性格、室内使用性质、工作活动特点、停留时间长短等因素，确定室内主色调，选择适当的色彩配置。

一般办公空间多采用淡雅、宁静以黑、白、灰"无色体系"为主，例如图 7-6 所示的会议厅；而娱乐休闲空间一般采用活泼、兴奋等高彩色系，例如图 7-7 所示的 KTV。

图 7-6 图 7-7

材料质地的选用，是室内设计中直接关系到实用效果和经济效益的重要环节，巧于用材是室内设计中的一大学问。饰面材料的选用，同时具有满足使用功能和人们身心感受这两方面的要求，例如坚硬、平整的花岗石地面，平滑、精巧的镜面饰面，轻柔、细软的室内纺织品，以及自然、亲切的本质面材等等。不同装饰材料的使用，将带来截然不同的视觉感觉，如图 7-8~图 7-10 所示。

室内设计毕竟不能停留于一幅彩稿，设计中的形、色，最终必须和所选"载体"——材质，这一物质构成相统一，在光照下，室内的形、色、质融为一体，赋予人们以综合的视觉心理感受。

3. 室内内含物——家具、陈设、灯具、绿化等的设计和选用

家具、陈设、灯具、绿化等室内设计的内容，相对地可以脱离界面布置于室内空间里，在室内环境中，实用和观赏的作用都极为突出，通常它们都处于视觉中显著的位置，家具还直接与人体相接触，感受距离最为接近。家具、陈设、灯具、绿化等对烘托室内环境气氛，形成室内设计风格等方面起到举足轻重的作用，如图 7-11 和图 7-12 所示。

图 7-8 图 7-9

图 7-10   图 7-11

　　室内绿化在现代室内设计中具有不能代替的特殊作用。室内绿化具有改变室内小气候和吸附粉尘的功能，更为主要的是，室内绿化使室内环境生机勃勃，带来自然气息，令人赏心悦目，起到柔化室内人工环境，在高节奏的现代社会生活中具有协调人们心理使之平衡的作用，如图 7-13 和图 7-14 所示。

图 7-12   图 7-13

图 7-14

上述室内设计内容所列的三个方面，其实是一个有机联系的整体：光、色、形体让人们能综合地感受室内环境，光照下界面和家具等是色彩和造型的依托"载体"，灯具、陈设又必须和空间尺度、界面风格相协调。

7.1.4 室内设计的方法

室内设计的方法，这里着重从设计者的思考方法来分析，主要有以下几点：

1．大处着眼、细处着手，总体与细部深入推敲

大处着眼，即是如第一章中所叙述的，室内设计应考虑的几个基本观点。这样，在设计时思考问题和着手设计的起点就高，有一个设计的全局观念。细处着手是指具体进行设计时，必须根据室内的使用性质，深入调查、收集信息，掌握必要的资料和数据，从最基本的人体尺度、人流动线、活动范围和特点、家具与设备等的尺寸和使用它们必需的空间等着手。

2．从里到外、从外到里，局部与整体协调统一

建筑师 A·依可尼可夫曾说："任何建筑创作，应是内部构成因素和外部联系之间相互作用的结果，也就是'从里到外'、'从外到里'。"

室内环境的"里"，以及和这一室内环境连接的其他室内环境，以至建筑室外环境的"外"，它们之间有着相互依存的密切关系，设计时需要从里到外，从外到里多次反复协调，务使更趋完善合理。室内环境需要与建筑整体的性质、标准、风格，与室外环境相协调统一。

3．意在笔先或笔意同步，立意与表达并重

意在笔先原指创作绘画时必须先有立意，即深思熟虑，有了"想法"后再动笔，也就是说设计的构思、立意至关重要。可以说，一项设计，没有立意就等于没有"灵魂"，设计的难度也往往在于要有一个好的构思。具体设计时意在笔先固然好，但是一个较为成熟的构思，往往需要足够的信息量，有商讨和思考的时间，因此也可以边动笔边构思，即所谓笔意同步，在设计前期和出方案过程中使立意、构思逐步明确，但关键仍然是要有一个好的构思。

对于室内设计来说，正确、完整，又有表现力地表达出室内环境设计的构思和意图，使建设者和评审人员能够通过图纸、模型、说明等，全面地了解设计意图，也是非常重要的。在设计投标竞争中，图纸质量的完整、精确、优美是第一关，因为在设计中，形象毕竟是很重要的一个方面，而图纸表达则是设计者的语言，一个优秀室内设计的内涵和表达也应该是统一的。

7.1.5 室内设计的程序步骤

室内设计根据设计的进程，通常可以分为四个阶段，即设计准备阶段、方案设计阶段、施工图设计阶段和设计实施阶段。

1．设计准备阶段

设计准备阶段主要是接受委托任务书，签订合同，或者根据标书要求参加投标；明确设计期限并制定设计计划进度安排，考虑各有关工种的配合与协调。

明确设计任务和要求，如室内设计任务的使用性质、功能特点、设计规模、等级标准、

总造价，根据任务的使用性质所需创造的室内环境氛围、文化内涵或艺术风格等。

熟悉设计有关的规范和定额标准，收集分析必要的资料和信息，包括对现场的调查踏勘以及对同类型实例的参观等。

在签订合同或制定投标文件时，还包括设计进度安排，设计费率标准，即室内设计收取业主设计费占室内装饰总投入资金的百分比。

2. 方案设计阶段

方案设计阶段是在设计准备阶段的基础上，进一步收集、分析、运用与设计任务有关的资料与信息，构思立意，进行初步方案设计，深入设计，进行方案的分析与比较。

确定初步设计方案，提供设计文件。室内初步方案的文件通常包括：

① 平面图，常用比例 1：50，1：100。

② 室内立面展开图，常用比例 1：20，1：50。

③ 平顶图或仰视图，常用比例 1：50，1：100。

④ 室内透视图。

⑤ 室内装饰材料实样版面。

⑥ 设计意图说明和造价概算。

初步设计方案需经审定后，方可进行施工图设计。

3. 施工图设计阶段

施工图设计阶段需要补充施工所必要的有关平面布置、室内立面和平顶等图纸，还需包括构造节点详细、细部大样图以及设备管线图，编制施工说明和造价预算。

4. 设计实施阶段

设计实施阶段也即是工程的施工阶段。室内工程在施工前，设计人员应向施工单位进行设计意图说明及图纸的技术交底；工程施工期间需按图纸要求核对施工实况，有时还需根据现场实况提出对图纸的局部修改或补充；施工结束时，会同质检部门和建设单位进行工程验收。

为了使设计取得预期效果，室内设计人员必须抓好设计各阶段的环节，充分重视设计、施工、材料、设备等各个方面，并熟悉、重视与原建筑物的建筑设计、设施设计的衔接，同时还须协调好与建设单位和施工单位之间的相互关系，在设计意图和构思方面取得沟通与共识，以期取得理想的设计工程成果。

7.2 室内设计工程图主要内容和特点

本节将着重介绍室内工程图的内容与绘制方法，如平面图、立面图以及剖面图等。室内设计是在建筑设计提供的各种空间之内进行的。

按基本建筑工作的一般程序，室内设计应在建筑设计完成后进行。即室内设计师在进行设计时，已有建筑设计施工图，甚至还能看到已经竣工的建筑(改建工程更是如此)。如果在设计前拿不到建筑设计施工图，室内设计师只能与建筑师一起，就整个建筑和内部环境的标准、风格和特点等交换意见，从思路上为方案设计做准备，而无法进行施工图设计，更无法绘制施工图。

这一情况表明，室内设计既受建筑设计的制约，又有相对的独立性。受制约，表现在它只能在建筑设计提供的空间内部搞设计，墙、柱、板等是不能随便改动的；相对独守，表现在它可以在空间内部"任意驰骋"，无须更多地去研究结构方案、楼电梯等建筑主体方面的问题。

室内设计的主要工作是在建筑主体内组织空间，配置家具与陈设，装修地面、墙面、柱面、顶棚等界面，确定照明方式、灯具的类型和位置，选用或设计壁画、雕塑、挂毯、绘画以及山石、水体、绿化等饰物和景物。

室内设计工程图要全面反映室内设计的各项成果，但已经绘制在建筑设计工程图中，与室内设计又无密切关系的内容则无须重复反映和绘制。

根据这一思路，在室内设计工程图中：

● 无须重复标注门窗编号和洞口尺寸。

● 无须表示墙、楼板、地面的具体构造。

● 无须表示墙内的烟道与通风道。

● 无须表示室外台阶、坡道、散水与明沟等。

在一般情况下，也无须重复绘制和标注所有的轴线和轴线号。

常用室内设计工程图，应包括以下图样。

1．平面图

表示墙、柱、门、窗、洞口的位置和门的开启方式；表示室内的家具、陈设和地面的做法；表示卫生洁具、山水绿化和其他固定设施的位置和形式；表示屏风、隔断、花格、帷幕等空间分隔物的位置和尺寸；表示地坪标高的变化及坡道、台阶、楼梯和电梯等。

2．剖面图(立面图)

表示墙面、柱面的装修做法；表示门、窗及窗帘的位置和形式；表示隔断、屏风、花格的外观和尺寸；表示墙面、柱面上的灯具，挂画、壁画、浮雕等装饰；表示山石、水体、绿化的形式；有时还应在一定程度上表示出顶棚的做法和其上的灯具。

3．顶棚平面图

表示顶棚的形式和做法：表示顶棚上的灯具，通风口、扬声器和浮雕等装饰。

4．地面平面图

当地面做法比较复杂时，要单独绘制地而平面图，表示地面的形式(用图案表示)、用料和颜色，还要同时表示尚定在地面上的水池、假山等景物。

5．详图

包括构配件的详图和某些局部的放大图。如柱子详图、墙面详图、隔断详图等。如果专门设计家具和灯具，还要相应地绘制家具图和灯具图。

7.3 平面图的内容与画法

平面图是室内设计工程图的主要图样，大型工程项目的平面图主要包括总平面图、平面尺寸图，平面布置图和防火平面图。

7.3.1 平面图的形成

平面图是室内设计工程中的主要图样。从制图角度看，它实际上是一种水平剖面图。就是用一个假想的水平剖切面，在窗台上方，把房间切开，移去上面的部分，由上向下看，对剩余部分画正投影图。

室内设计工程图中的平面图与建筑工程图中的平面图的形成方法完全相同。如果有区别，主要是表现在内容上：建筑平面图主要表示建筑实体，包括墙、柱、门、窗等构配件；室内平面图则主要表示室内环境要素，如家具与陈设等。室内平面图的范围，以房间内部为主。因此，在多数情况下，均不表示室外的东西，如台阶、散水，明沟与雨篷等。

7.3.2 平面图的主要内容

1. 各种平面图均要显示的内容

① 原有建筑被保留下来的和新增的柱与墙、主要轴线与编号、轴线间的尺寸和总尺寸。

② 最后确定下来的墙、柱、门、窗、楼梯、电梯、自动扶梯、管道井、阳台和屋顶平台，各个房间的名称。

③ 各种固定的隔断、厨房及厕所设备、花台、水池及橱柜等。

④ 楼地面的标高、楼梯平台的标高。

⑤ 图名、比例、索引符以及相关的编号。

2. 总平面图

总平面图的内容除符合上述要求外，还应标注指北针，书写必要的说明，并表示出各主要空间的家具与陈设。由于各主要空间往往要另画平面布置图，故总平面图中的家具和陈设可以画得简单些。

3. 平面布置图

平面布置图是室内设计工程图中的主要图样之一，也是几种平面图中内容相对复杂的一个图样。除第 1 条所述内容外，还应有：

① 显示空间组合的各种分隔物，如隔断、花格、屏风、帷幕、栏杆和隔墙等，各种门、窗、景门、景窗的位置和尺寸。

② 各式家具及楼地面上和家具之上的陈设，如电视机、冰箱、台灯、盆花、鱼缸等，并要标注主要定位尺寸及其他必要的尺寸。对一些有门的橱柜，还应表示出橱柜门的开启方向。

③ 各种自然景物，包括喷泉、水池、瀑布等水景，峰石、散石、步行等石景，草坪、花木等栽植，道路、台阶及园灯等，并要标注主要定位尺寸及其他必要的尺寸。

④ 更加齐全的、具体的厨具和洁具，并标注其定位尺寸和其他必要的尺寸。

⑤ 不同地面的标高及不同地面材料的分界线。

4. 平面尺寸图

当工程项目比较复杂，特别是新增的墙、柱、门、窗等构配件较多时，应专门绘制一个能够清晰地反映整个结构和各种构配件的平面尺寸图。平面尺寸图中，应有固定的设备与设

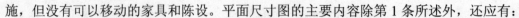

施，但没有可以移动的家具和陈设。平面尺寸图的主要内容除第 1 条所述外，还应有：

① 原有和新增墙等构件的定位尺寸、自身尺寸、材料和做法。

② 原有和新增楼梯、电梯、自动扶梯、管道井、栏杆、台阶、坡道等的定位尺寸、自身尺寸、材料和做法。

③ 原有和新增门、窗，洞口、固定隔断、固定家具、固定设备及装饰造型的定位尺寸、自身尺寸、材料和做法。

5．防火平面图

对于防火要求较高的工程项门，应专门绘制反映防火要求的防火平面图。防火平面图应表明防火分区、消防通道、防火门、消防电梯、疏散楼梯、防火卷帘、消火栓和消防监控中心的位置、定位尺寸及相关的尺寸，并要标注必需的材料和型号。

从以上介绍可以看出，平常所说的平面图，实际上可以细分为总平面图、平面布置图、平面尺寸图和防火平面图。但这并不是说任何工程项目都要同时绘制如此之多的图样，对于一些规模不大、内容相对简单和防火要求不高的工程项目有时只要画一个笼而统之的"平面图"也就够用了。

7.3.3 平面图的画法

室内设计工程图的平面图与建筑设计工程图中的平面图的画法基本相同，这里，仅对一些基本要素的画法作一个扼要的提示。

在平面图中，墙与柱应用粗实线绘制，因为它们都是用假定的水平剖切面剖到的构件。

1．墙与柱

当墙面、柱面用涂料、壁纸及面砖等材料装修时，墙、柱的外面可以不加线。当墙面、柱面用石材或木材等材料装修时，就要参照装修层的厚度，在墙、柱的外面加画一条细实线。当墙、柱装修层的外轮廓与柱子的结构断面不同时，如直墙被装修成折线墙、方柱被包成圆柱或八角柱时，一定要在墙、柱的外面用细实线画出装修层的外轮廓，如图 7-15 所示。

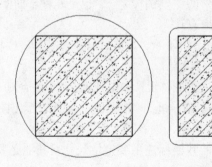

图 7-15

在比例尺较小的图样中，墙、柱不必画砖、混凝土等材料图例。为使图样清晰，可将钢筋混凝土墙、柱涂成黑颜色，如图 7-16 所示。

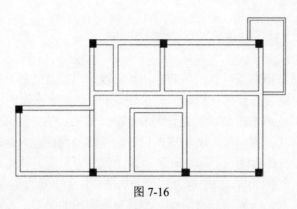

图 7-16

不同材料的墙体相接或相交时，相接及相交处要画断，如图 7-17（左图）所示。反之，同种材料的墙体相接或相交时，则不必在相接与相交处画断，如图 7-17（右图）所示。

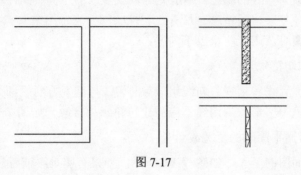

图 7-17

2．门与窗

在平面图上需按设计位置、尺寸和规定的图例画出门、窗，包括高窗和门洞。一般情况下，可以不标注门窗号。在比例尺较小的图样中，门扇可用单线（中粗线）表示，且可不画开启方向线；在比例尺较大的图样中，为使图面丰富、耐看，富有表现力，可将门扇画出厚度，并加画开启方向线。

3．家具与陈设

这里所说的家具包括可移动的家具和固定家具，即日常生活巾使用的桌、椅、床、柜、沙发和家用电器，如电视、冰箱等。这里所说的陈设是指盆花、立灯、鱼缸等。

在比例尺较小的图样中，可按图例绘制家具与陈设。没有统一图例的，可画出家具与陈设的外轮廓，但应加以简化。在比例尺较大的图样中，可按家具与陈设的外轮廓绘制它们的平面图，并视情况加画一些具有装饰意味的符号，如木纹、织物图案等。

7.4 剖面图的内容与画法

在室内设计中，设计者可用两种不同的图样反映垂直界面的状况：一种是剖面图，另一种是立面图。常说的剖面图，包括表示空间关系的大剖面图和表示构配件具体构造的局部剖面图。本章所说的剖面图是表示空间关系的大剖面图。下面，依次介绍剖面图的形成、内容与画法。

7.4.1 剖面图的形成

这里所说的剖面图是指房屋建筑的垂直剖面图。就是用假想的竖直平面剖切房屋，移去靠近观察者的部分，对剩余部分按正投影原理绘制，正投影图。剖面图应包括被垂直削切面剖到的部分，也应包括虽然未剖到，但能看到的部分，如门、窗、家具，设备与陈设等。

剖面图的数量与削切位置，依房屋和室内设计的具体情况而定。总的说来，应以充分表示结构、构造、家具、设备和陈设，即充分表达设计意图为原则。从道理上说，有一个垂直界面，就应相应地画一个剖面图。如平面为矩形的房屋，有 4 个垂直界面，应画 4 个剖面图。但在设计实践中，可能有一些界面非常简单，没有单独画图的必要。在这种情况下，即便是有 4 个垂直界面的房屋，也可能只画 3 个、2 个或 1 个剖面图。

剖切位置应选在最为有效的部位，即能充分反映室内的空间、构件以及装饰、装修的部位，能把室内设计中最复杂、最精彩、最有代表性的部分表示出来。

在具体绘制剖面图时，还应注意以下问题：

1. 要正确标注剖切符号

剖切符号由剖切位置线和剖视方向线组成。剖切线与剖视方向线都是短粗线，它们垂直相交，呈曲尺形而不呈十字形，剖切线不应与建筑轮廓相接触，如图 7-18 所示。

2. 剖切面最好贯通平面图的全宽或全长

剖切面府贯通平面图的全长，如图 7-18 所示，如果有困难，或者没必要，也要贯通某个空间的全宽或全长，即保证剖面图的两侧均有被剖的墙体，如图 7-18 所示。要避免剖切面从空间的中间起止。因为这种情况下产生的剖面图两侧无墙，范围不明确，容易给人以误解，如图 7-18 所示。

3. 剖切面不要穿过柱子和墙体

削切面不要从柱子和墙体的中间穿过，如图 7-18 所示。因为按这种剖切位置画出来的剖面图，不能反映柱、墙的装修做法，也不能反映柱面与墙面上的装饰与陈设。

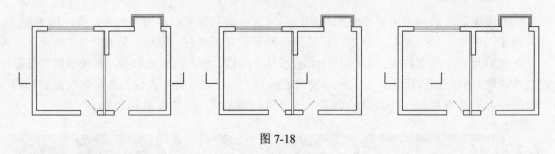

图 7-18

4. 剖切面转折

剖切面转折时，按制图标准的规定，应在转折处画转折线，并最多转折一次。按此剖切位置画出来的剖面图，不要在剖切面转折处出现分界线。因为剖切面是假想的，而不是实际存在的，如图 7-19 所示。

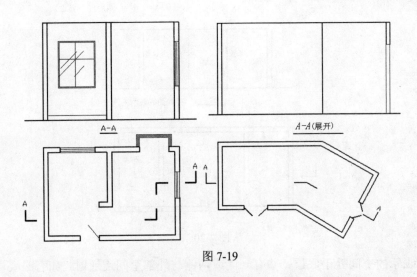

图 7-19

7.4.2 剖面图的主要内容

- 轴线、轴线编号、轴线间尺寸和总尺寸。
- 被剖墙体及其上的门、窗、洞口，顶界面和底界面的内轮廓，主要有标高、空间净高及其他必要的尺寸。
- 被剖固定家具、固定设备、隔断、台阶、栏杆及花槽、水池等，它们的定位尺寸及其他必要的尺寸。
- 按剖切位置和剖视方向可以看到的墙、柱、门、窗、家具、陈设(绘画、雕塑、盆景、鱼缸等)及电视机、冰箱等，它们的定位尺寸及其他必要的尺寸。
- 垂直界面(墙、柱等)的材料与做法。
- 索引符及编号。
- 图名与比例。

7.4.3 剖面图的画法

室内设计工程图中的剖面图应按以下提示绘制。

1. 被剖墙体

被剖墙体要用粗实线表示，并要按统一规定的图例画出墙上的门、窗和孔洞。在比例尺较小的剖面图中，不必画材料图例。断面较窄的钢筋混凝土墙、板，可以涂成黑色。

2. 被剖底界面

作为底界面的楼地面，只要用一条粗实线表示出上表面即可，无须表示厚度、做法和材料。这条粗实线与两边的墙线相接，也可以拉成一条贯通线（即基线），如图 7-20 所示。

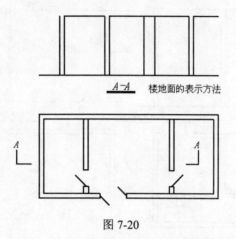

图 7-20

当所要表示的空间处于底层，并有一侧或两侧与外部空间连通时，如有必要，应分别表示出室内外地坪，并标注标高，交待它们的关系。

7.5 立面图的内容与画法

立面图也是用来表示垂直界面的。它与剖面图功能类似，内容相仿，但由于基本概念不同，画法也有一些不同。

7.5.1 立面图的概念

室内设计工程图中的立面图，是一种与垂直界面平行的正投影图。它能够反映垂直界面的形状、装修做法和其中的陈设，是室内设计中不可缺少的图样。

7.5.2 立面图的应用

在室内设计中，究竟用剖面图还是用立面图表示垂直界面，不同国家、不同地区和不同设计者各有不同的习惯。单从传达信息角度看，两种图样都是可用的。但如果仔细做些分析，两者还是各有长短。总的看来，剖面图在表达总体环境，即图示空间与相邻空间的关系上，要比立面图表达得确切和清楚。具体地说，剖面图的好处是可以确切而清楚地表示出图示空间与相邻空间的关系、左右墙上的门窗或洞口、楼板的做法以及楼板与吊顶的关系。但画起来工作量稍大。立面图的特点则与此相反，即不易看出图示空间与相邻空间的关系，但制图工作量小，截取画面也较灵活。我国的室内设计是近年来从建筑设计中分离出来的，由于建筑设计工作者习惯采用剖面图，故前些年的室内设计工程图中，多用剖面图。近几年，室内室内设计工程图中，一般都用立面图。

7.5.3 立面图的图名

立面图下应标注图名和比例尺。常用的标注方法有三种,如图 7-21 所示。其中的第二种方法,能够指明平面图所在的图纸号,便于查到。

立画图与剖面图的主要区别是:剖面图是用竖直剖切面剖切后形成的,图中必须有被剖的侧墙及顶部楼板和顶棚。而立面图是直接绘制垂直界面的正投影图,不必画左右侧墙及楼板,只要画出左右墙的内表面,底界面的上表皮和顶界面的下表皮即可,它们围合成该垂直界面的轮廓,而轮廓里面的内容与画法则与剖面图的内容和画法完全相同,如图 7-22 所示。

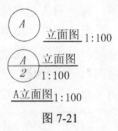

图 7-21

图 7-22

随着设计工作者队伍的扩大,从事室内设计的已不局限于建筑设计工作者,再加上许多境外室内设计工作者,习惯使用立面图,故我国室内设计工作者,也逐渐多用立面图而少用剖面图。

笔者认为,在目前情况下,两种图示方法均可使用,但由于立画图毕竟画起来简单省事,应该逐步加以推广,以至最后代替剖面图。至于空间之间的关系,可从平面图和相关图纸中去领悟。

画立面图要把主要竖向尺寸和标高(如顶棚下表面的标高)注齐全,这也将有助于把垂直界面与房屋结构的关系搞清楚。

7.5.4 立面图的选取

选取立面图,应使图示范围非常明确。当垂直界面较长,而某个部分又用处不大时,允许截选其中的一段,并在断掉的地方画折断线,如图 7-23 所示。

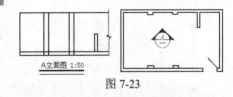

图 7-23

7.6 顶棚平面图的内容与画法

7.6.1 顶棚平面图的形成

顶棚平面图又称天花平面图,其形成方法与房屋建筑平面图的形成方法基本相同,不同之处是投影方向恰好相反。

一般房屋平面图实际上是房屋的水平剖面图。它是用假想水平剖切面从窗台上方把房屋剖开，移去上面的部分后，所形成的正投影图。如果移去下面的部分，向顶棚方向看，并按正投影原理画图，就是顶棚平面图。由此可知，一般房屋平面图和顶棚平面图都是水平剖面图，只是前者是向地面方向作投影，后者是向顶棚方向作投影，方向是相反的。

表示顶棚（顶界面）时，除了使用常说的顶棚平面图即水平剖面图外，也可使用相当于立画图的图样，这就是所谓的仰视图。表示顶棚的剖面图是水平剖面图，习惯上叫"顶棚平面图"。表示顶棚的仰视图，习惯上也叫"顶棚平面图"，两者唯一的区别是：前者画墙身剂面（含其上的门、窗、壁柱等），后者不画，只画顶棚的内轮廓，如图 7-24 所示。

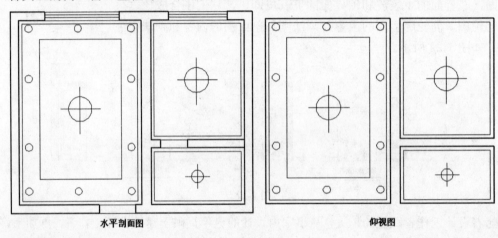

水平剖面图　　　　　　　　　　　　　　仰视图

图 7-24

从制图原理上看，上述两种图示方法都是合理的，也都是可用的。但笔者赞同推广第一种图示方法，即按画水平剖面图的方法画顶棚平面图，因为这种图样容易显示所画空间与周围结构和周围空间的关系，当所画空间由多个空间组成时，尤其显得完整。

7.6.2　顶棚平面图的主要内容与画法

顶棚平面图应有以下内容：
- 被水平削切而剖到的墙柱和壁柱。
- 墙上的门，窗与洞口。
- 顶棚的形式与构造。
- 顶棚的灯具、风口、自动喷淋、扬声器、浮雕及线角等装饰，它们的名称、规格和能够明确其位置的尺寸。
- 顶棚及相关装饰的材料和颜色。
- 顶棚底面及分层吊顶底面的标高。
- 索引符号及编号。
- 图名与比例。

下面，就主要部分的画法做更为具体的说明。

7.6.3 墙与柱

被剖到的墙与柱，要用粗实线绘制。在一般情况下，不必画材料图例，也不必涂黑，如图 7-25（左）所示。常用顶棚平面图比例尺较小，大多在 1：100 以下。因此，可不画粉刷层。如果墙面或柱面用木板或石板等包装，而且较厚，可参照包装层的厚度，在外边加画一条细实线，如图 7-25（中）所示。有些顶棚，在墙身与顶棚的交接处做线脚（一般为木线脚或石膏线脚），如果可能，可画一条细实线，表示其位置，如图 7-25（右）所示。

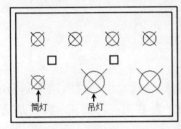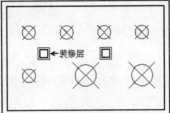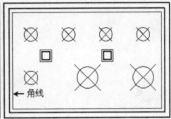

图 7-25

7.6.4 门与窗

如何在顶棚平面图上表示门窗，应从制图原理的角度作具体分析。从整体上说，顶棚平面图中的门窗画法与一般房屋平面图中的画法是一样的。但在目前流行图纸中，门窗的画法确实存在繁简不一的情况。

前面说过，顶棚平面图是一种水平剖面图。研究门窗画法，应以不违背这个前提为原则。

水平剖面图是由水平剖切面削切房屋之后形成的。但水平剖切面的位置不同，剖切到的内容不同，门窗的表示方法也不同。水平剖切面的位置，有以下三种情况：

（1）水平剖切面略高于窗台，墙上的门窗洞口除少数高窗外，全部被剖，如图 7-26（a）所示。这是最常见的情况，在建筑制图中也最有代表性。在这种情况下，顶棚平面图的画法与一般房屋平面图的画法基本一致，只是由于顶棚平面图是由下往上看，对于窗子来说，除被剖的窗扇外，还有窗过梁的内外边缘线，而不是窗台的内外边缘线，对门而言，除被剖门扇外，还有门过梁的内外边缘线，而不是地面或门坎（习惯上常常省略门扇及开启方向线）。

（2）水平剖切面经过窗子，但高于门的上沿，如图 7-26（b）所示，这时，窗子的画法与第一种情况完全一样。至于门，由于未被剖切，可以不作表示，但在相当多的图纸中，为了能把门洞的位置表示清楚，常在门洞两侧画虚线。这种做法，并不完全符合正投影原理，而是一种习惯做法，其情况与在建筑平面图中用虚线表示高窗相似。

（3）水平剖切面既高于门的上沿也高于窗的上沿，如图 7-26（c）所示。此时，由于门窗全不被剖，可只画墙身，不画门窗口，或在门窗口处画虚线。

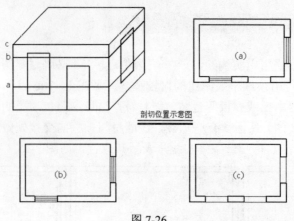

剖切位置示意图

图 7-26

上述三种情况中，第二种情况是一种比较特殊的情况，根据这种情况绘制的顶棚平面图，很难清楚地表明空间与相关环境的关系，故工程实践中常用第一种和第三种画法，特别是第一种画法。

7.6.5 楼梯和电梯

楼梯要画出楼梯间的墙，电梯要画出电梯井，但可以不画楼梯踏步和电梯符号，即不画轿厢和平衡重。

7.6.6 顶棚造型

按正投影原理，顶棚上的浮雕、线脚等均应画在顶棚平面图上。但有些浮雕或线脚可能比较复杂，难于在这个比例尺较小的平面图中画清楚，为此，可以用示意的方式表示。如周边石膏线脚或木线脚，可以简化为一两条细线，浮雕石膏花等可以只画大轮廓等，然后再另画大比例尺的详图表示之。

灯具也要采用简化画法。如筒灯可画一个小圆圈，吸顶灯只画外部大轮廓，但大小与形状应与灯具的真实大小和形状相一致。

通风口、烟感器和自动喷淋等，按理应该画在图纸上，如果由于工种配合上的原因，后续工种一时提不出具体资料，也可不画。

7.7 地面平面图的内容与画法

7.7.1 地面平面图的概念

地面平面图是表示地面做法的图样。当地面做法非常简单时，可以不画地面平面图，只要在房屋建筑平面图上标注地面做法就行了，如标注"满铺复合实木地板"。如果地面做法较复杂，既有多种材料，又有多变的图案和颜色，就要专门画一个地面平面图。

地面平面图的形成方法与一般房屋建筑平面图的形成方法完全一样。不同点仅仅在于地面平面图上不画家具与陈设。换句话说，地面图不只表示地面做法和固定于地面的设备与设施。

7.7.2 地面平面图的内容

地面平面图同一般房屋建筑平面图一样，须画墙、柱、壁柱、门、窗、洞口、楼梯、电梯、自动扶梯、斜坡和踏步等。

但重点内容是地面的形式，诸如分格和图案等。此外，还要画出地面上的固定家具、设备与造景，如水池、喷泉、瀑布、假山、花槽、花台、卫生器具和固定的柜台等。

要标注各种材料的名称、规格和颜色。如作分格，要标注分格的大小。如作图案，要标注尺寸，达到能够放样的程度。当图案过于复杂时，可另画详图，此时，应在平面图上注出详图索引符号。

地面平面图应标注标高，如果地面有几种不同标高，更要注清楚。

7.7.3 地面平面图的简略画法

有些地面，图案简单而有规律，只要画一小部分，即可让人了解地面的全貌。对于这种地面，可以不作专门的地面平面图，只要在一般房屋建筑平面图中，找一块不被家具、陈设遮挡，又能充分表示地面做法的地方，画出一部分，标注上材料、规格、颜色就行了，如图 7-27 所示。

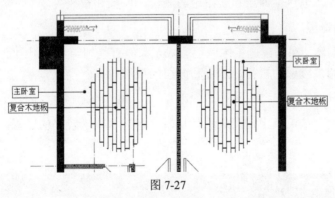

图 7-27

7.8 详图的内容与画法

详图是室内设计工程图中不可缺少的部分。因为平面图、立画图、剖面图和顶棚平面图的比例尺均为 1：50、1：100、1：200 左右，不可能把所有的要素都画清楚，因此，必须用更大的比例绘制某些部件、构件、配件和细部的详图。

常说的详图大致有两类：一类是把平面图、立画图、剖面图中的某些部分单独抽出来，用更大的比例，画出更大的图样，成为所谓的局部放大图或大样图；另一类是综合使用多种图样，完整地反映某些部件，构件、配件、节点或家具、灯具的构造，成为所谓的构造详图或节点图。

在一个室内设计工程中，需要画多少详图、画哪些部位的详图，要根据工程的大小、复杂程度而定。 —般上程，应有以下详图。

1. 墙面详图

用以表示较为复杂的墙面的构造。通常要画方面图、纵横剖面图和装饰大样图。

2. 柱面详图

用以表示柱面的构造。通常要画柱的立面图、纵横剖面图和装饰大样图。有些柱子，可能有复杂的柱头（如西方古典柱式）和特殊的花饰，还须用适合的示意图，画出柱头和花饰。

3. 建筑构配件详图

包括特殊的门、窗、隔断、景窗、景洞、栏杆、窗帘盒、暖气罩和顶棚细部等。

4. 设备设施详图

包括洗手间、洗池、洗面台、服务台、酒吧台和壁柜等。

5. 造景详图

包括水池、喷泉、瀑布、壁泉、叠水、假山、山洞、花池、花槽、固定坐椅及小的亭、廊等。

6. 家具详图

在一般工程中，多数家具都是从市场上直接购买的，特殊工程，可专门设计家具，以便使家具和空间环境更和谐，更具地方、民族特色。这里所说的家具，包括家庭、宾馆所用的床、桌、柜、椅等，也包括商店和展馆用的屉台、展架和货架等。

7. 楼、电梯详图

楼、电梯的主体，在土建施工中就已完成了。但有些细部可能留至室内设计阶段，如电梯厅的墙面和顶棚，楼梯的栏杆、踏步和面层的做法等。

8. 灯具详图

一般工程，大都从市场上购买成品灯具，只有艺术要求较高的工程，才单独设计灯具，并画灯具图。

7.9 工程制图的一般规定

图样是工程界的技术语言，对于图样的内容、格式、画法、尺寸标注、技术要求、图例符号等，国家有统一的规定，这就是《建筑制图国家标准》，简称 "国标"，其代号为"GBJ1"。

7.9.1 图纸幅面及格式

1. 图纸幅面尺寸

绘制图样时，应根据图样的大小来选择图纸的幅面，表4.1 是"国标"中规定的图纸幅面尺寸。

表 4.1　图纸幅面尺寸　　　　　　　　　　　　　　　　单位：mm

幅 面 尺 寸	幅 面 代 号				
	A0	A1	A2	A3	A4
B×L	841×1189	594×841	420×594	297×420	210×297
c	10			5	
a	25				

绘制图样时，应优先使用国家规定的基本幅面，各幅面之间的尺寸关系如图 7-28 所示。

必要时可沿长边加长，对于 A0、A2 和 A4 幅面的加长量应按 A0 幅面长边的 1/8 倍数增加；对于 A1、A3 幅面的加长量应按 A0 幅面短边的 1/4 倍数增加，见图 1-1 中的细实线部分。A0 和 A1 幅面也允许同时加长两边，见图 7-29 的虚线部分。

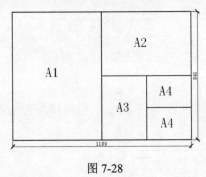

图 7-28　　　　　　　　　　　　　　　图 7-29

2．图框格式

无论图样是否装订，均应在图纸内画出图框，图框线用粗实线绘制，需要装订的图样，一般采用图 7-30 所示的格式。

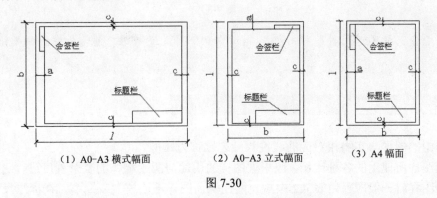

（1）A0-A3 横式幅面　　　（2）A0-A3 立式幅面　　　（3）A4 幅面

图 7-30

为了复制或缩微摄影的方便，可采用对中符号，对中符号是从周边画入图框内约 5mm 的一段粗实线，如图 7-31 所示。

3．标题栏和会签栏

在每张图纸的右下角均应有标题栏，标题栏的位置应按图 7-32 所示的方式配置。标题栏的具体格式、内容和尺寸可根据各设计单位的需要而定，图 7-32 所示为国家标准推荐的标题栏参考格式。

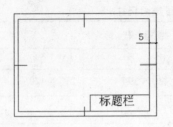
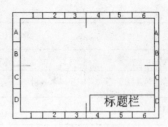

图 7-31

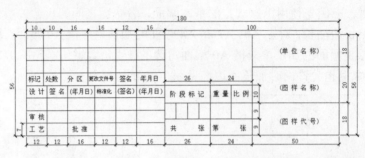

图 7-32

会签栏是图纸会审后签名用的。会签栏的格式如图 7-33 所示，栏内填写会签人员所代表的专业、姓名和日期。

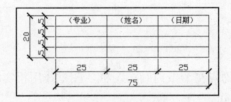

图 7-33

7.9.2 绘图比例

图样中的图形与实物相对应的线性尺寸之比称为比例。

工程图样所使用的各种比例，应根据图样的用途与所绘物体的复杂程度进行选取。国标规定绘制图样时一般应采用表 4.2 中规定的比例。图样不论放大或缩小，在标注尺寸时，应按物体的实际尺寸标注。每张图样均应填写比例，如"1:1"、"1:100"等。

表 4.2 规定比例

与实物相同	1:1				
缩小的比例	1:1.5　1:2　1:2.5　1:3　1:4　1:5	1:10n	1:1.5×10n	1:2×10n	1:2.5×10n
	1:5×10n				
放大的比例	2:1　2.5:1　4:1　5:1　（10×n）:1				

注：表中 n 为正整数。

7.9.3 字体设置的规定

在工程制图中对文字样式是有规定的，并不是随意地选择字体。图中书写的汉字、数字、字母必须做到：字体端正、笔划清楚、排列整齐、间隔均匀。

各种字体的大小要选择适当，字体大小分为 20、14、10、7、5、3.5、1.5 七种号数(汉字不宜采用 1.5 号)，字体的号数即字体的高度(单位：mm)，字体的宽度约等于字体高度的 2/3。

数字及字母的笔划粗度，约为字高的 1/10。图样上的汉字采用国家公布实施的简化汉字，并宜写成仿宋字，如图 7-34 所示。

数字和字母有直体和斜体两种，图样上宜采用斜体字体。斜体字字头向右倾斜，与水平线约成 75°角，如图 7-35 所示。

仿宋字示例
图样上的汉字采用国家公布实施的简化汉字，并宜写成仿宋字。

图 7-34

1234567890
ABCDEFGHIJ   abcdefghij
KLMNOPQRST   klmnopqrst
UVWXYZ   uvwxyz

图 7-35

7.9.4 尺寸标注的规定

图纸上除了画出建筑物及其各部分的形状外，还必须准确、详尽和清晰地标出尺寸，以确定其大小，作为施工的依据。

建筑物的真实大小应以图样上所标注的尺寸数字为依据，与图形的大小及绘图的准确度无关。

图样中的尺寸以毫米为单位时，不需要标注计量单位的代号或名称。

尺寸由尺寸线、尺寸界线、尺寸起止符号和尺寸数字四部分组成，如图 7-36 所示。

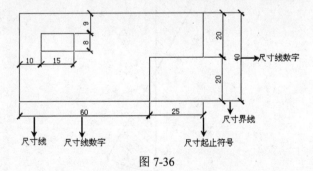

图 7-36

在图样中标注尺寸时，必须注意以下几点：

1. 尺寸界线

国家规定尺寸界线用细实线来绘制，并且与被标注的图样垂直，一端应离开被标注图例轮廓线至少 2mm，另一端超过尺寸线 2~3mm，图样中的轮廓线、轴线或对称中心线等也可用来作为尺寸界线。

2．尺寸线

尺寸线必须用细实线来绘制，图样中的其他图线（如轮廓线、对称中心线等）一律不能用来代替尺寸线。

3．尺寸起止符号

表示尺寸起止符号有两种：一种是标注线性尺寸时用中粗短实线绘制，倾斜方向为沿着尺寸界线顺时针旋转45°，其长度约为2mm。

另外一种是在标注角度尺寸、半径和直径尺寸时用箭头表示，尺寸箭头的画法如图7-37所示。

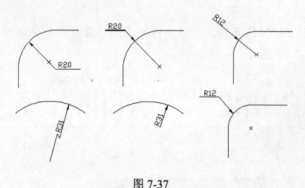

图 7-37

4．尺寸数字

尺寸数字应该应用工程字书写。图样的尺寸以标注尺寸为准，不得从图上直接量取。装饰图上的尺单位，在总平面图上是米，其余图上都是毫米，并规定，在尺寸数字后面一律不注写单位。

注写尺寸数字时，数字的方向应按图7-38所示的规定注写。阴影线所画的30°区域内尽量避免注写尺寸数字。

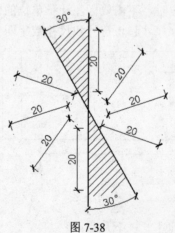

图 7-38

尺寸数字应根据其读数方向，在靠近尺寸线的上方中部注写，如没有足够的位置，最外侧的尺寸数字可在尺寸界线的外侧注写，中间相邻的各种尺寸数字可错开注写，也可引出注写，如图7-39所示。

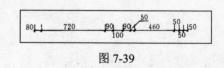

图 7-39

5. 尺寸的排列与布置

尺寸标注写在图样轮廓线以外，尽量避免与其他尺寸线、图线、数字、文字及符号相交，任何图线不得穿过尺寸数字，不可避免时，应将尺寸数字处的图线断开，如图 7-40 所示。排列互相平行的尺寸线时，应从图样轮廓线向外排列，先是较小的尺寸线，后是较大的尺寸线或是总尺寸的尺寸线。互相平行的尺寸线，其间距尽量一致，为 7mm~10mm。

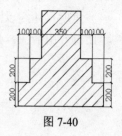

图 7-40

6. 半径、直径尺寸的标注

半径尺寸线自圆心引向圆周，只画一个箭头，箭头的画法如图 7-41 所示。

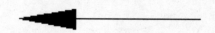

图 7-41

半径尺寸的数字前应加符号"R"，半径尺寸的标注方法如图 7-42 所示。

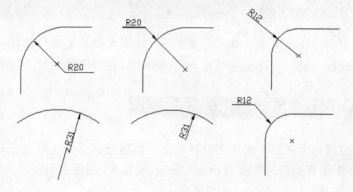

图 7-42

直径尺寸线通过圆心，以圆周为尺寸界线，尺寸线的两端画上箭头，直径尺寸数字应加符号"Ø"，直径尺寸的标注方法如图 7-43 所示。

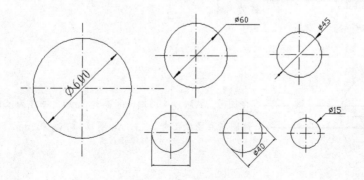

图 7-43

7. 角度的标注

角度尺寸线以圆弧线表示，圆弧线的圆心应是该角度的顶点，角的两个边作为尺寸界线，起止符号用箭头。角度尺寸数字一律水平书写，如图 7-44 所示。

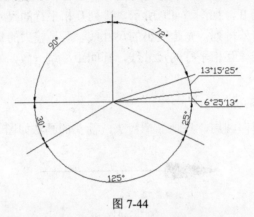

图 7-44

7.10 符号的设置

符号是构成室内设计施工图的基本元素之一，本书所绘制的符号均在布局空间里按 1:1 的比例绘制，形成标准模板。在标注时可直接调用，以保证图面的统一规范、清晰和美观。

7.10.1 详图索引符号

详图索引符号可用于在总平面上将分区分面详图进行索引，也可用于节点大样的索引。

A0、A1、A2 图幅索引符号的圆直径为 12mm，A3，A4 图幅索引符号的圆直径为 10mm，如图 7-45 和图 7-46 所示。

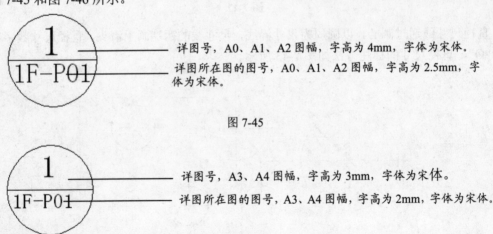

图 7-45

图 7-46

如索引的详图占满一张图幅而无其他内容索引时也可采用图 7-47 所示的形式。

详图占满图幅，A0、A1、A2 图幅，横线宽为 5mm，A3、A4 图幅，横线宽为 3mm。

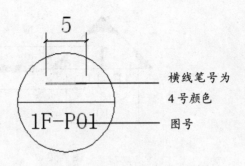

图 7-47

图 7-48 所示的索引方式主要用于节点大样的比例再次放大，使构造表示更为详尽。

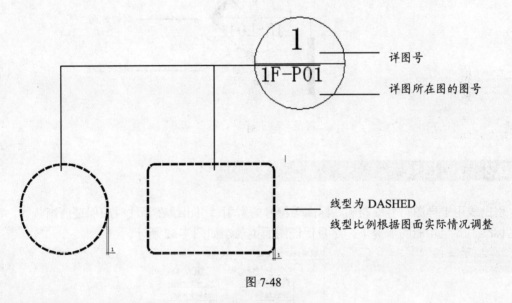

图 7-48

7.10.2 节点剖切索引符号

节点剖切索引符号可用于平、立面造型的剖切，可贯穿剖切也可断续剖切节点。无论剖切视点角度朝向何方，索引圆内的字体应与图幅保持水平，详图号位置与图号位置不能颠倒。

A0、A1、A2 图幅剖切索引符号的圆直径为 12mm；A3、A4 图幅剖切索引符号的圆直径为 10mm，如图 7-49、图 7-50 和图 7-51 所示。

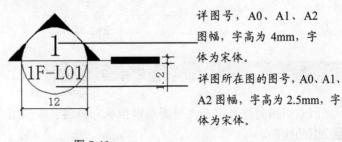

图 7-49

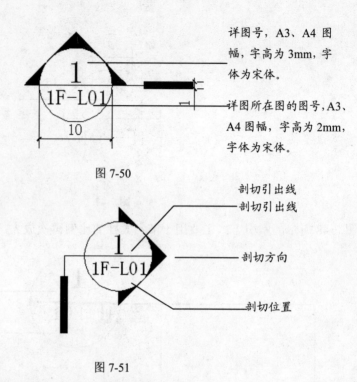

详图号，A3、A4 图幅，字高为 3mm，字体为宋体。

详图所在图的图号，A3、A4 图幅，字高为 2mm，字体为宋体。

图 7-50

剖切引出线
剖切引出线

剖切方向

剖切位置

图 7-51

7.10.3 引出线

引出线用于详图符号或材料、标高等符号的索引。引出线在标注时应保证清晰规律，在满足标准、齐全功能的前提下，尽量保证图面美观，如图 7-52 所示。

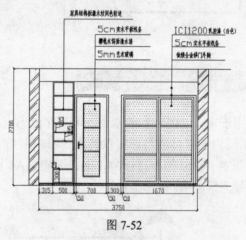

图 7-52

7.10.4 立面索引指向符号

立面索引指向符号用于在平面图内指示立面索引或剖切立面的索引符号，箭头所指的方向为立面的指向。

A0、A1、A2 图幅剖切索引符号的圆直径为 12mm；A3、A4 图幅剖切索引符号的圆直径为 10mm，如图 7-53 所示。

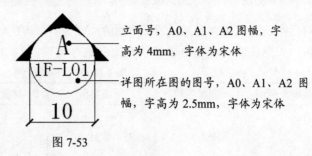

立面号，A0、A1、A2 图幅，字高为 4mm，字体为宋体

详图所在图的图号，A0、A1、A2 图幅，字高为 2.5mm，字体为宋体

图 7-53

如果一副图内含多个立面时，可是采用图 7-54 所示的形式。

如果所引立面在不同的图幅内可采用图 7-55 所示的形式。

图 7-54　　　　　　　　　　　　　　图 7-55

图 7-56 所示的符号式用来指示立面的起点。

图 7-57 所示为剖立面索引指向符号。

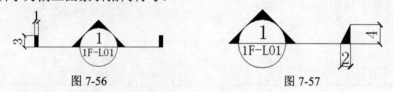

图 7-56　　　　　　　　　　　　图 7-57

7.10.5　修订云符号

外向弧修订云符号可表示图纸内的修改内容调整范围，内向弧修订云可表示图纸内容为正确有效的范围，如图 7-58 和图 7-59 所示。

修订云线可以使用 Revcloud（修订云线）命令绘制，外向弧和内向弧的尺度可根据绘制的具体内容确定其形式，没有严格的限制，但修订云线却可对图纸的修改深化起到明确的记录作用。

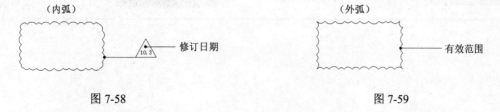

图 7-58　　　　　　　　　　　　　图 7-59

7.11 材质图例的设置

　　材质图例是应用在图形剖面或表面的填充内容，在 AutoCAD 中使用 hatch（图案填充）命令可以根据图面对填充内容和填充比例进行调整。表 4.3 所示是一些常用的材质填充内容。

表 4.3　常用材质图例

材质填充图例	图案名称	材质类型	材质填充图例	图案名称	材质类型
	ANSI33	石材、瓷砖		AR-CONC	混凝土
	AR-CONC 和 ANSI31	钢筋混凝土		ANSI31	砖
	ANSI32	钢、金属		线	基层龙骨
	插件 2x12 木地板	细木工板/大芯板		ZIGZAG	镜面/玻璃
	插件木纹面5	实木		HEX	硬质吸音层(吸音材料)
	LINE	陶质类		NET	硬隔层
	线型BATTING	软质吸音层(织物,软包)		DOLMIT	层积塑材
	AR-SAND	石膏板		ANSI37	装饰加建隔墙
		建筑原墙体			建筑原墙体/非承重墙
		建筑承重墙体			装饰加固承重隔墙

第 8 章
绘制三室两厅装饰设计

本图是三室两厅的住宅设计，三室：即主卧室、书房和小孩房；两厅即客厅和餐厅；一厨一卫，面积为 84 ㎡。设计方案以朴实典雅、充满现代自然气息、造价低、效果好、品味高为设计原则。通过设计，营造一个宽敞舒适的空间。空间结构上走廊并联式，区域明确，各房间门口互不相对，使用方便。

学习重点

- 室内装潢图纸幅面及格式
- 标注样式的设置方法
- 修剪图形的方法
- 多线命令的使用方法
- 对图形进行圆角和倒角
- 定义块命令的使用方法

视频时间

- 绘制三室两厅室内平面图.avi 约 40 分钟

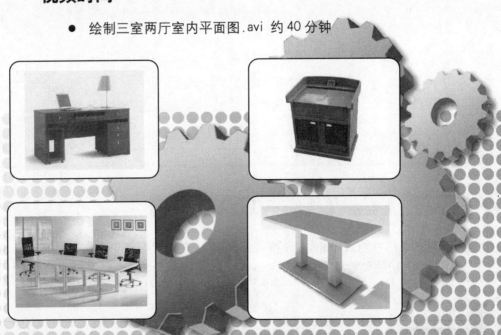

8.1 设置绘图环境

使用 AutoCAD 2012 进行绘图之前要对应用程序的绘图环境进行设置，做好准备工作，然后才执行 AutoCAD 2012 的绘图命令开始绘图。

8.1.1 设置绘图极限（Limits）

根据本图的大小和比例（1:50），可以选择 A4 图纸，A4 的大小为 420×297，那么要设置的绘图区域为 21000×14850，也就是 A4 的大小乘以 50。

Step 01 在命令栏中输入 limits 命令，命令执行过程如下。

```
命令: limits↙
重新设置模型空间界限:
指定左下角点或 [开(ON)/关(OFF)] <0.0000,0.0000>↙          //采用默认的角点坐标
指定右上角点 <420.0000,297.0000>: 21000,14850↙          //指定右上角点坐标
```

Step 02 然后在绘图区域绘制一个矩形作为绘图区域的界线，矩形的坐标和大小与绘图区域相同，命令执行过程如下。

```
命令: rectang↙
指定第一个角点或 [倒角(C)/标高(E)/圆角(F)/厚度(T)/宽度(W)]: 0,0↙          //指定矩形第一个角点
指定另一个角点或 [尺寸(D)]: 21000,14850↙                               //指定另一个角点
```

Step 03 在命令栏中输入 zoom 命令，将绘图区域全屏显示，命令执行过程如下。

```
命令: zoom↙
指定窗口角点，输入比例因子 (nX 或 nXP)，或[全部(A)/中心点(C)/动态(D)/范围(E)/上一个(P)/比例
(S)/窗口(W)] <实时>: all↙     //输入选项 A 表示将视图全部显示出来
```

此时绘制的矩形框已经全部显示在绘图区域，如图 8-1 所示。本例的所有绘图都在这个区域进行，不能超出这个范围。

图 8-1

8.1.2 设置绘图单位（units）

在命令栏中输入 units，并按<Enter>键。弹出"图形单位"对话框，在对话框中进行如图 8-2 所示的参数单位设置。

图 8-2

8.1.3 新建图层（Layer）

Step 01 在命令行中输入 layer，并按<Enter>键。弹出"图层特性管理器"对话框，单击"新建"按钮，在图层对话框中就增加了一个图层。给图层添加相应的名字，比如将图层命名为"轴线"，如图 8-3 所示。

Step 02 单击"颜色"栏，打开"选择颜色"对话框，如图 8-4 所示。单击要选择的色块，然后单击"确定"按钮，完成颜色设置，自动关闭对话框返回到"图层特性管理器"对话框。用户可给不同的图层设置不同的颜色，以便于区分。

图 8-4

图 8-3

Step 03 单击"线型"栏中的线型类型，（比如 Continuous）。系统会弹出图 8-5 所示的对话框，可以看到已加载的线型只有 Solid line 一种。

Step 04 在本图中的"轴线"图层需要使用的是 ACAD_ISO10W100 的点画线，需要单击"加载"按钮，在弹出的对话框中选择 ACAD_ISO10W100 的点画线，如图 8-6 所示。

图 8-5

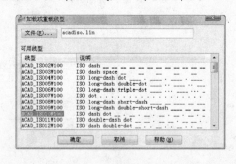

图 8-6

（1）单击"确定"按钮，系统自动关闭该对话框返回到选择线型对话框，这时可以看到已经加载到线型对话框中的点画线，将其选择，然后单击"确定"按钮。

使用同样的方法，分别对其他图层进行设置。当图层设置完毕之后，接着设置线型。

8.1.4 设置线型（Linetype）

Step 01 选择"格式>线型"菜单命令，在"线型管理器"对话框中选择要修改的线型，并将"全局比例因子"设置为 50，如图 8-7 所示。

Step 02 在"线型管理器"中主要设置的参数是"全局比例因子"参数，它需要根据图形比例匹配，以便在图纸中清楚地显示该线型。

Step 03 在本图中只需要将 ACAD_ISO10W100 线型的比例因子设置为 50。这样，该点画线才能在绘图区域中正确显示。图 8-8 所示的分别是将"全局比例因子"设置为 1 和 50 的显示效果。

图 8-7

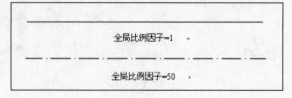

图 8-8

8.1.5 设置文字样式（Style）

设置文字样式主要是指设置文字的字体、样式、大小、宽、高和比例等属性。

Step 01 在命令栏中输入 style，系统会弹出图 8-9 所示的对话框，用户可以在"字体名"下拉列表中选择一种字体。然后设置字体的样式、高度等参数。在预览窗口中可以看到对文字属性进行更改后的样式。

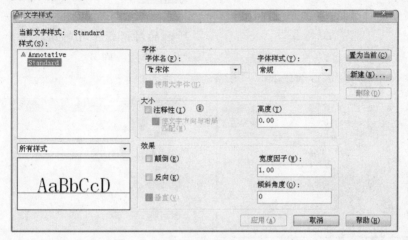

图 8-9

Tips

有时系统提供的样式并不能满足用户的需求，这时可以根据自己的需要新建一种样式。

Step 02 单击"新建"按钮，系统会弹出图 8-10 所示的对话框，在弹出的对话框中输入要新建样式的名称。名称最好是字体的名称，方便识别。

Step 03 单击"确定"按钮，系统自动回到"文字样式"对话框，然后在"字体名"下拉列表中选择一种仿宋体，字体高度为 150。其他参数设置如图 8-11 所示。

图 8-10

图 8-11

Step 04 单击"应用"按钮完成标题文字样式的设置，重复上述步骤，按照图中所示的参数设置标注和说明的文字样式。

8.1.6 设置尺寸标注样式（dimstyle）

在使用 AutoCAD 进行绘图的过程中，对图形的标注是必不可少的。要对图形进行标注，首先要根据实际要求设置好标注的样式。标注样式包括文字的位置、标注箭头的形式、尺寸线和尺寸界线的位置等很多标注的参数。

Step 01 在命令栏中输入 dimstyle，系统会弹出图 8-12 所示的对话框，系统会提供一种标准的标注样式。

Step 02 在本图中需要使用另外一种标注样式，单击"新建"按钮，系统弹出图 8-13所示的对话框，在对话框中输入新样式名"尺寸标注"即可。

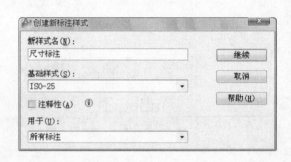

图 8-12

图 8-13

Step 03 单击"继续"按钮，系统弹出图 8-14 所示的"新建标注样式：尺寸标注"对话框。在对话框中分别设置尺寸线、尺寸界线和箭头的参数。

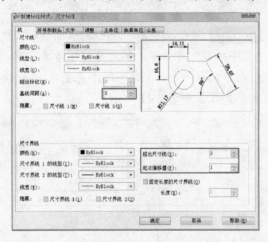
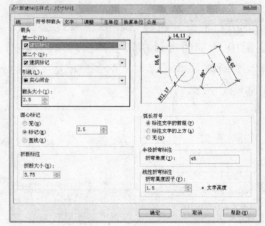

图 8-14

Step 04 单击"文字"按钮，打开"文字"对话框，在"文字"对话框中按照图 8-15 所示的参数设置标注文字的样式、颜色、大小等属性等。

Step 05 单击"主单位"选项卡按钮，打开"主单位"选项卡，在"主单位"选项卡中按照图 8-16 所示的参数设置标注单位格式、精度和比例因子。

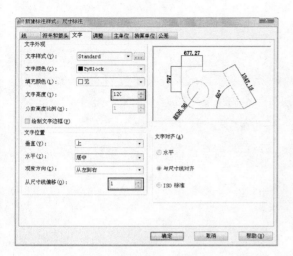

图 8-15

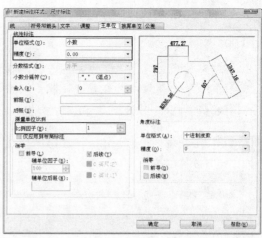

图 8-16

其他参数按照系统的默认设置即可。单击"确定"按钮完成标注的设置。系统自动返回到"标注样式管理器"对话框中，在"样式"栏中选择刚才新建的样式，单击"置为当前"按钮，将该样式置为当前样式。

Tips

当要选择一种样式作为当前标注样式时，一定要单击"置为当前"按钮，把该标注样式设为当前样式，否则在对图形进行标注时系统会采用原来的标注样式。

8.2 绘制定位轴线

当准备工作做好以后就可以开始绘图了。在绘制施工图纸之前，首先对图形进行定位。在绘制工程图纸时，要通过定位轴线来确定建筑的位置。

8.2.1 绘制垂直轴线

Step 01 单击图层工具栏中的小三角形按钮，在下拉列表中选择"辅助线"层，使其为当前图层，如图 8-17 所示。

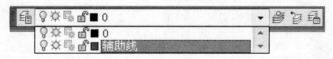

图 8-17

Step 02 单击系统界面最下边的"正交"按钮，使其凹下（表示打开捕捉），在"正交"模式下，用户就只能绘制水平直线和垂直直线。

Tips

对象捕捉功能在选取点时能方便地提供各种参数点的选取，用户可以在系统操作界面最下面的工具栏"对象捕捉"栏上右击，在弹出的菜单中选择"设置"命令，系统弹出图 8-18 所示的对话框，可以在该对话框中设置需要的捕捉功能。

Step 03 在命令栏中输入 line，在绘图区域中的左方绘制一条垂直轴线，如图 8-19 所示。

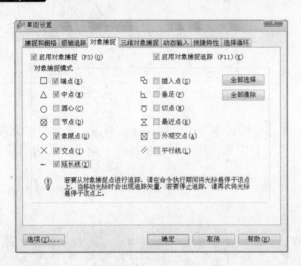

图 8-18

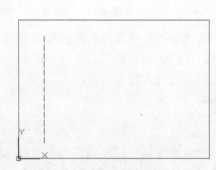

图 8-19

Step 04 接着使用 offset 命令来复制垂直轴线，偏移的距离根据每间房间的开间（开间就是房间在垂直上的宽度）来决定，例如本图客厅的开间为 4000mm，则偏移值为 4000mm，命令执行过程如下。

命令：offset✓	
指定偏移距离或 [通过(T)] <1.0000>: 4000✓	//输入垂直轴线的间距
选择要偏移的对象或 <退出>:	//选择已绘制好的轴线
指定点以确定偏移所在一侧:索	//在要偏移的轴线的右侧单击
选择要偏移的对象或 <退出>:✓	

Step 05 按空格键即可重复执行上一个命令，继续复制轴线，命令执行过程如下。

命令：offset✓	
指定偏移距离或 [通过(T)] <1.0000>: 1500✓	//输入垂直轴线的间距 1500
选择要偏移的对象或 <退出>:	//选择刚才复制的轴线
指定点以确定偏移所在一侧:	//在要偏移的轴线的右侧单击
选择要偏移的对象或 <退出>:✓	

Step 06 继续执行 offset 命令，直到所有的轴线都绘制完成（偏移复制的距离根据实际情况来决定），最后效果如图 8-20 所示。

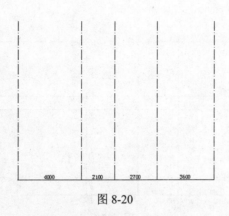

图 8-20

8.2.2 绘制水平轴线

Step 01 当垂直轴线绘制好之后，再使用同样的方法，利用 line 命令和 offset 命令绘制水平直线，如图 8-21 所示。

```
命令: line↙
指定第一点:                        //在绘图区域的左方选择适当的点作为轴线基点
指定下一点或 [放弃(U)]:           //指定水平轴线的另一端
指定下一点或 [放弃(U)]: ↙         //完成水平直线的绘制过程
```

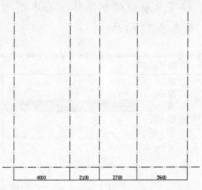

图 8-21

Step 02 在命令栏中输入 copy 命令，或者单击 "修改" 工具栏中的 "复制" 按钮，将水平辅助线向上复制，如图 8-22 所示，命令的具体执行过程如下。

```
命令: _copy
选择对象: 指定对角点: 找到 1 个                           //选择水平辅助线
选择对象: ↙
当前设置: 复制模式 = 多个
指定基点或 [位移(D)/模式(O)] <位移>:                      // 将鼠标垂直放置
指定第二个点或 [阵列(A)] <使用第一个点作为位移>: 3500↙     //输入复制距离
指定第二个点或 [阵列(A)/退出(E)/放弃(U)] <退出>: 4200↙
指定第二个点或 [阵列(A)/退出(E)/放弃(U)] <退出>: 7000↙
指定第二个点或 [阵列(A)/退出(E)/放弃(U)] <退出>:↙
```

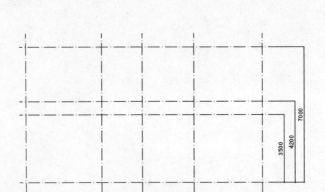

图 8-22

8.3 绘制墙体

辅助线绘制完成后，接下来开始捕捉辅助线的交点，用 Mline 命令绘制墙体线。

8.3.1 绘制外墙墙体

Step 01 当编号制作完成后，接下来就该绘制墙体。在本图中的外墙和为 240mm，首先选择"墙体"图层为当前图层，如图 8-23 所示。

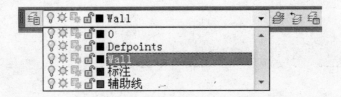

图8-23

Tips

用户在使用 AutoCAD 绘图时，难免有时忘记设置当前图层，比如当前图层是"轴线"，这时所画的墙体线则属于"轴线"图层。遇到这种情况，用户可以将已经绘制的墙体图形全部选中，然后在图层下拉列表中单击"墙体"图层即可将图形调整到"墙体"图层。

Step 02 使用多线绘制出图 8-24 所示的外墙墙体，在命令栏中输入 mline，命令执行过程如下。

```
命令: ml
MLINE
当前设置: 对正 =下，比例 = 20.00，样式 = STANDARD
指定起点或 [对正(J)/比例(S)/样式(ST)]:  s ↙
输入多线比例 <20.00>: 240↙
当前设置: 对正 = 无，比例 = 240.00，样式 = STANDARD
```

指定起点或 [对正(J)/比例(S)/样式(ST)]: j ↙
输入对正类型 [上(T)/无(Z)/下(B)] <无>: z ↙
当前设置: 对正 = 无, 比例 = 240.00, 样式 = STANDARD
指定起点或 [对正(J)/比例(S)/样式(ST)]:
指定下一点:
指定下一点或 [放弃(U)]:
指定下一点或 [闭合(C)/放弃(U)]:
指定下一点或 [闭合(C)/放弃(U)]:
指定下一点或 [闭合(C)/放弃(U)]:
指定下一点或 [闭合(C)/放弃(U)]: c↙

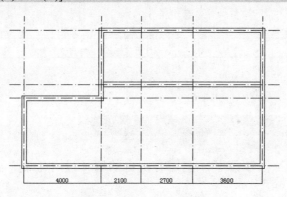

图 8-24

8.3.2 绘制内墙墙体

由于绘制的定位轴线与内墙的位置并不是完全吻合的, 所以还需要用辅助线来定位。

Step 01 通过 offset 命令复制轴线作为辅助线, 为了便于观察, 将复制出来的辅助线剪短, 如图 8-25 所示。

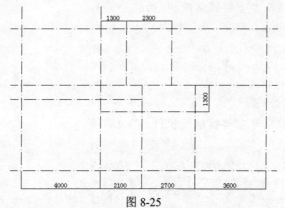

图 8-25

Step 02 选择 "墙体" 图层为当前图层, 使用多线绘制内墙墙体, 在命令栏中输入 mline, 设置比例为 180, 使用同样的方法绘制内墙, 最后完成效果如图 8-26 所示。

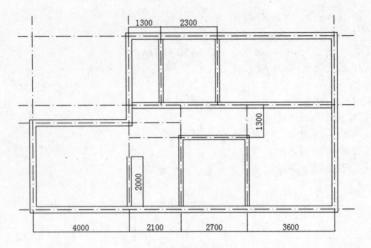

图 8-26

8.3.3 绘制阳台

现在内墙和外墙都绘制好了，但还有阳台的墙体没有绘制，在本图中阳台的墙体为 120mm。

Step 01 选择"辅助线"图层为当前图层，使用 offset 命令添加几条辅助线，命令执行过程如下。

```
命令: offset
指定偏移距离或 [通过(T)] <2850.0000>: 600        //指定偏移值
选择要偏移的对象或 <退出>:                        //选择轴线 6
指定点以确定偏移所在一侧:                         //在轴线 6 左边单击
选择要偏移的对象或 <退出>:✓                      //完成复制
```

Step 02 按【Enter】键或者空格键继续执行 offset 命令。

```
命令: offset
指定偏移距离或 [通过(T)] <600.0000>: 1250        //指定偏移值
选择要偏移的对象或 <退出>:                        //选择轴线 6
指定点以确定偏移所在一侧:                         //在轴线 6 右边单击
选择要偏移的对象或 <退出>:                        //完成复制
```

Step 03 按【Enter】键或者空格键继续执行 offset 命令。

```
命令: offset
指定偏移距离或 [通过(T)] <1250.0000>: 800        //指定偏移值
选择要偏移的对象或 <退出>:                        //选择轴线 B
指定点以确定偏移所在一侧:                         //在轴线 B 上方单击
选择要偏移的对象或 <退出>:                        //完成复制
```

最后完成绘制的效果如图 8-27 所示。

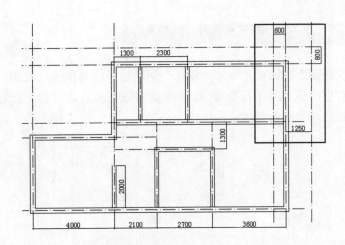

图 8-27

辅助线绘制好之后，就该绘制阳台墙体了。

Step 04 选择 "墙体" 图层为当前图层，在命令栏中输入 mline 命令，命令执行过程如下。

```
命令: mline ✓
当前设置: 对正 = 无，比例 =240.00，样式= STANDARD          //显示当前设置
指定起点或 [对正(J)/比例(S)/样式(ST)]: j ✓                  //设置对正方式
输入对正类型 [上(T)/无(Z)/下(B)] <无>: z ✓                  //对中，即不产生偏移
当前设置: 对正 = 无，比例 =120.00，样式= STANDARD          //显示当前设置
指定起点或 [对正(J)/比例(S)/样式(ST)]: s ✓                  //设置比例，即多线的宽度
输入多线比例 <240.00>: 120  ✓                             //设置宽度为 120mm
当前设置: 对正 = 无，比例 =120.00，样式= STANDARD          //显示当前设置
指定起点或 [对正(J)/比例(S)/样式(ST)]:                      //用鼠标捕捉辅助线的交点
指定下一点:                                              //用鼠标捕捉辅助线的交点
指定下一点或 [闭合(C)/放弃(U)]: ✓                          //完成绘制
最后完成绘制的效果如图 8-28 所示。
```

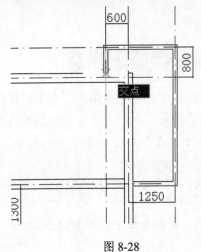

图 8-28

8.3.4 编辑墙体线

打开"图层管理器"对话框,将除"墙体"图层以外的其他图层关闭,这时可以看到墙体线在细节上还有很多地方并不符合要求。主要是多线与多线之间的交接处(如图 8-29 所示)和墙体的门窗洞口还需要进行修改。

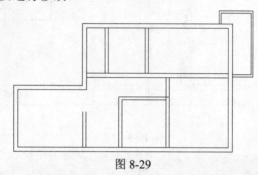

图 8-29

在 AutoCAD 中不能直接对多线对象进行修剪,必须使用 explode 命令将多线分解。

Step 01 将多线选取,在命令栏中输入 explode 命令,按【Enter】键,将所有的多线分解。

Step 02 现在就可以使用 trim 命令对多线交结处不符合要求的地方进行修剪了。修剪完成后的效果如图 8-30 所示。

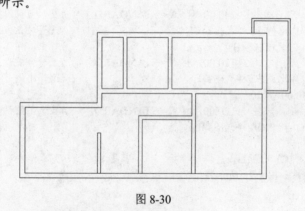

图 8-30

8.3.5 绘制柱子

墙体线已经修改完毕,现在应该绘制柱子的图形,本中的柱子大小为 400mm×400mm。一般是先在空白区域绘制出柱子的图形,然后再将它复制到相应的位置。

Step 01 柱子图形的绘制非常简单,在命令栏中输入 rectang 命令,命令执行过程如下。

命令: rectang ✓
指定第一个角点或 [倒角(C)/标高(E)/圆角(F)/厚度(T)/宽度(W)]: //在绘图区域中随意指定一点
指定另一个角点或 [尺寸(D)]: @400,400 ✓   // 输入矩形的另一角点的相对坐标

Step 02 接下来对矩形进行填充,在命令栏中输入 bhatch 命令,按【Enter】键,系统弹出图 8-31 所示的对话框。

图 8-31

Step 03 单击"图案"下拉列表的小角形按钮，在列表中选择 SOLID 类型作为
填充类型。

图 8-32

Step 04 单击"选择对象"按钮，鼠标变成 □ 形状，在绘图区域中选择刚才
绘制的矩形，按【Enter】键。系统自动返回到"边界图案填充"对话框。单击
"确定"按钮，完成对矩形的填充，效果如图 8-32 所示。

Step 05 现在开始复制柱子图形到相应的位置，如图 8-33 所示。在命令栏中输入 copy 命令，
命令具体执行过程如下：

```
命令: copy ✓
选择对象: 指定对角点: 找到 2 个            //按住鼠标左键拖出一个矩形选择框将柱子选中
选择对象: ✓                              //按<Enter>键表示选中
指定基点或位移，或者[重复(M)]:          //捕捉柱子的左上角点
指定位移的第二点或<用第一点作位移>:    //将柱子拖动到墙体的角点
```

Step 06 继续使用 copy 命令对柱子图形进行复制，最后所有柱子复制完毕的效果如图 8-34
所示。

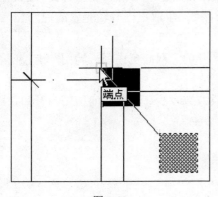

图 8-33

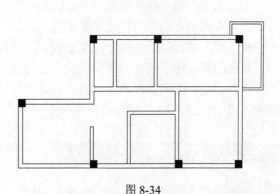

图 8-34

8.4 绘制门窗

门和窗是房屋护围结构中的重要组成部分。一个房间室内设计考虑是否周到，使用方便，门窗的设置是一个重要的因素。完成墙体的设计之后，即可开始进行门窗的设计。

门的主要作用是供人出入和联系不同使用空间，同时也具有安全疏散的功能。也兼采光和通风。

窗的主要功能是采光、通风、接受日照以及提供观看室外环境的作用。

除了上述作用以外，由于门和窗还是房屋围护结构的一部分，因而还具有保温、隔声、隔热、防热、防雨雪、防盗的功能。

因此，设计门窗时要进行综合考虑，反复推敲，在同时满足功能要求、各种经济许可的情况下还应注意美观要求。

8.4.1 门的设计要求

由于我国建筑设计规范对门窗的设计有具体的要求，所以在使用 AutoCAD 设计图形的时候，可以把它们作为标准图块插入到当前图形中，从而避免大量的重复工作。因此，在绘制平面图中的门之前，应当首先绘制一些标准门的图块。

一套居室中，门的种类、数量都要根据室内空间的大小和每个房间的功能而定。门的设计主要涉及以下几个方面。

- 宽度与高度：室内门的宽度和高度一般由人体的尺寸、人流量的多少和家具设备的尺寸来确定。一股人流通行宽度一般定为 550～600mm，所以门的最小宽度为 600～700mm，如卫生间门。大多数房间的门必须考虑到一人携带物品通行，所以门的宽度为 850mm～1000mm。
- 数量：门的数量由房间人数的多少、面积的大小以及疏散方便程度等因素决定。防火规定，当一个房间面积超过 60 ㎡，且人数超过 50 人时，门的数量要有 2 个，并分设以利于疏散。位于走道尽头的房间由最远一点到房间门口的直线距离不超过 14m，且超过 80 人时，可设一个向外开启的门，但门的净宽不应小于 1.4m。
- 位置：门的位置恰当与否直接影响到房间的使用，所以确定门的位置时要考虑到室内人的特点和家居布置的要求，考虑到缩短交通路线，争取室内有较完整的空间和墙面，要考虑到有利于组织采光和穿堂风。
- 开启方式：门的开启方式类型很多，如普通平开门、双向自由门、转门、推拉门、折叠门等。用于室内的最普遍的是普通平开门。

平开门分外开和内开两种，对于普通居室，一般人数较少，要求门向房间内开启，以免影响过道的交通。

8.4.2 门的绘制过程

本例中共有 3 种类型的门，如图 8-35 所示，其中 1 扇为 1000mm 宽的普通单扇平开门，

3 扇 850mm 单扇平开门，1 扇 700mm 宽的单扇平开门。

代号	数量	尺寸
M_1	1	1000×2100
M_2	3	850×2100
M_3	1	700×2100

图 8-35

Step 01 首先绘制一个宽 1000mm，厚度为 45mm 的门，命令执行过程如下。

```
命令: rectang ↙
指定第一个角点或 [倒角(C)/标高(E)/圆角(F)/厚度(T)/宽度(W)]: //在绘图区域任意指定一点
指定另一个角点或 [尺寸(D)]: @45,1000 ↙    //输入另一个角点的相对坐标，也就是门的厚度和宽度
```

Step 02 单击"绘图"工具栏中的"圆弧"按钮，绘制一段图 8-36 所示的圆弧，命令执行过程如下。

```
命令: arc ↙
指定圆弧的起点或 [圆心(C)]: c ↙        //输入 c 表示采用圆心方式画弧
指定圆弧的圆心:                        //指定矩形的右下角点为圆心
指定圆弧的起点:                        //指定矩形的右上角点为起点
指定圆弧的端点或 [角度(A)/弦长(L)]: a ↙   //输入 a 后按<Enter>键
指定包含角: -90 ↙                      //输入-90 度后按<Enter>键
```

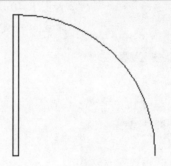

图 8-36

Step 03 使用 mtext 命令在绘制好的门上标注文字，命令具体执行过程如下:

```
命令: mtext↙
当前文字样式:"Standard"  当前文字高度:2.5   //显示当前文字的属性
指定第一角点:                          //点取文字范围第一个点
指定对角点或 [高度(H)/对正(J)/行距(L)/旋转(R)/样式(S)/宽度(W)]: //点取文字范围第二个点
```

系统弹出"文字格式"对话框。在对话框中输入文字 M1，设置 M 的大小为 200，1 的大小为 100，然后单击"确定"按钮完成文字输入。

Step 04 绘制一条长度为 240mm 的直线作剪断墙线的界线。

```
命令: line ↙
指定第一点:                           //捕捉矩形的右下角点
指定下一点或 [放弃(U)]: @0,-240 ↙       //输入直线另一点的相对坐标
指定下一点或 [放弃(U)]: ↙
```

Step 05 再次使用 line 命令，在弧线的一端也绘制一条相同的直线。最后绘制完成后的门如图 8-37 所示。

Step 06 接着再按照以上步骤绘制一个宽850mm，厚度为 45mm 的门并标注为 M2，以及一个宽 700mm，厚度为 40mm 的门并标注为 M3，如图 8-38 所示。

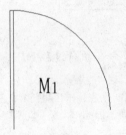

图 8-37

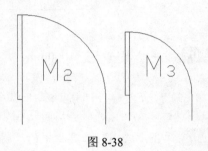

图 8-38

Step 07 当这 3 种样式的门都绘制好之后，分别将它们定义成模块。在命令栏中输入block 命令，按下【Enter】键。系统弹出图 8-39所示的对话框。

Step 08 单击"选择对象"按钮，这时鼠标变成□形状，在绘图区域选择要定义的门。右击或者按<Enter>键确定。系统自动返回到"块定义"对话框，再单击"拾取点"按钮，选择在门上绘制的直线的下端点作为基点，如图 8-40 所示。在名称栏中输入块的名称，单击"确定"按钮完成块的定义。

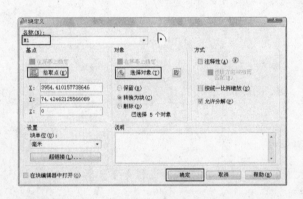

图 8-39

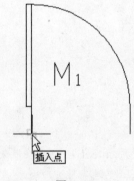

图 8-40

Step 09 使用同样的方法将其他两个门定义为块，名称分别为 M2 和 M3。

8.4.3 窗的设计要求

窗的设计主要由建筑的采光、通风要求来确定，一般根据采光等级确定窗地面积比(窗洞面积与地面面积的比值，一般为住宅房间的 1/8 左右。同时还需要考虑其功能、美观和经济条件等要求。

1．采光

一般情况下，民用居屋都要有良好的天然采光，采光效果主要取决于窗的大小和位置。不同的房间对采光要求也不同，在具体设计过程中既要满足房间适用性的要求，又要结合具体情况，如当地的气候、室外遮挡情况等，综合确定窗的面积。

窗的平面位置，主要影响到房间沿墙外方向来的光照是否均匀、有无暗角和眩光。窗的位置要使进入房间的光线均匀和内部家居布置方便。

2．通风

室内的自然通风，除了和建筑朝向、间距、平面布局等因素有关外，房间中的窗位置对室内通风效果的影响也很关键，通常利用房间两侧相对应的窗户或门窗来组织穿堂风，门窗的相对位置采用对面通直布置时，室内气流通畅。

8.4.4 窗的绘制过程

在本例中共有 4 种类型的窗，如图 8-41 所示。用户只需要将每种类型的窗各绘制一个，然后将它定义成模块即可。

代号	数量	尺寸
C_1	3	1500×1100
C_2	3	1000×1100
C_3	2	600×1100

图 8-41

在绘图区域中绘制一个矩形，然后使用 explode 命令将矩形分解，再使用 divide 命令将矩形的左边分成三等分，最后使用 line 命令，在矩形中绘制两条直线。

Step 01 在命令栏中输入 rectang 命令，命令执行过程如下。

```
命令: rectang ↙
指定第一个角点或 [倒角(C)/标高(E)/圆角(F)/厚度(T)/宽度(W)]:          //在绘图区域任意指定一点
指定另一个角点或 [尺寸(D)]: @1500,240 ↙                           //输入另一个角点的相对坐标
```

Step 02 在命令栏中输入 explode 命令，命令执行过程如下。

```
命令: explode ↙
选择对象: 找到 1 个                                              //选择矩形对象
选择对象: ↙
在命令栏中输入 rectang 命令，命令执行过程如下。
命令: divide ↙
选择要定数等分的对象:                                           // 选择矩形的左边
输入线段数目或 [块(B)]: 3↙
```

Step 03 在命令栏中输入 line 命令，命令执行过程如下。

```
命令: line ↙
指定第一点:                                                    //捕捉矩形的左边第一个等分点
指定下一点或 [放弃(U)]:                                         //捕捉直线与矩形右边的交点
```

指定下一点或 [放弃(U)]: ↙

Step 04 按空格键继续执行 line 命令，命令执行过程如下。

命令: ↙
指定第一点: //捕捉矩形的左边第二个等分点
指定下一点或 [放弃(U)]:   //捕捉直线与矩形右边的交点
指定下一点或 [放弃(U)]: ↙

现在一个宽为 1500mm，厚度为 240mm 的窗就绘制完成了，效果如图 8-42 所示。使用同样的方法绘制出其他 3 种类型的窗户，并分别定义为模块 C1，C2，C3 和 C4。

图 8-42

8.5 添加门窗

现在门窗已经绘制完毕，就应该向墙体上添加门窗。

8.5.1 插入模块

Step 01 选择"墙体"图层为当前图层。在命令栏中输入 insert 命令并按<Enter>键，系统弹出图 8-43 所示的对话框，在对话框中选择要插入的块，如 M1。

Step 02 单击"插入"对话框中的"确定"按钮，捕捉墙角点，将块插入墙体，并将其向右移动 150mm，如图 8-44 所示。

图 8-43

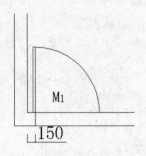

图 8-44

Step 03 将门插入之后，使用 trim 命令将门里的墙体线段剪掉，命令执行过程如下。

命令: trim ↙
当前设置:投影=UCS，边=延伸　　　　　　　　　　//显示当前设置
选择剪切边...
选择对象: 找到 1 个　　　　　　　　　　　　　//选择在门上绘制的直线
选择对象: 指定对角点:找到 1 个，总计 2 个　　　//选择在门上绘制的另一条直线
选择对象: ↙　　　　　　　　　　　　　　　　//按<Enter>键表示结束选择
选择要修剪的对象，或按住 Shift 键选择要延伸的对象，或 [投影(P)/边(E)/放弃(U)]:
//选择要剪掉的墙体线
选择要修剪的对象，或按住 Shift 键选择要延伸的对象，或 [投影(P)/边(E)/放弃(U)]:
//选择要剪掉的墙体线
选择要修剪的对象，或按住 Shift 键选择要延伸的对象，或 [投影(P)/边(E)/放弃(U)]: ↙
完成对墙体线的修剪，效果如图 8-45 所示。

Step 04 使用同样的方法继续插入其他的门和窗并剪掉多余的墙线，在有的地方插入的门的开启方向不对，如图 8-46 所示，门 M2 是向外开启的，而实际上应该向室内开启。

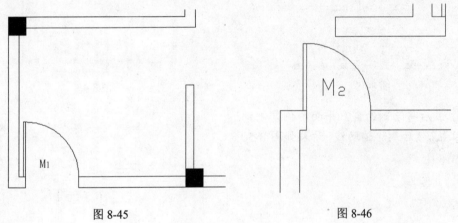

图 8-45　　　　　　　　　　　　　　图 8-46

Step 05 使用 mirror 命令将门进行镜像，然后再使用 move 命令将其调整到合适的位置，命令执行过程如下。

命令: mirror ↙
选择对象: 找到 1 个　　　　　　　　　　　//选择门 M2
选择对象: ↙　　　　　　　　　　　　　//按<Enter>键表示结束选择
指定镜像线的第一点:　　　　　　　　　//指定 M2 的下端的第一条直线的下端为第一点
指定镜像线的第二点:　　　　　　　　　//指定 M2 的下端的另一条直线的下端为第二点
是否删除源对象? [是(Y)/否(N)] <N>: y ↙　//输入 Y 将源对象删除

这时门 M2 的位置如图 8-47 所示，在该图中可以看到文字 M2 倒立显示了。如果想要它的位置不变，可以在命令栏中输入 explode 将图块 M2 分解，则文字自动正立显示。

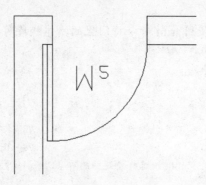

图 8-47

Step 06 继续使用 insert 命令将本图中所需要的门和窗逐一添加到墙体线上。并将文字调正。最后完成效果如图 8-48 所示。

Step 07 接下来使用 Offset（偏移）或者复制命令，根据实际测量的尺寸，通过复制辅助线确定窗户的位置，如图 8-49 所示。

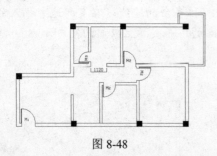

图 8-48

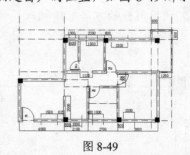

图 8-49

Step 08 最后将绘制的窗户平面图例复制到相应的位置，然后删除辅助线，结果如图 8-50 所示。

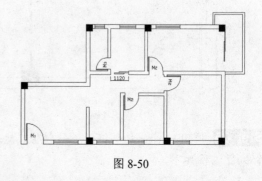

图 8-50

8.5.2 标注门窗

1. 文字标注

现在这套居室的门窗都已经绘制完毕，接下来就该对门窗进行标注了，首先要标出不同类型的门窗的名称，门的名称已经在定义模式块时标注好，现在就只是对窗户进行文字标注。

Step 01 选择在命令栏中输入 mtext 命令，按【Enter】键，命令具体执行过程如下：

```
命令: mtext ↙
当前文字样式:"Standard"   当前文字高度:2.5    //显示当前文字的属性
```

指定第一角点: //在窗户外点取文字范围第一个点
指定对角点或 [高度(H)/对正(J)/行距(L)/旋转(R)/样式(S)/宽度(W)]:
//点取文字范围第二个点

系统弹出文字格式对话框。在对话框中输入文字 C1，设置 C 的大小为 150，1 的大小为 100，单击"确定"按钮完成文字的输入。

Step 02 将文字标注复制到其他的窗户外，再将文字更改即可，这样可以大大加快标注的速度。最后完成效果如图 8-51 所示。

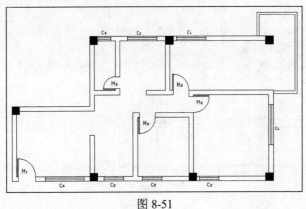

图 8-51

2. 尺寸标注

选择"标注"图层为当前图层，选择"标注>线性"菜单命令，开始对门窗进行尺寸标注，先标注外层的大尺寸，再标注细节的尺寸，最后标注完成后的效果如图 8-52 所示。

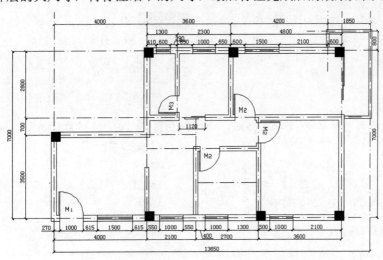

图 8-52

8.6 添加标题栏

在每一张图纸的右下角均应有标题栏，标题栏的位置应按图所示的方式配置，标题栏的具体格式、内容和尺寸可根据各设计单位的需要而定。

8.6.1 绘制表格

在"图层管理器"中新建一个图层，命名为"标题"并使它成为当前图层。然后在图纸的右下角绘制一个矩形。

Step 01 在命令栏中输入 rectang 命令，在绘图区域的右下角绘制一个矩形，如图 8-53 所示，命令提示如下：

```
命令：rectang✓
指定第一个角点或 [倒角(C)/标高(E)/圆角(F)/厚度(T)/宽度(W)]: //在绘图区域的右下角的下边线上指
定矩形第一个角点
指定另一个角点或 [尺寸(D)]:@-4000,1500✓    //绘制一个 4000×1500 的矩形
```

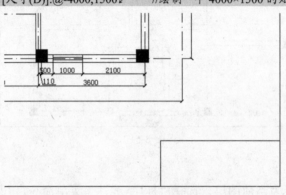

图 8-53

Step 02 选择绘制的矩形对象，然后单击"修改"工具栏中的"分解"按钮，使用 explode 命令将矩形分解。

Step 03 使用 divide 命令将矩形的左边分成 3 等分，命令执行过程如下。

```
命令: divide ✓
选择要定数等分的对象: // 选择矩形的左边
输入线段数目或 [块(B)]: 3 ✓
```

Step 04 最后使用 line 命令绘制表格线，命令执行过程如下。

```
命令: _line ✓
指定第一点: //捕捉矩形的左边第一个等分点
指定下一点或 [放弃(U)]: //捕捉直线与矩形右
边的交点
指定下一点或 [放弃(U)]: ✓
```

Step 05 按空格键继续执行 line 命令，命令执行过程如下。

```
命令: ✓
指定第一点: //捕捉矩形的左边第二个等分点
指定下一点或 [放弃(U)]: //捕捉直线与矩形右
边的交点
指定下一点或 [放弃(U)]: ✓
```

Step 06 使用 copy 命令将矩形左边的线段复制到表格中作为垂直的表格线，绘制完成效果如图 8-54 所示。

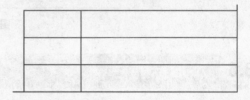

图 8-54

8.6.2 添加文字

现在表格绘制好了，就应该在绘制的表格中添加文字。

Step 01 在命令栏中输入 mtext，命令执行过程如下。

命令: mtext↙
当前文字样式:"Standard"　当前文字高度:2.5　　//显示当前文字的属性
指定第一角点:　　　　　　　　　　//点取文字范围第一个点
指定对角点或 [高度(H)/对正(J)/行距(L)/旋转(R)/样式(S)/宽度(W)]:　//点取文字范围第二个点

Step 02 系统弹出图 8-55 所示的"文字格式"对话框，先设置文字格式，再输入文字。单击"确定"按钮完成文字输入。

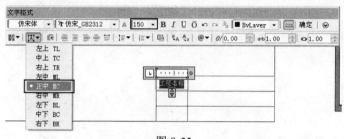

图 8-55

Step 03 再使用同样的方法添加其他的文字，完成效果如图 8-56 所示。

工程名称	家居装饰工程
图纸名称	平面图
图号	P-1

图 8-56

Step 04 最后，再使用 mtext 命令在绘图区域的底部中间位置，标注上"平面图 1：150"。现在室内总平面图就绘制完成了，最终效果如图 8-57 所示。

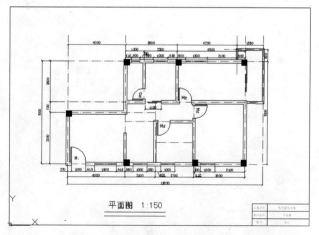

图 8-57

第9章
绘制跃层平面设计图

通过本章的学习，读者应该了解室内平面布置图的绘制规范、方法和流程，以及绘制过程中的技巧和应该注意的问题。

学习重点

- 室内平面布置图的绘制方法
- 室内平面布置图的绘制技巧
- 室内平面布置图的绘制流程
- 室内平面布置图的注意事项

视频时间

- 绘制室内平面布置图.avi 约 60 分钟

9.1 设计理念

室内平面主要表示室内环境要素，如各房间内的家具与陈设、地面所用材料等。室内平面图的范围，以房间内部为主。因此，在多数情况下，均不表示室外的东西，如台阶、散水、明沟与雨篷等。

本例以一个跃层户型为例，讲解室内平面图的绘制方法，案例效果如图 9-1 所示。

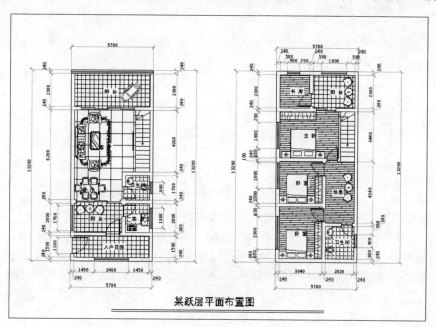

图 9-1

9.2 绘制房间初始结构图

在进行室内设计之前，需要先将该房间的原始结构图按实际形状和尺寸绘制出来，有了这个基础，才能进行后面的平面图绘制。

9.2.1 设置绘图环境

在绘图之前，需要先对绘图环境进行设置，包括图形所需的线型、图层以及图形单位和图纸范围等。

1. 线型设置

线型设置需要在"线型管理器"对话框中完成，要打开"线型管理器"对话框，常用方法如下。

● 选择"格式>线型"菜单命令。
● 在"特性"工具栏"线型控制"列表框中选择"其他…"命令。

● 在命令行中输入 Linetype 命令。

（1）选择"文件>新建"菜单命令并使用默认参数新建一个空白绘图文件，并存储为"室内平面布置图.dwg"。

（2）选择"格式>线型"菜单命令，弹出的"线型管理器"对话框，如图 9-2 所示。

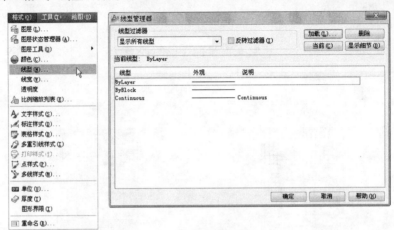

图 9-2

（3）单击"加载"按钮，在弹出的"加载或重载线型"对话框的"可用线型"列表中选择中心线需要用到的 Center 线型，然后单击"确定"按钮返回"线型管理器"对话框，最后单击"线型管理器"对话框中的"确定"按钮关闭当前窗口并完成线型设置，如图 9-3 所示。

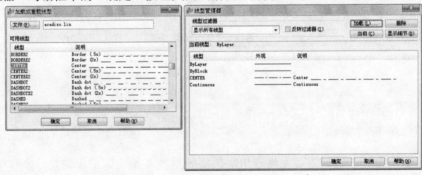

图 9-3

Tips

本例需要加载两种线型，分别为中心线和实线，实线为默认线型无需再加载，只需加载中心线即可。

2. 图层设置

图层设置需要在"图层特性管理器"对话框中完成，要打开"图层特性管理器"对话框，常用方法有以下几种：

● 选择"格式>图层"菜单命令。

● 单击"图层"工具栏中的 （图层特性管理器）按钮。

● 在命令行中输入 Layer 命令。

（1）选择"格式>图层"菜单命令，弹出"图层特性管理器"对话框，如图 9-4 所示。

图 9-4

（2）在对话框中单击 （新建图层）按钮，系统将自动创建一个名称为图层 1、颜色为黑色、线型为实线的新图层，将该图层名称更改为"辅助线"，然后单击后面的色块设置该图层的颜色，最后单击线型名称设置该图层的线型，如图 9-5 所示。

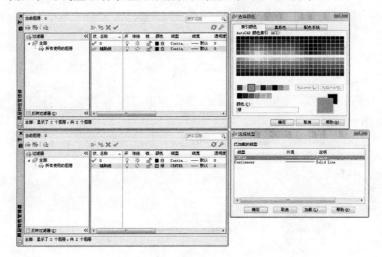

图 9-5

（3）使用同样的方法再新建其他几个图层，名称分别为"墙体"、"家具"、"地板"、"标注"、"门窗"和"图框"，如图 9-6 所示。

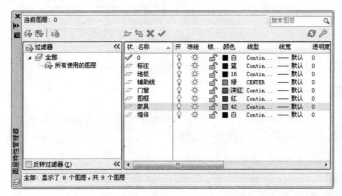

图 9-6

（4）选择"图框"图层，单击 ✔（置为当前）按钮将"图框"图层设置为当前图层，此时"图框"图层名称前面的图标变成了 ✔ 符号，如图 9-7 所示。

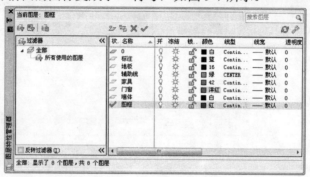

图 9-7

（5）关闭"图层特性管理器"对话框。

3. 单位设置

单位用来确定图纸的尺寸标准和精度。单位设置需要在"图形单位"对话框中完成，要打开"图形单位"对话框，常用方法有以下几种：

- 选择"格式>单位"菜单命令。
- 在命令行中输入 Units 命令。

（1）选择"格式>单位"菜单命令，系统将会弹出"图形单位"对话框，然后将各项参数设置为图 9-8 所示的值。

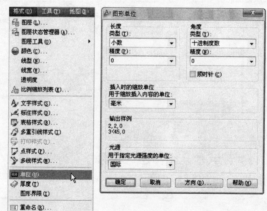

图 9-8

（2）单击"确定"按钮关闭"图形单位"对话框。

4. 图形界限设置

图形界限决定了图形的绘制范围。在 AutoCAD 中使用 limits 命令可以进行图形界限的设置，执行 limits 命令的常用方法有以下几种：

- 选择"格式>图形界限"菜单命令。
- 在命令行中输入 limits 命令。

（1）选择"格式>图形界限"菜单命令，如图 9-9 所示。

图 9-9

（2）根据命令行提示设置相应参数，命令行提示如下：

```
命令: '_limits
重新设置模型空间界限:
指定左下角点或 [开(ON)/关(OFF)] <0.0000,0.0000>: ↙          //使用默认值
指定右上角点 <420.0000,297.0000>: 29700,21000 ↙          //输入指定值
```

到这里，本例所需要的绘图环境就全部设置完成了，接下来正式开始室内平面布置图的绘制。

9.2.2 绘制定位轴线

在绘制施工图纸之前，首先应对图形进行定位。在绘制室内平面图纸中，要通过定位轴线来确定墙体的位置。

1. 绘制垂直轴线

（1）绘制轴线之前使用矩形工具绘制一个图框以方便后面绘制其他对象时定位。选择"绘图>矩形"菜单命令，命令行提示如下：

```
命令: _rectang
指定第一个角点或 [倒角(C)/标高(E)/圆角(F)/厚度(T)/宽度(W)]: 0,0 ↙
指定另一个角点或 [面积(A)/尺寸(D)/旋转(R)]: @29700,21000 ↙
```

（2）单击图层工具栏中的小三角形按钮，在下拉列表中选择"辅助线"图层为当前图层，如图 9-10 所示。

（3）绘制第一条垂直轴线。在命令行中输入 line（直线）命令，绘制一条长 15000 的直线，如图 9-11 所示，命令行提示如下：

图 9-10

```
命令: line ↙
指定第一点: 4500,3000 ↙                              //起点坐标
指定下一点或 [放弃(U)]: @0,15000 ↙                   //向上 15000
指定下一点或 [放弃(U)]: ↙                            //结束命令
```

Tips

　　细心的读者可能已经看出来了，前面"辅助线"图层的线型已经设置为了点划线，但这里看到显示的是实线，这是由线型比例因子决定的，可以通过设置新的线型比例因子以达到正确的显示结果。

（4）在命令行中执行 ltscale（线型比例因子）命令，命令行提示如下：

```
命令: ltscale ↙
输入新线型比例因子 <1.0000>: 80 ↙                    //线型比例因子设为 80
正在重生成模型。
```

更改线型比例因子后的结果如图 9-12 所示。

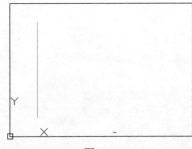
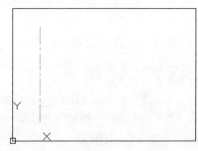

图 9-11　　　　　　　　　　　　　　　　　　图 9-12

Tips

　　还可以通过"线型管理器"对话框设置线型比例因子。选择"格式>线型"菜单命令，然后在弹出的"线型管理器"对话框中单击"显示细节"按钮显示出线型的详细信息，设置"全局比例因子"参数，最后单击"确定"按钮关闭当前窗口，如图 9-13 所示。

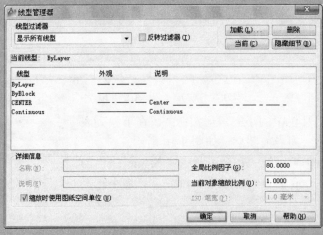

图 9-13

（5）使用"偏移"命令绘制其他的垂直轴线。选择"修改>偏移"菜单命令或单击"修改"工具栏中的 （偏移）按钮，然后根据命令行提示进行操作，绘制结果如图 9-14 所示，命令行提示如下：

```
命令: _offset
当前设置: 删除源=否   图层=源   OFFSETGAPTYPE=0
指定偏移距离或 [通过(T)/删除(E)/图层(L)] <5540.0000>: 3620 ✓
选择要偏移的对象, 或 [退出(E)/放弃(U)] <退出>:          //单击选择第一条垂直轴线
指定要偏移的那一侧上的点, 或 [退出(E)/多个(M)/放弃(U)] <退出>: //在轴线右侧单击鼠标左键
选择要偏移的对象, 或 [退出(E)/放弃(U)] <退出>: ✓          //结束偏移命令
命令: ✓                                              //直接回车重复执行上次的命令
OFFSET
当前设置: 删除源=否   图层=源   OFFSETGAPTYPE=0
指定偏移距离或 [通过(T)/删除(E)/图层(L)] <3620.0000>: 1920 ✓
选择要偏移的对象, 或 [退出(E)/放弃(U)] <退出>:          //单击刚绘制的第二条垂直轴线
指定要偏移的那一侧上的点, 或 [退出(E)/多个(M)/放弃(U)] <退出>: //在轴线右侧单击鼠标左键
选择要偏移的对象, 或 [退出(E)/放弃(U)] <退出>: ✓ //结束偏移命令
```

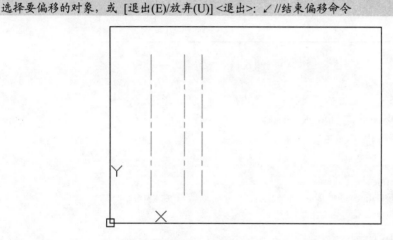

图 9-14

（6）再次使用 offset（偏移）命令在右边空白处绘制出二楼需要用到的垂直轴线，绘制结果如图 9-15 所示，命令行提示如下：

```
命令: _offset
当前设置: 删除源=否   图层=源   OFFSETGAPTYPE=0
指定偏移距离或 [通过(T)/删除(E)/图层(L)] <1920.0000>: 9000 ✓
选择要偏移的对象, 或 [退出(E)/放弃(U)] <退出>:          //单击选择最右一条垂直轴线
指定要偏移的那一侧上的点, 或 [退出(E)/多个(M)/放弃(U)] <退出>: //在轴线右侧单击鼠标左键
选择要偏移的对象, 或 [退出(E)/放弃(U)] <退出>: ✓          //结束偏移命令
命令: ✓                                              //直接回车重复执行上次的命令
OFFSET
当前设置: 删除源=否   图层=源   OFFSETGAPTYPE=0
指定偏移距离或 [通过(T)/删除(E)/图层(L)] <9000.0000>: 3280 ✓
选择要偏移的对象, 或 [退出(E)/放弃(U)] <退出>:          //单击选择最右一条垂直轴线
指定要偏移的那一侧上的点, 或 [退出(E)/多个(M)/放弃(U)] <退出>: //在轴线右侧单击鼠标左键
选择要偏移的对象, 或 [退出(E)/放弃(U)] <退出>: ✓ //结束偏移命令
命令: ✓                                      //直接【Enter】键重复执行上次的命令
OFFSET
```

当前设置: 删除源=否　图层=源　OFFSETGAPTYPE=0
指定偏移距离或 [通过(T)/删除(E)/图层(L)] <3280.0000>:　2260 ✓
选择要偏移的对象, 或 [退出(E)/放弃(U)] <退出>:　　　　　　　　//单击选择最右一条垂直轴线
指定要偏移的那一侧上的点, 或 [退出(E)/多个(M)/放弃(U)] <退出>:　//在轴线右侧单击鼠标左键
选择要偏移的对象, 或 [退出(E)/放弃(U)] <退出>: ✓　　　　　　　　//结束偏移命令

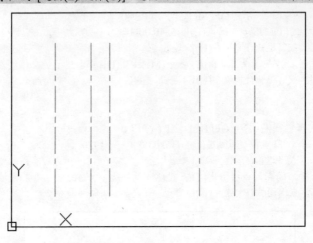

图 9-15

2. 绘制水平轴线

（1）首先绘制一楼需要用到的水平轴线。在命令行中输入 line（直线）命令, 绘制一条长 8300 的直线, 命令行提示如下:

命令: LINE ✓
指定第一点: 3000,4100 ✓
指定下一点或 [放弃(U)]: @8300,0 ✓　　　　　　　　//向右 8300
指定下一点或 [放弃(U)]: ✓

绘制结果如图 9-16 所示。

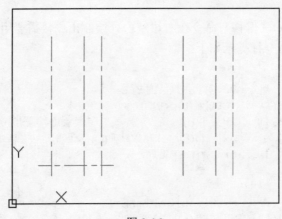

图 9-16

（2）使用"偏移"命令绘制其他的水平轴线。选择"修改>偏移"菜单命令或单击"修改"工具栏中的 ⌐（偏移）按钮, 然后根据命令行提示进行操作, 绘制结果如图 9-17 所示, 命令行提示如下:

命令: _offset
当前设置: 删除源=否　图层=源　OFFSETGAPTYPE=0
指定偏移距离或 [通过(T)/删除(E)/图层(L)] <通过>: 1740 ↙
选择要偏移的对象, 或 [退出(E)/放弃(U)] <退出>: 　　　　　　//单击选择第一条水平轴线
指定要偏移的那一侧上的点, 或 [退出(E)/多个(M)/放弃(U)] <退出>:
　　　　　　　　　　　　　　　　　　　　　//在轴线上侧单击鼠标左键
选择要偏移的对象, 或 [退出(E)/放弃(U)] <退出>: ↙ //结束偏移命令
命令: ↙　　　　　　　　　　　　　　　　　//直接回车重复执行上次的命令
OFFSET
当前设置: 删除源=否　图层=源　OFFSETGAPTYPE=0
指定偏移距离或 [通过(T)/删除(E)/图层(L)] <1740.0000>: 2240 ↙
选择要偏移的对象, 或 [退出(E)/放弃(U)] <退出>: 　　　　　//单击选择最上一条水平轴线
指定要偏移的那一侧上的点, 或 [退出(E)/多个(M)/放弃(U)] <退出>:
　　　　　　　　　　　　　　　　　　　　　//在轴线上侧单击鼠标左键
选择要偏移的对象, 或 [退出(E)/放弃(U)] <退出>: ↙　　//结束偏移命令
命令: ↙　　　　　　　　　　　　　　　　　//直接回车重复执行上次的命令
OFFSET
当前设置: 删除源=否　图层=源　OFFSETGAPTYPE=0
指定偏移距离或 [通过(T)/删除(E)/图层(L)] <2240.0000>: 1940 ↙
选择要偏移的对象, 或 [退出(E)/放弃(U)] <退出>: 　　　　　//单击选择最上一条水平轴线
指定要偏移的那一侧上的点, 或 [退出(E)/多个(M)/放弃(U)] <退出>:
　　　　　　　　　　　　　　　　　　　　　//在轴线上侧单击鼠标左键
选择要偏移的对象, 或 [退出(E)/放弃(U)] <退出>: ↙　　//结束偏移命令
命令: ↙　　　　　　　　　　　　　　　　　//直接回车重复执行上次的命令
OFFSET
当前设置: 删除源=否　图层=源　OFFSETGAPTYPE=0
指定偏移距离或 [通过(T)/删除(E)/图层(L)] <1940.0000>: 4500 ↙
选择要偏移的对象, 或 [退出(E)/放弃(U)] <退出>: 　　　　　//单击选择最上一条水平轴线
指定要偏移的那一侧上的点, 或 [退出(E)/多个(M)/放弃(U)] <退出>:
　　　　　　　　　　　　　　　　　　　　　//在轴线上侧单击鼠标左键
选择要偏移的对象, 或 [退出(E)/放弃(U)] <退出>: ↙ //结束偏移命令
命令: ↙　　　　　　　　　　　　　　　　　//直接回车重复执行上次的命令
OFFSET
当前设置: 删除源=否　图层=源　OFFSETGAPTYPE=0
指定偏移距离或 [通过(T)/删除(E)/图层(L)] <4500.0000>: 2540 ↙
选择要偏移的对象, 或 [退出(E)/放弃(U)] <退出>: 　　　　　//单击选择最上一条水平轴线
指定要偏移的那一侧上的点, 或 [退出(E)/多个(M)/放弃(U)] <退出>:
　　　　　　　　　　　　　　　　　　　　　//在轴线上侧单击鼠标左键
选择要偏移的对象, 或 [退出(E)/放弃(U)] <退出>: ↙ //结束偏移命令

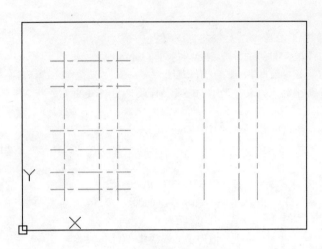

图 9-17

（3）绘制二楼需要用到的水平轴线。在命令行中输入 line（直线）命令，绘制一条长 8300 的直线，命令行提示如下：

```
命令: line ↙
指定第一点: 18000,4100 ↙
指定下一点或 [放弃(U)]: @8300,0 ↙
指定下一点或 [放弃(U)]: ↙
```

（4）使用"偏移"命令绘制其他的水平轴线。选择"修改>偏移"菜单命令，然后根据命令行提示进行操作，绘制结果如图 9-18 所示，命令行提示如下：

```
命令: _offset
当前设置: 删除源=否   图层=源   OFFSETGAPTYPE=0
指定偏移距离或 [通过(T)/删除(E)/图层(L)] <2540.0000>:  2500 ↙
选择要偏移的对象, 或 [退出(E)/放弃(U)] <退出>:              //单击选择第一条水平轴线
指定要偏移的那一侧上的点, 或 [退出(E)/多个(M)/放弃(U)] <退出>: //在轴线上侧单击鼠标左键
选择要偏移的对象, 或 [退出(E)/放弃(U)] <退出>: ↙
命令: ↙
OFFSET
当前设置: 删除源=否   图层=源   OFFSETGAPTYPE=0
指定偏移距离或 [通过(T)/删除(E)/图层(L)] <2500.0000>:  1340 ↙
选择要偏移的对象, 或 [退出(E)/放弃(U)] <退出>:              //单击选择最上一条水平轴线
指定要偏移的那一侧上的点, 或 [退出(E)/多个(M)/放弃(U)] <退出>: //在轴线上侧单击鼠标左键
选择要偏移的对象, 或 [退出(E)/放弃(U)] <退出>: ↙
命令: ↙
OFFSET
当前设置: 删除源=否   图层=源   OFFSETGAPTYPE=0
指定偏移距离或 [通过(T)/删除(E)/图层(L)] <1340.0000>:  3140 ↙
选择要偏移的对象, 或 [退出(E)/放弃(U)] <退出>:              //单击选择最上一条水平轴线
指定要偏移的那一侧上的点, 或 [退出(E)/多个(M)/放弃(U)] <退出>: //在轴线上侧单击鼠标左键
选择要偏移的对象, 或 [退出(E)/放弃(U)] <退出>: ↙
命令: ↙
OFFSET
当前设置: 删除源=否   图层=源   OFFSETGAPTYPE=0
```

指定偏移距离或 [通过(T)/删除(E)/图层(L)] <3140.0000>: 3440 ✓
选择要偏移的对象, 或 [退出(E)/放弃(U)] <退出>:   //单击选择最上一条水平轴线
指定要偏移的那一侧上的点, 或 [退出(E)/多个(M)/放弃(U)] <退出>: //在轴线上侧单击鼠标左键
选择要偏移的对象, 或 [退出(E)/放弃(U)] <退出>: ✓

命令: ✓
OFFSET
当前设置: 删除源=否   图层=源   OFFSETGAPTYPE=0
指定偏移距离或 [通过(T)/删除(E)/图层(L)] <3440.0000>: 2540 ✓
选择要偏移的对象, 或 [退出(E)/放弃(U)] <退出>:   //单击选择最上一条水平轴线
指定要偏移的那一侧上的点, 或 [退出(E)/多个(M)/放弃(U)] <退出>: //在轴线上侧单击鼠标左键
选择要偏移的对象, 或 [退出(E)/放弃(U)] <退出>: ✓

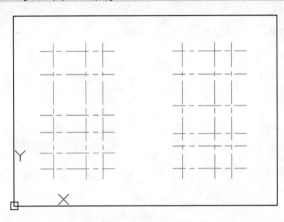

图 9-18

9.2.3 绘制墙体

有了前面的定位轴线，就可以开始墙体的绘制了。墙体绘制的主要思路是先使用 mline（多线）命令绘制墙体轮廓，然后使用 mledit（多线编辑）命令修改墙体。

1. 绘制一楼墙体轮廓

使用 mline（多线）命令可以绘制墙体，执行 mline 命令的常用方法有以下几种：

● 选择"绘图>多线"菜单命令。

● 在命令行中输入 mline 命令（简化形式为 ML）。

（1）单击图层工具栏中的小三角形按钮，在下拉列表中选择"墙体"图层为当前图层，如图 9-19 所示。

图 9-19

（2）选择"绘图>多线"菜单命令，然后根据命令提示绘制外墙轮廓，绘制结果如图 9-20 所示，命令行提示如下：

命令: _mline
当前设置: 对正 = 上, 比例 = 20.00, 样式 = STANDARD
指定起点或 [对正(J)/比例(S)/样式(ST)]: s ✓   //设置比例
输入多线比例 <20.00>: 240 ✓   //比例设置为 240
当前设置: 对正 = 上, 比例 = 240.00, 样式 = STANDARD

指定起点或 [对正(J)/比例(S)/样式(ST)]: j ✓	//设置对正方式
输入对正类型 [上(T)/无(Z)/下(B)] <上>: z ✓	//对正方式为无，即中间对齐
当前设置: 对正 = 无，比例 = 240.00，样式 = STANDARD	
指定起点或 [对正(J)/比例(S)/样式(ST)]:	//捕捉最下和最左轴线交点
指定下一点:	//捕捉最下和最右轴线交点
指定下一点或 [放弃(U)]:	//捕捉最上和最右轴线交点
指定下一点或 [闭合(C)/放弃(U)]:	//捕捉最上和最左轴线交点
指定下一点或 [闭合(C)/放弃(U)]: c ✓	//闭合多线

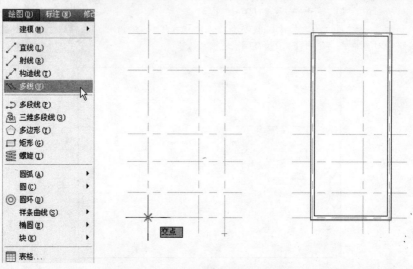

图 9-20

（3）再次使用 mline（多线）命令绘制内部的其他墙体。选择"绘图>多线"菜单命令，然后根据命令提示绘制外墙轮廓，绘制结果如图 9-21 所示，命令行提示如下：

命令: _mline	
当前设置: 对正 = 无，比例 = 240.00，样式 = STANDARD	
指定起点或 [对正(J)/比例(S)/样式(ST)]:	//捕捉点 1
指定下一点:	//捕捉点 2
指定下一点或 [放弃(U)]: ✓	//结束命令
命令: ✓	//直接回车重复执行上次的命令
MLINE	
当前设置: 对正 = 无，比例 = 240.00，样式 = STANDARD	
指定起点或 [对正(J)/比例(S)/样式(ST)]:	//捕捉点 3
指定下一点:	//捕捉点 4
指定下一点或 [放弃(U)]: ✓	
命令: ✓	
MLINE	
当前设置: 对正 = 无，比例 = 240.00，样式 = STANDARD	
指定起点或 [对正(J)/比例(S)/样式(ST)]:	//捕捉点 5
指定下一点:	//捕捉点 6
指定下一点或 [放弃(U)]: ✓	
命令: ✓	
MLINE	

当前设置: 对正 = 无，比例 = 240.00，样式 = STANDARD
指定起点或 [对正(J)/比例(S)/样式(ST)]:   //捕捉点 7
指定下一点: //捕捉点 8
指定下一点或 [放弃(U)]:   //捕捉点 9
指定下一点或 [闭合(C)/放弃(U)]: ↙

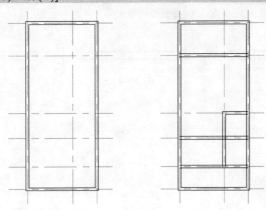

图 9-21

2．修改一楼墙体

现在的墙体轮廓已经绘制完成了，但还存在很多问题，比如接头处交叉都不正确，门窗位置全部是封闭的，因此需要进一步对其进行修改。

使用 mledit（多线编辑）命令可以修改多线，执行 mledit 命令的常用方法有以下几种：

● 选择"修改>对象>多线"菜单命令。

● 在命令行中输入 mledit 命令。

（1）首先修改多线连接处。选择"修改>对象>多线"菜单命令打开"多线编辑工具"对话框，然后单击"T 形打开"图标，如图 9-22 所示。

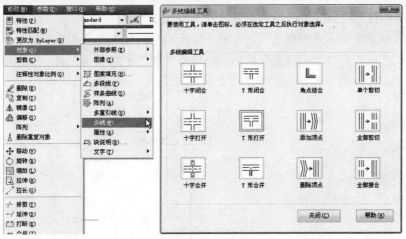

图 9-22

（2）单击"T 形打开"图标后，系统将关闭"多线编辑工具"对话框返回绘图窗口，然后根据命令行提示操作，操作方法如图 9-23 所示。

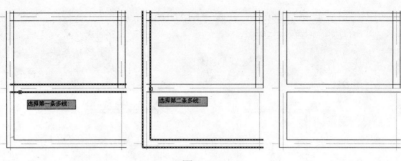

图 9-23

命令行提示如下：

```
命令: _mledit
选择第一条多线:
选择第二条多线:
选择第一条多线 或 [放弃(U)]:
选择第二条多线:
选择第一条多线 或 [放弃(U)]:
选择第二条多线:
选择第一条多线 或 [放弃(U)]:
选择第二条多线:
选择第一条多线 或 [放弃(U)]:
选择第二条多线:
选择第一条多线 或 [放弃(U)]:
选择第二条多线:
选择第一条多线 或 [放弃(U)]:
选择第二条多线:
选择第一条多线 或 [放弃(U)]:✓                    //结束修改
```

使用"T形打开"方式修改后的墙体如图 9-24 所示。

（3）修改户型中间的十字型交点。选择"修改>对象>多线"菜单命令打开"多线编辑工具"对话框，然后单击"十字打开"图标，系统将关闭"多线编辑工具"对话框返回绘图窗口，然后根据命令行提示操作，修改结果如图 9-25 所示，命令行提示如下：

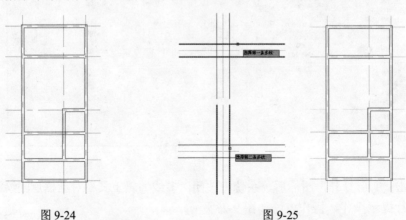

图 9-24   图 9-25

```
命令：_mledit
选择第一条多线：
选择第二条多线：
选择第一条多线 或 [放弃(U)]：✓                          //结束修改
```

3. 修剪一楼门窗位置

毛坯房一般都预留了门窗洞，在绘制室内平面图时，需要将这些门窗洞的位置和大小准确地表达出来。

（1）使用偏移命令复制两条辅助直线，分别距离最下一条水平轴线距离为 400 和 1500，如图 9-26 所示，命令行提示如下：

```
命令: offset ✓
当前设置: 删除源=否  图层=源  OFFSETGAPTYPE=0
指定偏移距离或 [通过(T)/删除(E)/图层(L)] <通过>:  400 ✓
选择要偏移的对象, 或 [退出(E)/放弃(U)] <退出>:              //选择最下一条水平轴线
指定要偏移的那一侧上的点, 或 [退出(E)/多个(M)/放弃(U)] <退出>: //在轴线上侧单击鼠标左键
选择要偏移的对象, 或 [退出(E)/放弃(U)] <退出>: ✓
命令: offset ✓
当前设置: 删除源=否  图层=源  OFFSETGAPTYPE=0
指定偏移距离或 [通过(T)/删除(E)/图层(L)] <400.0000>:  1500 ✓
选择要偏移的对象, 或 [退出(E)/放弃(U)] <退出>:              //选择最下一条水平轴线
指定要偏移的那一侧上的点, 或 [退出(E)/多个(M)/放弃(U)] <退出>: //在轴线上侧单击鼠标左键
选择要偏移的对象, 或 [退出(E)/放弃(U)] <退出>: ✓
```

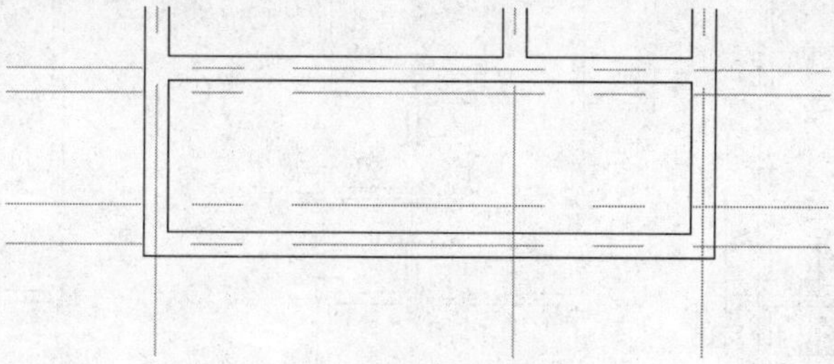

图 9-26

（2）修剪出门洞。单击"修改"工具栏中的 ↙ （修剪）按钮，使用 Trim（修剪）命令以刚偏移生成的两条直线为剪切边进行修剪操作，如图 9-27 所示，命令行提示如下：

```
命令: _trim
当前设置:投影=UCS，边=无
选择剪切边...
选择对象或 <全部选择>:  找到 1 个                  //单击上面偏移生成的第一条直线
选择对象: 找到 1 个, 总计 2 个                     //单击上面偏移生成的第二条直线
选择对象: ✓                                        //完成剪切边的选择
选择要修剪的对象, 或按住 Shift 键选择要延伸的对象, 或
[栏选(F)/窗交(C)/投影(P)/边(E)/删除(R)/放弃(U)]:     //单击墙体轮廓多线
选择要修剪的对象, 或按住 Shift 键选择要延伸的对象, 或
[栏选(F)/窗交(C)/投影(P)/边(E)/删除(R)/放弃(U)]: ✓   //结束修剪命令
```

（3）删除两条辅助直线。

（4）使用直线命令对修剪出的开口处进行封口处理，如图 9-28 所示。

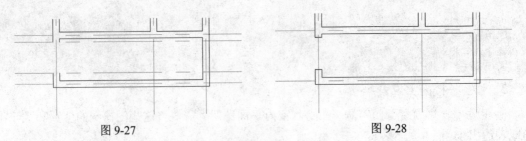

图 9-27   图 9-28

（5）重复使用上面的方法，修剪出其余的门洞和窗户位置。

由于需要绘制的辅助线较多，仍然采用复制轴线的方法整个图形会显得比较乱，因此这里可以先绘制很多辅助短直线，然后再使用修剪命令进行修剪。各部分需要修剪的尺寸和修剪结果如图 9-29 所示。

（6）对修剪出来的接头处进行封口处理。这里处理接头可以使用两种方法，第一是保留辅助短直线，使用修剪命令剪掉超出的部分或直接拖动夹点至正确的位置即可；第二是删除辅助短直线，然后使用直线命令进行封口处理，处理结果如图 9-30 所示。

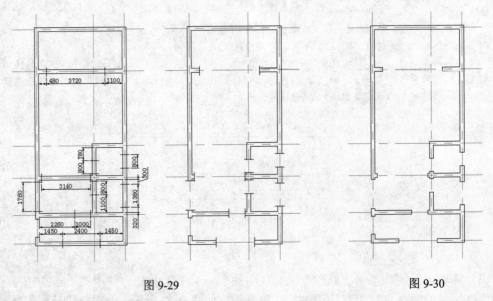

图 9-29   图 9-30

4. 绘制二楼墙体轮廓

二楼墙体轮廓绘制方法同一楼一样，也是使用多线命令依据现有的轴线进行绘制。

（1）选择"绘图>多线"菜单命令，然后根据命令提示绘制二楼外墙轮廓，命令参数使用前面的设置，这里不做任何修改，命令行提示如下：

```
命令：_mline
当前设置：对正 = 无，比例 = 240.00，样式 = STANDARD
指定起点或 [对正(J)/比例(S)/样式(ST)]:              //捕捉最下和最左轴线交点
指定下一点:                                        //捕捉最下和最右轴线交点
指定下一点或 [放弃(U)]:                             //捕捉最上和最右轴线交点
指定下一点或 [闭合(C)/放弃(U)]:                      //捕捉最上和最左轴线交点
指定下一点或 [闭合(C)/放弃(U)]: c ✓                  //闭合多线
```

（2）再次使用多线命令绘制其他的内墙轮廓，绘制结果如图 9-31 所示。

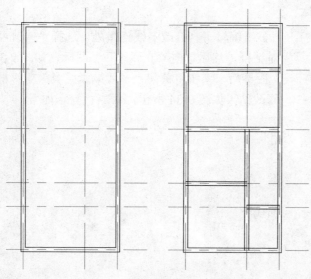

图 9-31

（3）补充一条垂直轴线。选择"修改>偏移"菜单命令，将二楼最左边垂直轴线向右偏移 2340，如图 9-32 所示，命令行提示如下：

```
命令：_offset
当前设置：删除源=否    图层=源    OFFSETGAPTYPE=0
指定偏移距离或 [通过(T)/删除(E)/图层(L)] <通过>：2340 ✓
选择要偏移的对象，或 [退出(E)/放弃(U)] <退出>：              //选择最左边垂直轴线
指定要偏移的那一侧上的点，或 [退出(E)/多个(M)/放弃(U)] <退出>://在轴线右侧单击鼠标左键
选择要偏移的对象，或 [退出(E)/放弃(U)] <退出>：✓
```

（4）以刚偏移生成的垂直轴线为参照，使用多线命令绘制另外一条内墙轮廓，如图 9-32 所示。

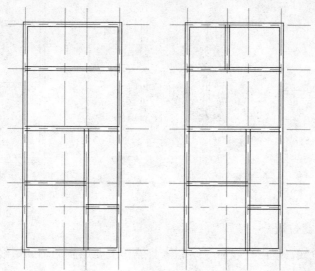

图 9-32

5. 修改二楼墙体

（1）使用"T形打开"多线编辑工具修改多线连接处。选择"修改>对象>多线"菜单命令打开"多线编辑工具"对话框，然后单击"T形打开"图标，如图 9-33 所示。

（2）单击"T形打开"图标后，系统将关闭"多线编辑工具"对话框返回绘图窗口，然后根据命令行提示操作，修改结果如图 9-34 所示，命令行提示如下：

```
命令:_mledit
选择第一条多线:
选择第二条多线:
选择第一条多线 或 [放弃(U)]:
选择第二条多线:
选择第一条多线 或 [放弃(U)]:
选择第二条多线:
选择第一条多线 或 [放弃(U)]:
选择第二条多线:
选择第一条多线 或 [放弃(U)]:
选择第二条多线:
选择第一条多线 或 [放弃(U)]:
选择第二条多线:
选择第一条多线 或 [放弃(U)]: ↙            //结束修改
```

图 9-33

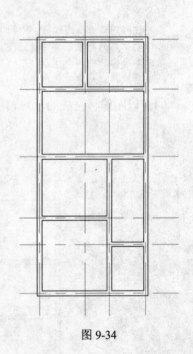

图 9-34

6. 修剪二楼门窗位置

（1）绘制辅助短线。使用直线命令绘制修剪操作所要用到的辅助短线，各辅助线的距离如图 9-35 所示。

（2）以上面绘制的辅助短线为剪切边，使用修剪命令对多线进行修剪。修剪完成后再次使用修剪命令对修剪出来的接头进行封口处理，如图 9-36 所示。

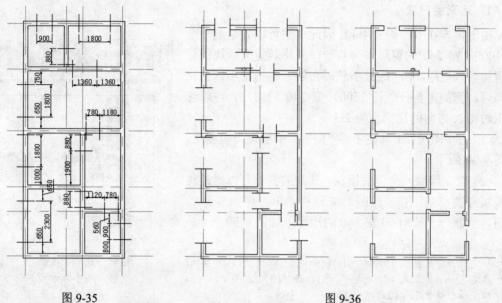

图 9-35   图 9-36

至此平面图所需要的墙体就全部绘制完成了，结果如图 9-37 所示。

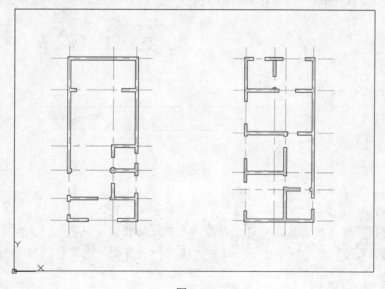

图 9-37

9.2.4 ▶ 绘制门窗

墙体绘制完成后就需要进行门窗的绘制，在平面布置图上，门需要反映出门扇的尺寸、方向等信息，窗主要反映窗户的尺寸信息。

门窗的绘制比较简单一些，在前面门窗洞的位置都已经按需要的尺寸预留出来了，这里只需在相应的位置绘制即可。

1. 定义窗户块

由于窗户在多处需要用到，因此这里可以先绘制一个长 1000，宽 240 的窗户作为基准，并将其定义成块供后面直接插入使用，不同的大小只需在插入时指定不同的比例即可，例如需要一个长 2500，宽 240 的窗户，可以在插入时将 X 方向的比例设为 2.5。

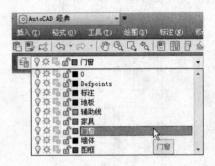

图 9-38

（1）在"图层"工具栏中将"门窗"图层设为当前层，如图 9-38 所示。

（2）首先绘制一个窗的模板，其余的窗均可以通过这个模板修改得到。在"绘图"工具栏中单击 □ （矩形）按钮，绘制一个长 1000 宽 240 的矩形，如图 9-39 所示，命令行提示如下：

```
命令: _rectang
指定第一个角点或 [倒角(C)/标高(E)/圆角(F)/厚度(T)/宽度(W)]:          //任意位置单击鼠标
指定另一个角点或 [面积(A)/尺寸(D)/旋转(R)]: d ✓                    //选择"尺寸"方式
指定矩形的长度 <10.0000>: 1000 ✓
指定矩形的宽度 <10.0000>: 240 ✓
指定另一个角点或 [面积(A)/尺寸(D)/旋转(R)]:                        //任意位置单击鼠标
```

图 9-39

> **Tips**
>
> 单击选择矩形，然后将鼠标移至矩形四个顶点的任意夹点之上，系统会自动显示出该矩形的实际尺寸，如图 9-40 所示。这种方法同样适用于其他图形，读者可以自行测试。

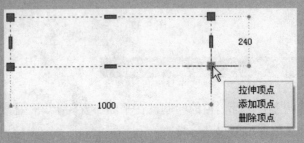

图 9-40

（3）在矩形中绘制两条直线，使矩形在垂直方向三等分。在"绘图"工具栏中单击
╱（直线）按钮，以矩形上面两个顶点作为直线的端点绘制一条直线；然后在"修改"
工具栏中单击 ✥ 按钮使用 move（移动）命令将该直线向下移动 80，如图 9-41 所示，
命令行提示如下：

```
命令: _line
指定第一点:                                    //捕捉矩形左上顶点
指定下一点或 [放弃(U)]:                        //捕捉矩形右上顶点
指定下一点或 [放弃(U)]: ✓                      //结束直线命令
命令: _move
选择对象: 找到 1 个                            //选择刚绘制的直线
选择对象: ✓                                    //结束对象选择
指定基点或 [位移(D)] <位移>:                   //捕捉矩形左上顶点
指定第二个点或 <使用第一个点作为位移>: @0,-80 ✓  //向下移动 80
```

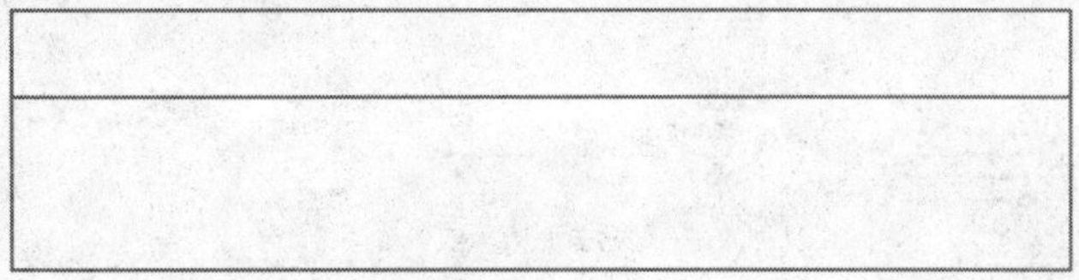

图 9-41

（4）然后在"修改"工具栏中单击 ⊙ 按钮使用 copy（复制）命令将刚绘制的直线进行
复制，使其位于被复制直线下方 80 处，如图 9-42 所示，命令行提示如下：

```
命令: _copy
选择对象: 找到 1 个                            //选择上面绘制的直线
选择对象: ✓                                    //结束对象选择
当前设置: 复制模式 = 多个
指定基点或 [位移(D)/模式(O)] <位移>:           //捕捉直线左边端点
指定第二个点或 [阵列(A)] <使用第一个点作为位移>: @0,-80 ✓ //向下移动 80
指定第二个点或 [阵列(A)/退出(E)/放弃(U)] <退出>: ✓  //结束复制命令
```

图 9-42

（5）将矩形及直线成块供后面调用。

选择"绘图>块>创建"菜单命令或在"绘图"工具栏中单击 ⊡（创建块）按钮，弹出
"块定义"对话框，在"对象"区域中单击 ⊞（选择对象）按钮，将暂时关闭"块定义"对
话框返回绘图区，框选窗户包含的所有对象，即一个矩形和两条直线，选择完成后按【Enter】
键返回"块定义"对话框；然后在"基点"区域中单击 ⊞（拾取点）按钮，系统将再次关闭

"块定义"对话框返回绘图区，捕捉矩形左上角顶点作为插入基点，基点指定后将自动返回"块定义"对话框；在"名称"框中输入块的名称 window；最后单击"确定"按钮完成块的创建并关闭当前对话框，如图 9-43 所示，命令行提示如下：

```
命令：_block
选择对象：指定对角点：找到 3 个          //框选窗户包含的 3 个对象
选择对象：✓                            //结束对象选择
指定插入基点：                          //捕捉矩形左上角顶点
```

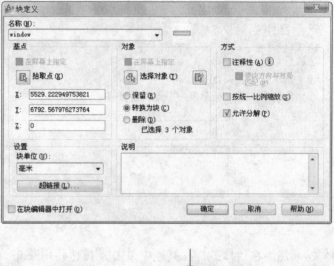

图 9-43

（6）删除绘图区中用于创建块的对象。

2. 绘制一楼窗

块创建完成后就可以正式开始窗户的绘制了，具体方法是使用插入块操作，并指定比例和插入点。

墙体绘制完成后，轴线基本上就没什么作用了，此时我们可以将轴线全部隐藏，从而使整个图形看起来不至于太乱。单击"图层"工具栏右边的向下三角形图标，然后在图层列表中单击"轴线"图层前面的 ♀（开/关图层）图标，该图标将变成灰色 ♀，最后在绘图区任意位置单击鼠标即可将轴线隐藏，操作方法如图 9-44 所示。

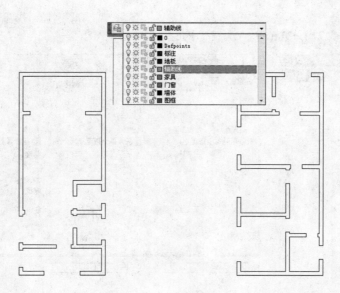

图 9-44

为了方便后面的操作和说明，绘制之前将需要绘制窗户的位置和尺寸全部标注出来，如图 9-45 所示。

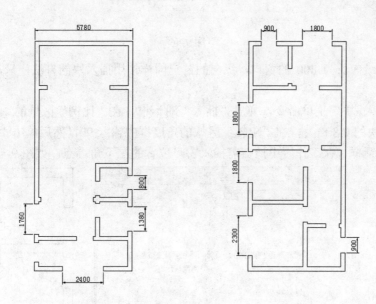

图 9-45

（1）首先绘制一楼最下方长为 2400 的窗户。

选择"插入>块"菜单命令，弹出"插入"对话框，"名称"框中显示的就是最新创建的块 window，因此不需要再选择。在"比例"区域的 X 框中输入 2.4（即 X 方向为块的 2.4 倍，源块长度为 1000，因此插入的窗户实际长度为 2400），然后单击"确定"按钮关闭"插入"对话框，在工作区中捕捉需插入窗户位置的左上角端点，如图 9-46 所示，命令提示如下：

命令:_insert
指定插入点或 [基点(B)/比例(S)/X/Y/Z/旋转(R)]:

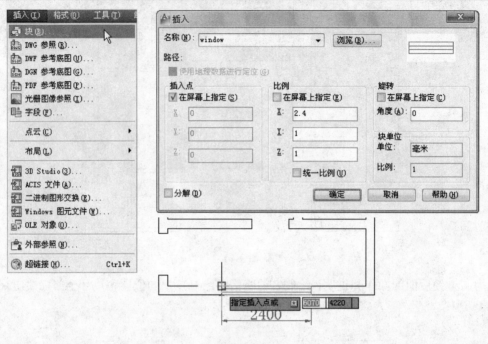

图 9-46

（2）绘制纵向长为 800 的窗户，纵向的窗户同样使用插入块的方法，只是角度会有 90 度的旋转。

选择"插入>块"菜单命令，弹出"插入"对话框，在"比例"区域的 X 框中输入 0.8（即 X 方向为块的 0.8 倍），在"旋转"区域的角度框中输入 90，然后单击"确定"按钮关闭"插入"对话框，在工作区中捕捉需插入窗户位置的左下角端点，如图 9-47 所示。

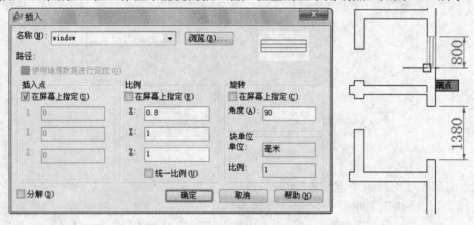

图 9-47

（3）重复上面 1、2 步的方法，绘制出一楼其他的窗户，绘制完成后删除窗户的标注，绘制结果如图 9-48 所示。

3．绘制二楼窗

二楼窗户的绘制和一楼方法一样，都是使用插入块的方法，这里就不作详细介绍了，只给出窗户绘制完成后的效果，如图 9-49 所示。

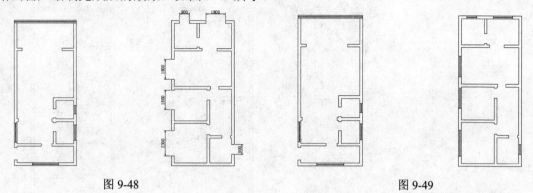

图 9-48   图 9-49

4．绘制一楼门

在平面图中，门主要需反映出尺寸和开启方向。

由于门的宽度和方向不尽相同，但厚度通常是相同的，因此使用创建块的方法很难一步到位，而是要根据不同的需要分别绘制。

门的绘制方法比较简单，通常是先绘制一个反映门的宽度和厚度的矩形，然后再绘制一段反映门的开启方向和范围的圆弧，图 9-50 所示就是一个通用的门的形状。

下面正式开始绘制一楼所需的门。

（1）首先打开中点捕捉模式。在屏幕下方状态栏中的 □（对象捕捉）按钮上右击，然后在弹出菜单中选择"中点"命令打开中点捕捉模式，如图 9-51 所示。

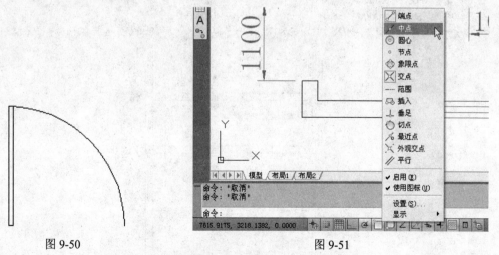

图 9-50   图 9-51

（2）将需要绘制门的接头处的两端中点用直线连接起来，以供绘制时的定位之用。在"图层"工具栏中将"墙体"图层设为当前图层。以一楼入户门位置为例，使用直线命令绘制一条连接两端中点的直线，如图 9-52 所示，命令行提示如下：

```
命令：_line
指定第一点：                    //捕捉上方接头处中点
```

| 指定下一点或 [放弃(U)]: | //捕捉下方接头处中点 |
| 指定下一点或 [放弃(U)]: ✓ | //结束命令 |

（3）使用同样的方法绘制出一、二楼其他地方需要的直线，如图 9-53 所示。

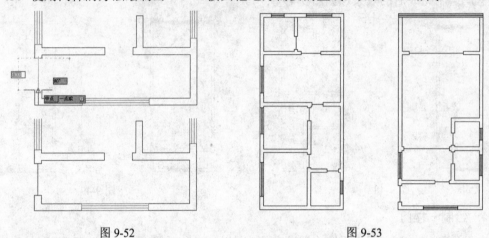

图 9-52　　　　　　　　　　　　　　图 9-53

（4）在"图层"工具栏中将"门窗"图层设为当前图层。为了方便绘制和描述，先将所有需要绘制门的位置的尺寸标示出来。

（5）以一楼入户门为例说明门的绘制方法。选择"绘图>矩形"菜单命令，绘制一个长1100，宽 38 的矩形，如图 9-54 所示，命令行提示如下：

命令: _rectang	
指定第一个角点或 [倒角(C)/标高(E)/圆角(F)/厚度(T)/宽度(W)]:	//捕捉连接线上端点
指定另一个角点或 [面积(A)/尺寸(D)/旋转(R)]: d ✓	//选择尺寸输入方式
指定矩形的长度 <10.0000>: 1100 ✓	
指定矩形的宽度 <10.0000>: 38 ✓	
指定另一个角点或 [面积(A)/尺寸(D)/旋转(R)]:	//在起点右下方单击鼠标

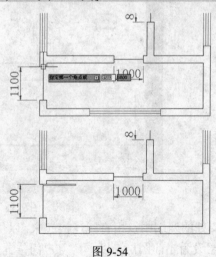

图 9-54

（6）绘制圆弧。选择"绘图>圆弧>起点、圆心、端点"菜单命令，然后根据命令行提示绘制一段圆弧，如图 9-55 所示，命令行提示如下：

```
命令: _arc
指定圆弧的起点或 [圆心(C)]:                              //捕捉连接线下端点
指定圆弧的第二个点或 [圆心(C)/端点(E)]: _c 指定圆弧的圆心:   //捕捉矩形左上角端点
指定圆弧的端点或 [角度(A)/弦长(L)]:                      //捕捉矩形右上角端点
```

（7）参照上面的绘制方法，绘制出一楼其他的门，要注意宽度和方向，绘制完成后删除尺寸标注内容，绘制结果如图 9-56 所示。

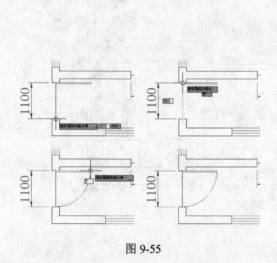

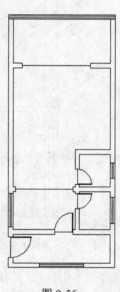

图 9-55

图 9-56

5. 绘制二楼门

二楼的绘制同一楼方法一样，都是只需要控制尺寸以及方向即可，这里就不详细介绍了，绘制完成后的效果如图 9-57 所示。

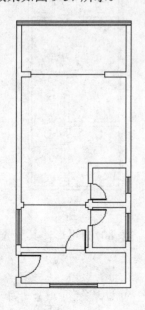

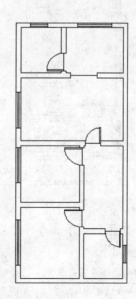

图 9-57

6. 绘制推拉门

在现实生活中，很多户型在设计时都要涉及到推拉门，特别是封闭空间与开放空间（如客厅和阳台）的连接处，本例同样不例外，在一楼和二楼都分别有推拉门的位置。

在平面图中，推拉门通常用交错的矩形进行表示，如图 9-58 所示。

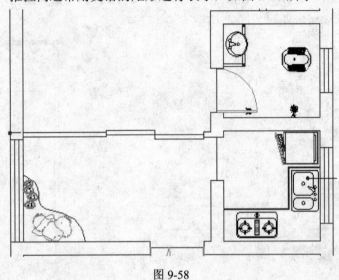

图 9-58

下面介绍本例推拉门的绘制。

（1）打开"中点"捕捉功能。

（2）首先绘制一楼下方推拉门（图 9-59 中宽度为 3140 的位置）。

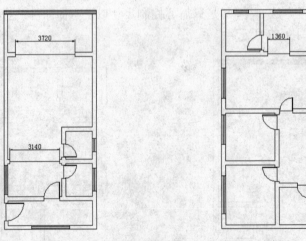

图 9-59

选择"绘图>矩形"菜单命令，绘制两个长 900，宽 80 的矩形，其位置关系如图 9-60 所示，命令行提示如下：

```
命令: _rectang
指定第一个角点或 [倒角(C)/标高(E)/圆角(F)/厚度(T)/宽度(W)]://捕捉连接线右端点
指定另一个角点或 [面积(A)/尺寸(D)/旋转(R)]: d ✓
指定矩形的长度 <900.0000>: 900 ✓
```

指定矩形的宽度 <80.0000>: 80 ↙

指定另一个角点或 [面积(A)/尺寸(D)/旋转(R)]:　　　　　　//在起点左下方单击鼠标

命令: ↙　　　　　　　　　　　　　　　　　　　　　　　//直接回车重复执行矩形命令

RECTANG

指定第一个角点或 [倒角(C)/标高(E)/圆角(F)/厚度(T)/宽度(W)]://捕捉上一矩形左上角端点

指定另一个角点或 [面积(A)/尺寸(D)/旋转(R)]: d ↙

指定矩形的长度 <900.0000>: ↙　　　　　　　　　　　　//继承上一个长度

指定矩形的宽度 <80.0000>: ↙　　　　　　　　　　　　　//继承上一个宽度

指定另一个角点或 [面积(A)/尺寸(D)/旋转(R)]:　　　　　　//在起点左上方单击鼠标

（3）选择"绘图>矩形"菜单命令，再绘制一个长 1340，宽 80 的矩形用作门的固定部分，然后删除连接线和标注，如图 9-61 所示，命令行提示如下：

命令: _rectang

指定第一个角点或 [倒角(C)/标高(E)/圆角(F)/厚度(T)/宽度(W)]: //捕捉第二个矩形左边中点

指定另一个角点或 [面积(A)/尺寸(D)/旋转(R)]: d ↙

指定矩形的长度 <900.0000>: 1340 ↙

指定矩形的宽度 <80.0000>: 80 ↙

指定另一个角点或 [面积(A)/尺寸(D)/旋转(R)]:　　　　　　//在起点左下方单击鼠标

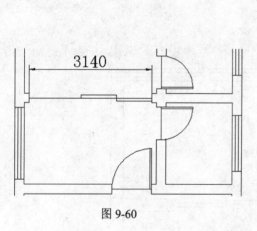

图 9-60

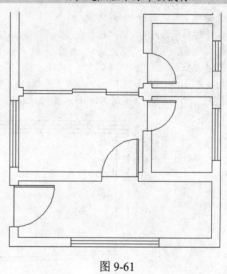

图 9-61

（4）绘制一楼上方推拉门（图 9-59 中宽度为 3720 的位置）。使用矩形命令绘制 4 个矩形，并将这些矩形一起向下移动 40，然后删除连接线和标注，如图 9-62 所示，命令行提示如下：

命令: _rectang

指定第一个角点或 [倒角(C)/标高(E)/圆角(F)/厚度(T)/宽度(W)]:　　　//捕捉连接线左端点

指定另一个角点或 [面积(A)/尺寸(D)/旋转(R)]: d ↙

指定矩形的长度 <1340.0000>: 960 ↙

指定矩形的宽度 <80.0000>: 80 ↙

指定另一个角点或 [面积(A)/尺寸(D)/旋转(R)]:　　　　　　//在起点右上方单击鼠标

命令: ↙　　　　　　　　　　　　　　　　　　　　　　　//直接回车重复执行矩形命令

RECTANG

指定第一个角点或 [倒角(C)/标高(E)/圆角(F)/厚度(T)/宽度(W)]://捕捉第一个矩形右边中点

指定另一个角点或 [面积(A)/尺寸(D)/旋转(R)]: d ↙

指定矩形的长度 <960.0000>: 900 ↙

```
指定矩形的宽度 <80.0000>: 80 ✓
指定另一个角点或 [面积(A)/尺寸(D)/旋转(R)]:                    //在起点右下方单击鼠标
命令: ✓
RECTANG
指定第一个角点或 [倒角(C)/标高(E)/圆角(F)/厚度(T)/宽度(W)]://捕捉第二个矩形右上端点
指定另一个角点或 [面积(A)/尺寸(D)/旋转(R)]: d ✓
指定矩形的长度 <900.0000>: ✓                              //继承上一个长度
指定矩形的宽度 <80.0000>: ✓                               //继承上一个宽度
指定另一个角点或 [面积(A)/尺寸(D)/旋转(R)]:                    //在起点右上方单击鼠标
命令: ✓
RECTANG
指定第一个角点或 [倒角(C)/标高(E)/圆角(F)/厚度(T)/宽度(W)]:    //捕捉第三个矩形右边中点
指定另一个角点或 [面积(A)/尺寸(D)/旋转(R)]: d ✓
指定矩形的长度 <900.0000>: 960 ✓
指定矩形的宽度 <80.0000>: 80 ✓
指定另一个角点或 [面积(A)/尺寸(D)/旋转(R)]:                    //在起点右下方单击鼠标
命令: _move
选择对象: 找到 1 个
选择对象: 找到 1 个，总计 2 个
选择对象: 找到 1 个，总计 3 个
选择对象: 找到 1 个，总计 4 个
选择对象: ✓
指定基点或 [位移(D)] <位移>://任意捕捉一点
指定第二个点或 <使用第一个点作为位移>: @0,-40 ✓               //向下 40
```

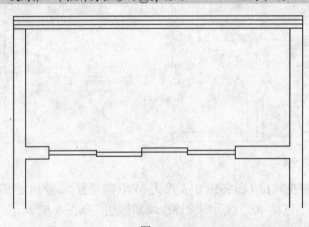

图 9-62

（5）使用同样的方法绘制二楼的推拉门（图 9-59 中宽度为 1360 的位置），如图 9-63 所示，命令行提示如下：

```
命令: _rectang
指定第一个角点或 [倒角(C)/标高(E)/圆角(F)/厚度(T)/宽度(W)]: //捕捉连接线左端点
指定另一个角点或 [面积(A)/尺寸(D)/旋转(R)]: d ✓
指定矩形的长度 <960.0000>: 680 ✓
指定矩形的宽度 <80.0000>: 80 ✓
指定另一个角点或 [面积(A)/尺寸(D)/旋转(R)]:                    //在起点右上方单击鼠标
命令: ✓
```

RECTANG
指定第一个角点或 [倒角(C)/标高(E)/圆角(F)/厚度(T)/宽度(W)]: //捕捉矩形右下角端点
指定另一个角点或 [面积(A)/尺寸(D)/旋转(R)]: d ↙
指定矩形的长度 <680.0000>: ↙   //继承上一个长度
指定矩形的宽度 <80.0000>: ↙   //继承上一个宽度
指定另一个角点或 [面积(A)/尺寸(D)/旋转(R)]:   //在起点右下方单击鼠标

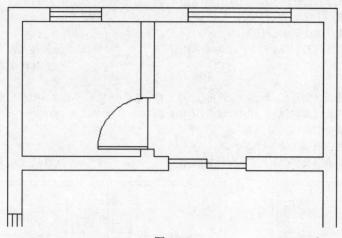

图 9-63

至此，本例的门窗就全部绘制完成了，截止到目前的效果如图 9-64 所示。

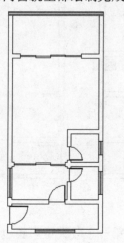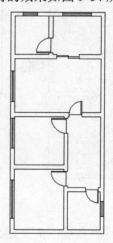

图 9-64

9.2.5 绘制楼梯

由于本例是跃层户型，因此楼梯是必不可少的元素。楼梯的绘制比较简单，主要用直线命令进行绘制，然后加上反映楼梯走向的箭头。

1. 绘制一楼楼梯

（1）将"墙体"图层设置为当前图层。

（2）选择"绘图>矩形"菜单命令，以楼梯位置的右下角端点为起点，向左上方绘制一个长 1000，宽 3600 的矩形；然后再次使用矩形命令，以第一个矩形左下角端点为起点，向左上方绘制一个长 120，宽 3260 的矩形，如图 9-65 所示，命令行提示如下：

```
命令: _rectang
指定第一个角点或 [倒角(C)/标高(E)/圆角(F)/厚度(T)/宽度(W)]:        //捕捉楼梯位置右下角端点
指定另一个角点或 [面积(A)/尺寸(D)/旋转(R)]: d ↙
指定矩形的长度 <10.0000>: 1000 ↙
指定矩形的宽度 <10.0000>: 3600 ↙
指定另一个角点或 [面积(A)/尺寸(D)/旋转(R)]:                        //在起点左上方单击鼠标
命令: ↙                                                        //直接回车重复执行矩形命令
RECTANG
指定第一个角点或 [倒角(C)/标高(E)/圆角(F)/厚度(T)/宽度(W)]:        //捕捉第一个矩形左下端点
指定另一个角点或 [面积(A)/尺寸(D)/旋转(R)]: d ↙
指定矩形的长度 <1000.0000>: 120 ↙
指定矩形的宽度 <3600.0000>: 3260 ↙
指定另一个角点或 [面积(A)/尺寸(D)/旋转(R)]:                        //在起点左上方单击鼠标
```

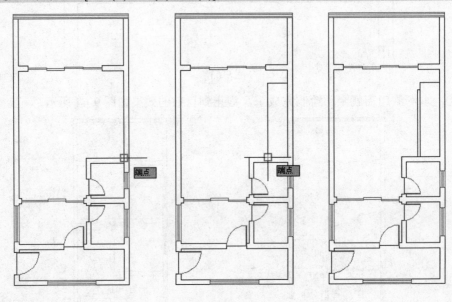

图 9-65

（3）选择"绘图>直线"菜单命令，绘制一条与第一个较大矩形底边相重合的直线，并将其向上移动 300；然后使用复制命令将其向上复制 10 个，距离均为 300，如图 9-66 所示，命令行提示如下：

```
命令: _line
指定第一点:                                    //捕捉较大矩形左下角顶点
指定下一点或 [放弃(U)]:                        //捕捉较大矩形右下角顶点
指定下一点或 [放弃(U)]: ↙                      //结束直线绘制
命令: _move                                    //执行移动命令
选择对象: 找到 1 个                            //选择刚绘制的直线
选择对象: ↙
指定基点或 [位移(D)] <位移>:                    //捕捉直线左端点
```

指定第二个点或 <使用第一个点作为位移>: @0,300 ✓　　　　　//相对起点向上移动 300
命令:_copy　　　　　　　　　　　　　　　　　　　　　//执行复制命令
选择对象: 找到 1 个　　　　　　　　　　　　　　　　　//选择直线
选择对象: ✓
当前设置: 复制模式 = 多个　　　　　　　　　　　　　　//默认复制模式为"多个"
指定基点或 [位移(D)/模式(O)] <位移>:　　　　　　　　　//捕捉直线左端点
指定第二个点或 [阵列(A)] <使用第一个点作为位移>: @0,300 ✓//距离起点向上 300
指定第二个点或 [阵列(A)/退出(E)/放弃(U)] <退出>: @0,600 ✓//距离起点向上 600
指定第二个点或 [阵列(A)/退出(E)/放弃(U)] <退出>: @0,900 ✓
指定第二个点或 [阵列(A)/退出(E)/放弃(U)] <退出>: @0,1200 ✓
指定第二个点或 [阵列(A)/退出(E)/放弃(U)] <退出>: @0,1500 ✓
指定第二个点或 [阵列(A)/退出(E)/放弃(U)] <退出>: @0,1800 ✓
指定第二个点或 [阵列(A)/退出(E)/放弃(U)] <退出>: @0,2100 ✓
指定第二个点或 [阵列(A)/退出(E)/放弃(U)] <退出>: @0,2400 ✓
指定第二个点或 [阵列(A)/退出(E)/放弃(U)] <退出>: @0,2700 ✓
指定第二个点或 [阵列(A)/退出(E)/放弃(U)] <退出>: @0,3000 ✓
指定第二个点或 [阵列(A)/退出(E)/放弃(U)] <退出>: ✓　　　//结束复制命令

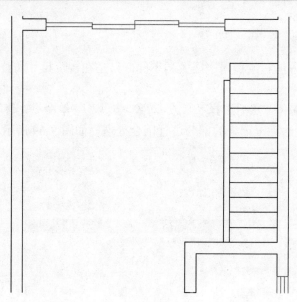

图 9-66

（4）以较大矩形左上角顶点为起点绘制两条斜线，用来表示楼梯的转角，如图 9-67 所
示，命令行提示如下：

命令:_line
指定第一点:　　　　　　　　　　　　　　//捕捉较大矩形左上角顶点
指定下一点或 [放弃(U)]:　　　　　　　　　//在垂直墙体内墙边上捕捉一点
指定下一点或 [放弃(U)]: ✓
命令:_line
指定第一点:　　　　　　　　　　　　　　//捕捉较大矩形左上角顶点
指定下一点或 [放弃(U)]:　　　　　　　　　//在水平墙体内墙边上捕捉一点
指定下一点或 [放弃(U)]: ✓

（5）选择"绘图>多段线"菜单命令，绘制一条带转角的多段线，用来表示楼梯的走向；然后以多段线最下端的顶点为起点绘制两条放射状斜线，用来表示箭头。从而一楼的楼梯就绘制完成了，如图 9-68 所示。

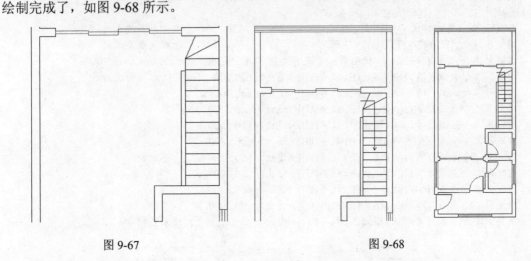

图 9-67   图 9-68

2．绘制二楼楼梯

二楼的楼梯绘制方法和流程同一楼大同小异，只是在台阶尺寸和数量上有一定的差别，下面作详细介绍。

（1）删除多余的墙体，然后选择"修改>对象>多线"菜单命令，使用多线编辑工具中的"全部接合"方式对删除后未闭合的部分进行闭合处理，如图 9-69 所示。

```
命令:_mledit                              //多线编辑命令
选择多线:                                  //在开口处的一端单击鼠标
选择第二个点:                              //在开口处的另一端单击鼠标
选择多线 或 [放弃(U)]: ✓                    //结束命令
```

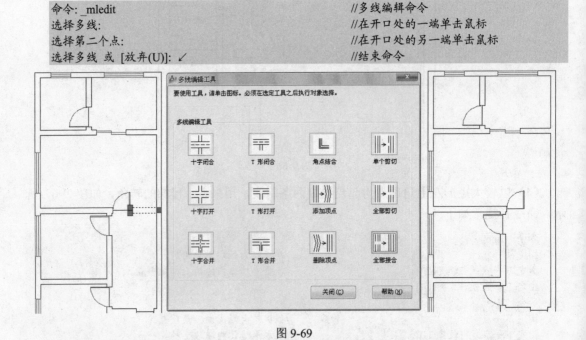

图 9-69

（2）使用矩形命令绘制一个矩形，使其起点为楼梯位置右上角端点，长度为 1000，宽度为 3440，如图 9-70 所示。

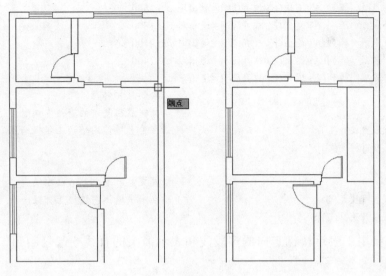

图 9-70

命令行提示如下:

```
命令: _rectang
指定第一个角点或 [倒角(C)/标高(E)/圆角(F)/厚度(T)/宽度(W)]://捕捉楼梯位置右上角端点
指定另一个角点或 [面积(A)/尺寸(D)/旋转(R)]: d ✓
指定矩形的长度 <120.0000>: 1000 ✓
指定矩形的宽度 <3260.0000>: 3440 ✓
指定另一个角点或 [面积(A)/尺寸(D)/旋转(R)]:              //在起点左下方单击鼠标
```

（3）使用直线命令绘制一条与刚绘制的矩形底边相重合的直线，并将其向上移动 380；然后使用复制命令将其向上复制 8 个，距离均为 300；然后再以最后复制的直线左端点为起点绘制两条斜线，用来表示楼梯的转角，如图 9-71 所示。命令行提示如下:

```
命令: _line 指定第一点:                          //捕捉矩形左下角顶点
指定下一点或 [放弃(U)]:                          // 捕捉矩形右下角顶点
指定下一点或 [放弃(U)]: ✓                        //结束直线命令
命令: _move                                     //执行移动命令
选择对象: 找到 1 个                              //选择直线
选择对象: ✓
指定基点或 [位移(D)] <位移>:                      //捕捉直线左端点
指定第二个点或 <使用第一个点作为位移>: @0,380 ✓    //向上移动 380
命令: _copy                                     //执行复制命令
选择对象: 找到 1 个                              //选择直线
选择对象: ✓
当前设置: 复制模式 = 多个
指定基点或 [位移(D)/模式(O)] <位移>:              //捕捉直线左端点
指定第二个点或 [阵列(A)] <使用第一个点作为位移>: @0,300 ✓//距离起点向上 300
指定第二个点或 [阵列(A)/退出(E)/放弃(U)] <退出>: @0,600 ✓ //距离起点向上 600
指定第二个点或 [阵列(A)/退出(E)/放弃(U)] <退出>: @0,900 ✓
指定第二个点或 [阵列(A)/退出(E)/放弃(U)] <退出>: @0,1200 ✓
```

```
指定第二个点或 [阵列(A)/退出(E)/放弃(U)] <退出>: @0,1500 ✓
指定第二个点或 [阵列(A)/退出(E)/放弃(U)] <退出>: @0,1800 ✓
指定第二个点或 [阵列(A)/退出(E)/放弃(U)] <退出>: @0,2100 ✓
指定第二个点或 [阵列(A)/退出(E)/放弃(U)] <退出>: @0,2400 ✓
指定第二个点或 [阵列(A)/退出(E)/放弃(U)] <退出>: ✓
命令: _line                              //绘制楼梯转角
指定第一点:                              //捕捉最后复制的直线左端点
指定下一点或 [放弃(U)]:                  //在垂直墙体内墙边上捕捉一点
指定下一点或 [放弃(U)]: ✓
命令: _line
指定第一点:                              //捕捉最后复制的直线左端点
指定下一点或 [放弃(U)]:                  //在水平墙体内墙边上捕捉一点
指定下一点或 [放弃(U)]: ✓
```

（4）将一楼用于表示楼梯走向的多段线和表示箭头的直线一起复制到二楼楼梯上，如图 9-72 所示。

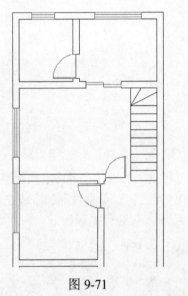
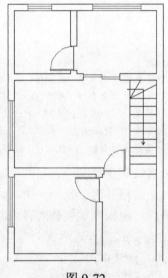

图 9-71   图 9-72

（5）选择"绘图>多段线"菜单命令，以矩形左下角顶点为起点绘制一条用于表示楼梯隔断的多段线，从而完成所有楼梯的绘制，整个图形效果如图 9-73 所示，命令行提示如下：

```
命令: _pline
指定起点://捕捉矩形左下角顶点
当前线宽为 0.0000
指定下一个点或 [圆弧(A)/半宽(H)/长度(L)/放弃(U)/宽度(W)]: @-180,0 ✓        //向左 180
指定下一点或 [圆弧(A)/闭合(C)/半宽(H)/长度(L)/放弃(U)/宽度(W)]: @0,240 ✓    //向上 240
指定下一点或 [圆弧(A)/闭合(C)/半宽(H)/长度(L)/放弃(U)/宽度(W)]: @60,0 ✓     //向右 60
指定下一点或 [圆弧(A)/闭合(C)/半宽(H)/长度(L)/放弃(U)/宽度(W)]: @0,3200 ✓   //向上 3200
指定下一点或 [圆弧(A)/闭合(C)/半宽(H)/长度(L)/放弃(U)/宽度(W)]: ✓          //完成绘制
```

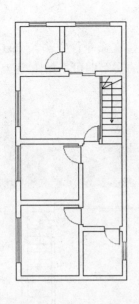
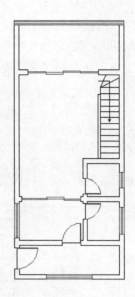

图 9-73

9.2.6 标注名称

为了便于观察，可以为每个房间添加文字标识。文字添加比较简单，只需要使用"单行文字"工具输入需要的文字即可。

（1）设置文字样式。选择"格式>文字样式"菜单命令或在"样式"工具栏中单击 （文字样式）按钮，然后在打开的"文字样式"对话框中新建一个名为"房间名称"的文字样式，并设置相应参数，如图 9-74 所示。

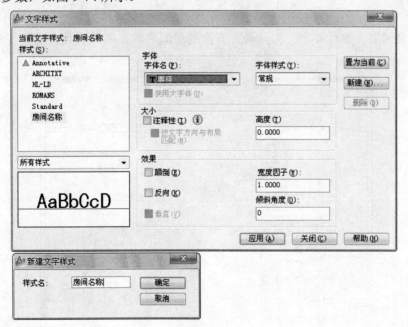

图 9-74

（2）将"标注"图层设为当前层。

（3）选择"绘图>文字>单行文字"菜单命令或直接在命令行中输入 text 并按【Enter】键，然后在图形上指定起点和文字高度，并输入相应的文字即可，如图 9-75 所示，命令行提示如下：

```
命令:_text
当前文字样式: "房间名称" 文字高度: 10.0000 注释性: 否
指定文字的起点或 [对正(J)/样式(S)]: //在合适的位置单位击鼠标
指定高度 <10.0000>: 250 ✓          //指定文字高度
指定文字的旋转角度 <0>: ✓          //不旋转，然后输入文字，完成后按 Ctrl+Enter
```

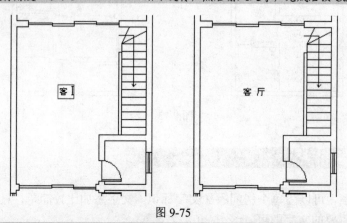

图 9-75

Tips

单行文字在输入完成后，应按组合键【Ctrl+Enter】提交，直接按【Enter】键为换行操作。

（4）重复使用"单行文字"工具输入其他的房间名称，并放置到合适的位置，结果如图 9-76 所示。

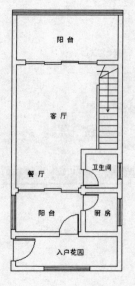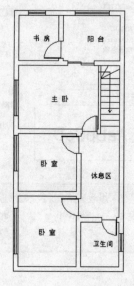

图 9-76

9.3 绘制家具

前面已经完成了房间原始结构平面图的绘制，接下来就可以开始绘制家具了。在平面布置图中，一些相对复杂的、常用的、尺寸比较统一的家具（如沙发、床等）都应该整理成库供需要时调用，而不需要每次都分别绘制。

9.3.1 绘制客厅家具

1. 绘制沙发

打开配套光盘中的"CAD 常用图块.dwg"文件，选择一个沙发组合图例，按【Ctrl+C】键复制，然后切换到当前文件，按【Ctrl+V】键粘贴到客厅，并旋转至正确的方向，如图 9-77所示。

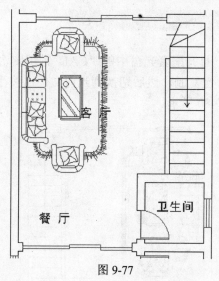

图 9-77

2. 绘制平板电视俯视图

（1）将"家具"图层设为当前层。

（2）使用矩形命令在电视墙上绘制一个 45×1300 的矩形，命令行提示如下：

```
命令: _rectang
指定第一个角点或 [倒角(C)/标高(E)/圆角(F)/厚度(T)/宽度(W)]:
指定另一个角点或 [面积(A)/尺寸(D)/旋转(R)]: d ↙
指定矩形的长度 <10.0000>: 45 ↙
指定矩形的宽度 <10.0000>: 1300 ↙
指定另一个角点或 [面积(A)/尺寸(D)/旋转(R)]:
```

（3）再使用矩形命令绘制两个矩形：一个尺寸为 20×840，放置于上一矩形右边并贴紧，另一个尺寸为 20×660，放置于 20×840 矩形的右边，如图 9-78 所示。

（4）将最小矩形右上角夹点向下移动 40，右下角夹点向上移动 40，这样就完成了客厅家具的添加，如图 9-79 所示。

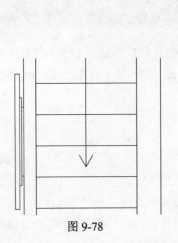

图 9-78

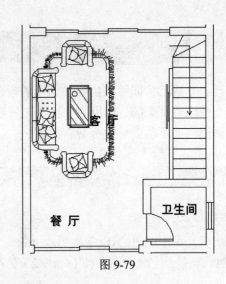

图 9-79

9.3.2 绘制餐厅家具

餐厅家具主要为餐桌椅。打开配套光盘中的"CAD 常用图块.dwg"文件，选择一个餐桌椅组合图例，按【Ctrl+C】键复制，然后切换到当前文件，按【Ctrl+V】键粘贴到餐厅，并旋转至正确的方向，如图 9-80 所示。

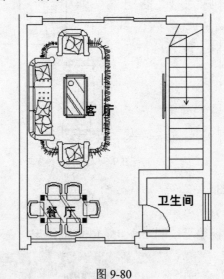

图 9-80

9.3.3 绘制卧室家具

1. 绘制床

（1）先绘制主卧大床。这里插入上一章常用图例里的床，打开配套光盘中的"CAD 常用图块.dwg"文件，选择"床 1.8X2.0"图块，按【Ctrl+C】键复制，然后切换到当前文件，按【Ctrl+V】键粘贴到主卧，并旋转至正确的方向，如图 9-81 所示。

（2）绘制次卧中的床。使用同样的方法复制"床 1.5X2.0"图块到另外两个卧室，并放置至正确的方向，如图 9-82 所示。

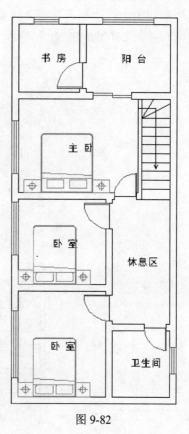

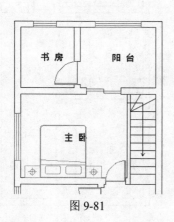

图 9-81　　　　　　　图 9-82

2. 绘制衣柜

（1）绘制主卧衣柜。选择"绘图>矩形"菜单命令，以主卧左上角顶点为起点，向右下方绘制一个长 2580，宽 600 的矩形，命令行提示如下：

```
命令: _rectang
指定第一个角点或 [倒角(C)/标高(E)/圆角(F)/厚度(T)/宽度(W)]: //捕捉主卧左上角顶点
指定另一个角点或 [面积(A)/尺寸(D)/旋转(R)]: d ↙
指定矩形的长度 <10.0000>: 2580 ↙
指定矩形的宽度 <10.0000>: 600 ↙
指定另一个角点或 [面积(A)/尺寸(D)/旋转(R)]:              //在起点右下方单击鼠标
```

（2）使用偏移工具将矩形向内偏移复制一个，距离为 40，如图 9-83 所示，命令行提示如下：

```
命令: _offset
当前设置: 删除源=否　图层=源　OFFSETGAPTYPE=0
指定偏移距离或 [通过(T)/删除(E)/图层(L)]<通过>: 40 ↙
选择要偏移的对象，或[退出(E)/放弃(U)] <退出>://选择矩形
指定要偏移的那一侧上的点，或 [退出(E)/多个(M)/放弃(U)]
<退出>: //在矩形内部单击鼠标
选择要偏移的对象，或 [退出(E)/放弃(U)] <退出>: ↙
```

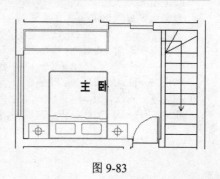

图 9-83

（3）在矩形内部绘制两条横向的直线，使其与矩形左右边相交，两条直线之间的距离为15mm，然后再使用直线工具绘制几条不规则的直线，如图 9-84 所示。

（4）使用同样的方法绘制另外两个卧室的衣柜。其中，上面卧室衣柜尺寸为 1900×540，下面卧室衣柜尺寸为 2600×540，绘制完成后的效果如图 9-85 所示。

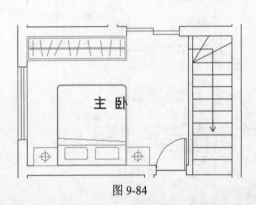

图 9-84

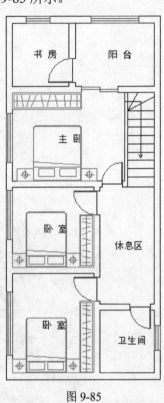

图 9-85

9.3.4 绘制厨房家具

1．绘制橱柜

选择"绘图>多段线"菜单命令，然后以厨房右下角顶点为起点，并按照相应尺寸进行绘制，如图 9-86 所示，命令行提示如下：

```
命令:_pline
指定起点:
当前线宽为 0.0000
指定下一个点或 [圆弧(A)/半宽(H)/长度(L)/放弃(U)/宽度(W)]: @1350<90          //向上 1350
指定下一点或 [圆弧(A)/闭合(C)/半宽(H)/长度(L)/放弃(U)/宽度(W)]: @600<180 ↙   //向左 600
指定下一点或 [圆弧(A)/闭合(C)/半宽(H)/长度(L)/放弃(U)/宽度(W)]: @750<270 ↙   //向下 750
指定下一点或 [圆弧(A)/闭合(C)/半宽(H)/长度(L)/放弃(U)/宽度(W)]: @1080<180 ↙  //向左 1080
指定下一点或 [圆弧(A)/闭合(C)/半宽(H)/长度(L)/放弃(U)/宽度(W)]: @600<270 ↙   //向下 600
指定下一点或 [圆弧(A)/闭合(C)/半宽(H)/长度(L)/放弃(U)/宽度(W)]: c ↙           //闭合多段线
```

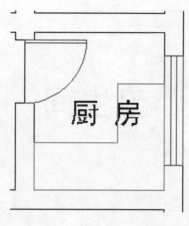

图 9-86

2．绘制水盆

打开配套光盘中的"CAD 常用图块.dwg"文件，选择一个水盆图例，按【Ctrl+C】键复制，然后切换到当前文件，按【Ctrl+V】键粘贴到厨房，并旋转至正确的方向，如图 9-87 所示。

3．绘制灶具

打开配套光盘中的"CAD 常用图块.dwg"文件，选择一个燃气灶图例，按【Ctrl+C】键复制，然后切换到当前文件，按【Ctrl+V】键粘贴到厨房，并旋转至正确的方向，如图 9-88 所示。

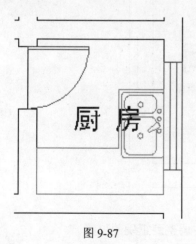

图 9-87

图 9-88

9.3.5 绘制卫生间设施

1．绘制洗面台

（1）先绘制一楼卫生间洗面台。这里使用上一章绘制的图形，打开配套光盘中的"CAD 常用图块.dwg"文件，选择"洗面台"图块，按【Ctrl+C】键复制，然后切换到当前文件，按【Ctrl+V】键粘贴到一楼卫生间，并旋转至正确的方向，如图 9-89 所示。

图 9-89

（2）将洗面台复制一个放置到二楼卫生间中，并调整到正确的位置。

2．绘制蹲便器

（1）先绘制一楼卫生间蹲便器。打开配套光盘中的"CAD 常用图块.dwg"文件，选择一个蹲便器图例，按【Ctrl+C】键复制，然后切换到当前文件，按【Ctrl+V】键粘贴到一楼卫生间，并旋转至正确的方向，如图 9-90 所示。

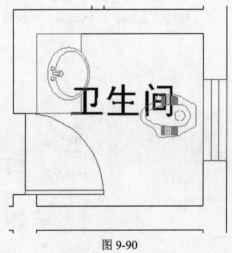

图 9-90

（2）将蹲便器复制一个放置到二楼卫生间中，并调整到正确的位置。

9.3.6 绘制休闲桌椅

（1）在阳台及休息区添加一些休闲桌椅。打开配套光盘中的"CAD 常用图块.dwg"文件，选择一种休闲桌椅图例，按【Ctrl+C】键复制，然后切换到当前文件，按【Ctrl+V】键粘贴到阳台和休息区，并适当调整方向。

（2）从"CAD 常用图块.dwg"文件中复制一个休闲躺椅到客厅上方的大阳台，从而完成所有家具的绘制,如图 9-91 所示。

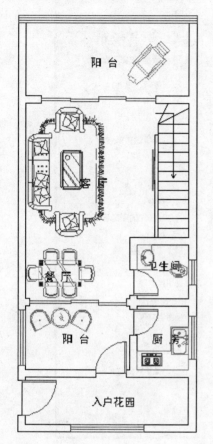
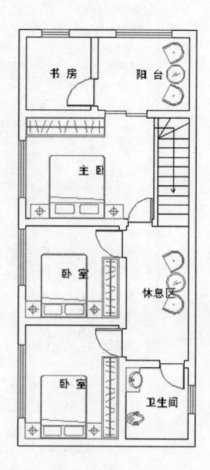

图 9-91

9.4 标注地面

地面标注主要由图案填充表现,不同的图案可以表示不同的地面材料。在填充时主要控制图案的尺寸和角度。

9.4.1 客厅餐厅地面标注

(1)将"地板"图层设为当前层。

(2)选择"绘图>图案填充"菜单命令或在"绘图"工具栏中单击 (图案填充)按钮,系统弹出"图案填充和渐变色"对话框。

(3)在"图案填充"选项卡中选择"类型"为"用户定义",勾选"角度和比例"区域下的"双向"复选框,并将"间距"设为 800,然后选择"边界"区域下的 (添加:拾取点)按钮,如图 9-92 所示。

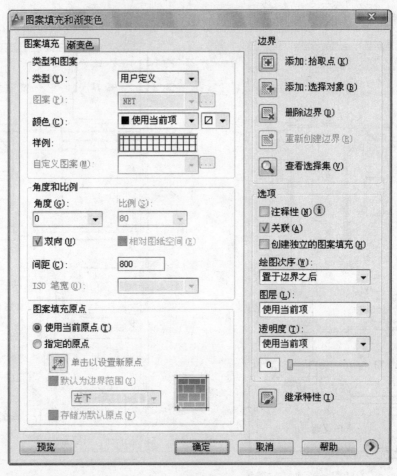

图 9-92

（4）系统暂时关闭"图案填充和渐变色"对话框返回绘图窗口，在客厅内部单击鼠标，系统将自动计算填充边界，完成后按【Enter】键返回"图案填充和渐变色"对话框，最后单击"确定"按钮关闭当前对话框并完成填充，填充效果如图 9-93 所示，命令行提示如下：

```
命令:_hatch
拾取内部点或 [选择对象(S)/删除边界(B)]:  正在选择所有对象...        //在客厅内部单击鼠标
正在选择所有可见对象...
正在分析所选数据...
正在分析内部孤岛...
拾取内部点或 [选择对象(S)/删除边界(B)]: ✓                      //按【Enter】键返回"图案填充
和渐变色"对话框
```

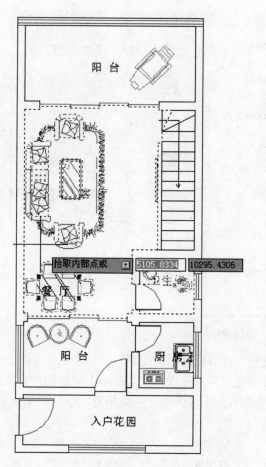
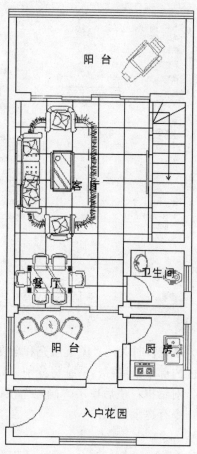

图 9-93

9.4.2 卧室地面标注

（1）选择"绘图>图案填充"菜单命令或在"绘图"工具栏中单击 （图案填充）按钮，系统弹出"图案填充和渐变色"对话框。

（2）三个卧室、书房以及休息区均采用木地板。在"图案填充"选项卡中选择"类型"为"预定义"，然后单击"图案"列表框后的 按钮，在"填充图案选项板"对话框中切换到"其他预定义"选项卡，并选择 DOLMIT 选项，单击"确定"按钮返回"图案填充和渐变色"对话框，将"比例"设为 20，然后单击"边界"区域下的 （添加：拾取点）按钮，如图 9-94 所示。

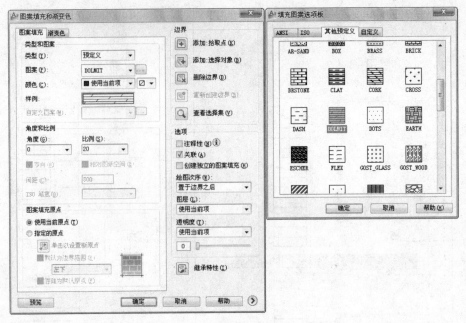

图 9-94

（3）系统暂时关闭"图案填充和渐变色"对话框返回绘图窗口，依次在几个卧室、书房和休息区内部单击鼠标，系统将分别计算填充边界，完成后按【Enter】键返回"图案填充和渐变色"对话框，最后单击"确定"按钮关闭当前对话框并完成填充，填充效果如图 9-95 所示，命令行提示如下：

```
命令: _hatch
拾取内部点或 [选择对象(S)/删除边界(B)]:   正在选择所有对象...        //在主卧内部单击鼠标
正在选择所有可见对象...
正在分析所选数据...
正在分析内部孤岛...
拾取内部点或 [选择对象(S)/删除边界(B)]:   正在选择所有对象...        //在卧室内部单击鼠标
正在选择所有可见对象...
正在分析所选数据...
正在分析内部孤岛...
拾取内部点或 [选择对象(S)/删除边界(B)]:   正在选择所有对象...        //在卧室内部单击鼠标
正在选择所有可见对象...
正在分析所选数据...
正在分析内部孤岛...
拾取内部点或 [选择对象(S)/删除边界(B)]:   正在选择所有对象...        //在休息区单击鼠标
正在选择所有可见对象...
正在分析所选数据...
正在分析内部孤岛...
拾取内部点或 [选择对象(S)/删除边界(B)]:   正在选择所有对象...        //在书房内部单击鼠标
正在选择所有可见对象...
正在分析所选数据...
正在分析内部孤岛...
拾取内部点或 [选择对象(S)/删除边界(B)]: ✓                         //按【Enter】键返回"图案填充
和渐变色"对话框
```

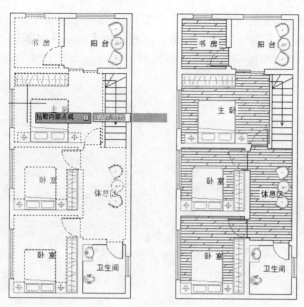

图 9-95

9.4.3 厨卫地面标注

（1）选择"绘图>图案填充"菜单命令或在"绘图"工具栏中单击 （图案填充）按钮，系统弹出"图案填充和渐变色"对话框。

（2）厨房和卫生间使用防滑地砖。在"图案填充"选项卡中选择"类型"为"预定义"，然后单击"图案"列表框后的 ⋯ 按钮，在"填充图案选项板"对话框中切换到"其他预定义"选项卡，并选择 ANGLE 选项，单击"确定"按钮返回"图案填充和渐变色"对话框，将"比例"设为 40，然后单击"边界"区域下的 （添加：拾取点）按钮，如图 9-96 所示。

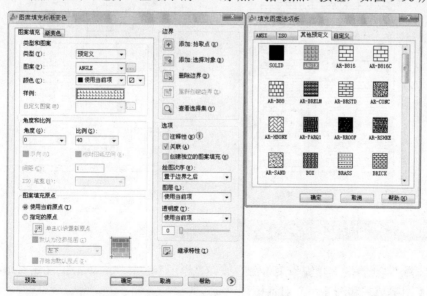

图 9-96

（3）系统暂时关闭"图案填充和渐变色"对话框返回绘图窗口，依次在几个厨房和卫生间内部单击鼠标，系统将分别计算填充边界，完成后按【Enter】键返回"图案填充和渐变色"对话框，最后单击"确定"按钮关闭当前对话框并完成填充，填充效果如图 9-97 所示，命令行提示如下：

```
命令：_hatch
拾取内部点或 [选择对象(S)/删除边界(B)]：正在选择所有对象...        //在厨房内部单击鼠标
正在选择所有可见对象...
正在分析所选数据...
正在分析内部孤岛...
拾取内部点或 [选择对象(S)/删除边界(B)]：正在选择所有对象...        //在一楼卫生间内部单击鼠标
正在选择所有可见对象...
正在分析所选数据...
正在分析内部孤岛...
拾取内部点或 [选择对象(S)/删除边界(B)]：正在选择所有对象...        //在二楼卫生间内部单击鼠标
正在选择所有可见对象...
正在分析所选数据...
正在分析内部孤岛...
拾取内部点或 [选择对象(S)/删除边界(B)]：✓                        //按【Enter】键返回"图案填充
和渐变色"对话框
```

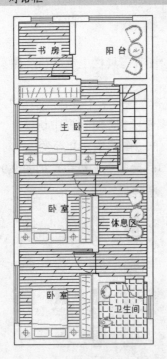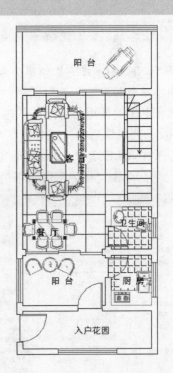

图 9-97

9.4.4 阳台地面标注

（1）选择"绘图>图案填充"菜单命令或在"绘图"工具栏中单击 ▨（图案填充）按钮，系统弹出"图案填充和渐变色"对话框。

（2）在"图案填充"选项卡中选择"类型"为"用户定义"，勾选"角度和比例"区域下的"双向"复选框，并将"间距"设为 300，然后单击"边界"区域下的▣（添加：拾取点）按钮，如图 9-98 所示。

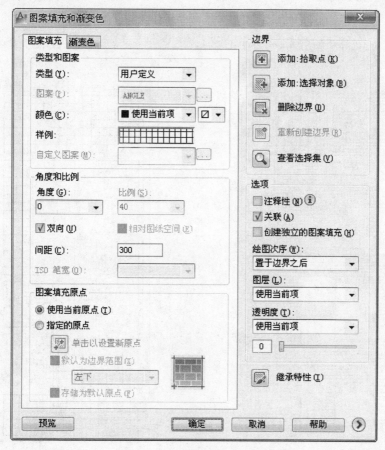

图 9-98

（3）系统暂时关闭"图案填充和渐变色"对话框返回绘图窗口，在客厅内部单击鼠标，系统将自动计算填充边界，完成后按【Enter】键返回"图案填充和渐变色"对话框，最后单击"确定"按钮关闭当前对话框并完成填充。从而完成所有地面的标注，标注结果如图 9-99 所示，命令行提示如下：

```
命令：_hatch
拾取内部点或 [选择对象(S)/删除边界(B)]：  正在选择所有对象...        //在入户花园内部单击鼠标
正在选择所有可见对象...
正在分析所选数据...
正在分析内部孤岛...
拾取内部点或 [选择对象(S)/删除边界(B)]：  正在选择所有对象...        //在一楼阳台内部单击鼠标
正在选择所有可见对象...
正在分析所选数据...
正在分析内部孤岛...
拾取内部点或 [选择对象(S)/删除边界(B)]：  正在选择所有对象...        //在一楼阳台内部单击鼠标
正在选择所有可见对象...
```

正在分析所选数据...

正在分析内部孤岛...

拾取内部点或 [选择对象(S)/删除边界(B)]:　正在选择所有对象...　　　//在二楼阳台内部单击鼠标

正在选择所有可见对象...

正在分析所选数据...

正在分析内部孤岛...

拾取内部点或 [选择对象(S)/删除边界(B)]: ✓　　　　　　//按【Enter】键返回"图案填充和渐变色"对话框

 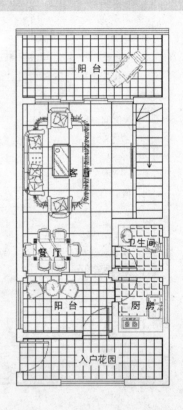

图 9-99

9.5　尺寸标注

将所有元素绘制完成后，还需要对图纸进行标注。尺寸标注主要用来反映图纸各部分的大小、距离等信息。

9.5.1　标注设置

尺寸标注之前首先需要设置标注的样式。可以设置标注文字的大小、颜色，标注尺寸线的颜色、线宽，标注用的箭头形状等。

（1）选择"格式>标注样式"菜单命令，然后在弹出的"标注样式管理器"对话框中单击"新建"按钮，在"创建新标注样式"窗口中输入标注样式名称 new，然后单击"继续"按钮开始设置标注样式的参数，如图 9-100 所示。

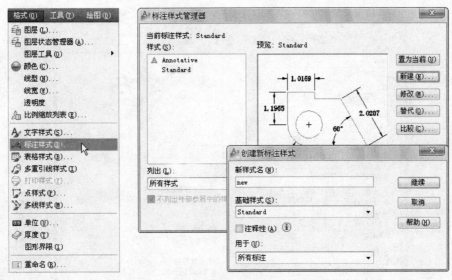

图 9-100

（2）系统弹出"新建标注样式：new"对话框，首先在"线"选项卡下设置尺寸线和尺寸界线的相关参数。将尺寸线和尺寸界线的颜色设为青色，将"基线间距"、"超出尺寸线"、"起点偏移量"三个参数的值均设为1，如图 9-101 所示。

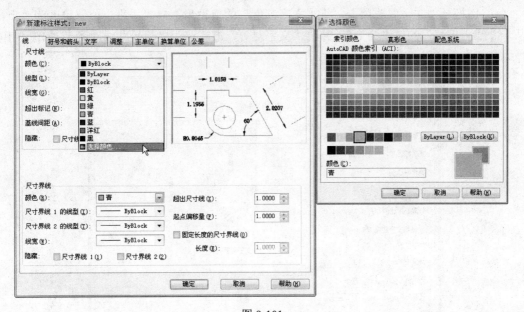

图 9-101

（3）切换至"符号和箭头"选项卡，将箭头样式设为"建筑标记"，"箭头大小"的值设为 2.5，如图 9-102 所示。

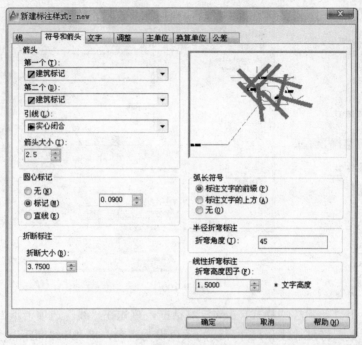

图 9-102

(4) 切换至"文字"选项卡, 将"文字高度"的值设为 2.5, "垂直"位置更改为"上", "从尺寸线上偏移"的值设为 0.5, 并将"文字对齐"方式选为"与尺寸线对齐", 如图 9-103 所示。

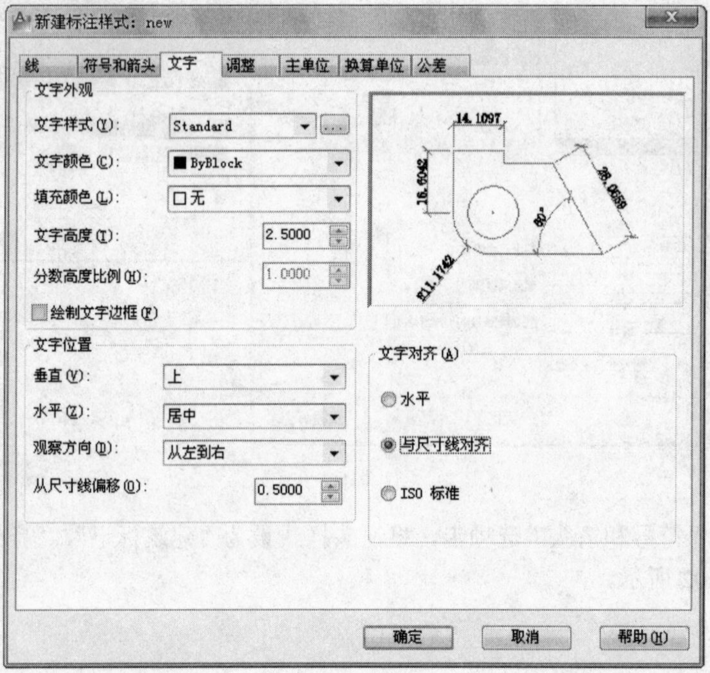

图 9-103

（5）切换至"调整"选项卡，将"使用全局比例"的值设为100，如图 9-104 所示。

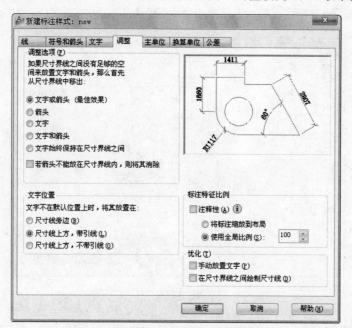

图 9-104

（6）切换至"主单位"选项卡，将单位的"精度"设为 0，即单位为整数，无小数点，如图 9-105 所示。

图 9-105

（7）其他参数使用系统默认值，设置完成后单击"确定"按钮关闭"新建标注样式：new"对话框。

（8）返回到"标注样式管理器"窗口，此时"样式"列表中就多了一个名为 new 的标注样式，并且被自动设置成了当前标注样式，最后单击"关闭"按钮返回绘图窗口，如图 9-106 所示。

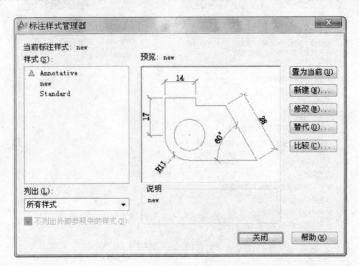

图 9-106

9.5.2 尺寸标注

标注样式设置完成后，由于系统已经自动将刚才新建的标注样式设置为了当前标注样式，因此这里就可以直接使用各种标注命令对图形进行标注了。

（1）将"标注"图层设为当前层。

（2）选择"标注>线性"菜单命令，首先标注一楼右边最下边墙体的尺寸，如图 9-107 所示，命令行提示如下：

```
命令: _dimlinear
指定第一个尺寸界线原点或 <选择对象>:
指定第二条尺寸界线原点:
创建了无关联的标注。
指定尺寸线位置或
[多行文字(M)/文字(T)/角度(A)/水平(H)/垂直(V)/旋转(R)]:
标注文字 =240
```

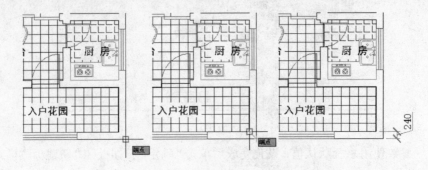

图 9-107

（3）选择"标注>连续"菜单命令，依次向上标注出右侧的其余尺寸，如图9-108所示，命令行提示如下：

```
命令: _dimcontinue
指定第二条尺寸界线原点或 [放弃(U)/选择(S)] <选择>:
标注文字 =1500
指定第二条尺寸界线原点或 [放弃(U)/选择(S)] <选择>:
标注文字 =240
指定第二条尺寸界线原点或 [放弃(U)/选择(S)] <选择>:
标注文字 =2000
指定第二条尺寸界线原点或 [放弃(U)/选择(S)] <选择>:
标注文字 =240
指定第二条尺寸界线原点或 [放弃(U)/选择(S)] <选择>:
标注文字 =1700
指定第二条尺寸界线原点或 [放弃(U)/选择(S)] <选择>:
标注文字 =240
指定第二条尺寸界线原点或 [放弃(U)/选择(S)] <选择>:
标注文字 =4260
指定第二条尺寸界线原点或 [放弃(U)/选择(S)] <选择>:
标注文字 =240
指定第二条尺寸界线原点或 [放弃(U)/选择(S)] <选择>:
标注文字 =2300
指定第二条尺寸界线原点或 [放弃(U)/选择(S)] <选择>:
标注文字 =240
指定第二条尺寸界线原点或 [放弃(U)/选择(S)] <选择>: *取消*        //按 ESC 退出连续标注
```

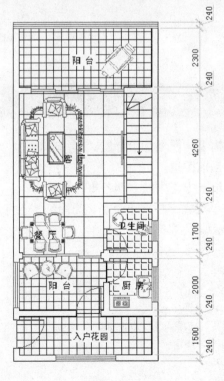

图 9-108

（4）重复使用"线性"和"连续"标注命令，对一楼其他尺寸和二楼的尺寸进行标注，标注结果如图 9-109 所示。

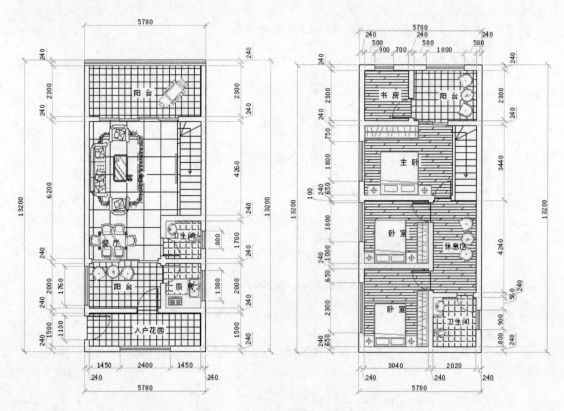

图 9-109

9.6 添加图纸标题

为了区别不同的图纸，需要为图纸加上标题。

（1）将"图框"层设为当前图层。

（2）使用直线命令在图纸下方正中绘制两条平行直线。

（3）选择"绘图>文字>单行文字"菜单命令，为图纸加上标题"某跃层平面布置图"，如图 9-110 所示，命令行提示如下：

```
命令: _text
当前文字样式:  "Standard"  文字高度: 4196.7666  注释性: 否
指定文字的起点或 [对正(J)/样式(S)]: s ↙
输入样式名或 [?] <Standard>: 房间名称↙
当前文字样式:  "Standard"  文字高度: 500.0000  注释性: 否
指定文字的起点或 [对正(J)/样式(S)]:
指定高度 <250.0000>: 500 ↙
指定文字的旋转角度 <0>: ↙
```

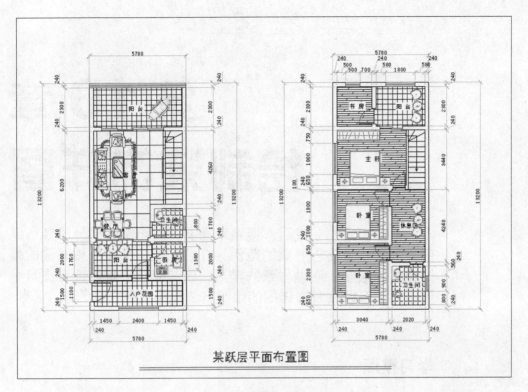

某跃层平面布置图

图 9-110

第 10 章
绘制装饰详图

平面图绘制完成后，接下来需要开始绘制各部分的装饰详图。本章将紧接上一章的范例，介绍几处与平面图相对应的装饰详图的绘制。通过本章的学习，读者应该了解装饰详图与平面图的关系以及装饰详图的绘制方法和需要包含的元素、信息。

学习重点

- 电视墙立面图的绘制
- 餐厅背景墙展开图的绘制
- 电视柜立面图的绘制

视频时间

- 绘制装饰详图.avi 约 38 分钟

10.1 绘制电视墙立面图

电视墙是现代家居装饰中必不可少的一部分。电视墙的装饰详图通常包括正视图、侧视图和俯视图三部分。本例的电视墙位于一楼楼梯处，如图 10-1 所示。

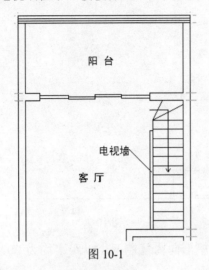

图 10-1

10.1.1 绘制电视墙正视图

（1）新建一个空白文件，并保存为"装饰详图.dwg"。

（2）参照上一章的设置新建几个图层并将"墙体"层设为当前图层。

（3）绘制电视墙外轮廓。选择"绘图>矩形"菜单命令或在"绘图"工具栏中单击□（矩形）按钮，绘制一个矩形，命令行提示如下：

```
命令：_rectang
指定第一个角点或 [倒角(C)/标高(E)/圆角(F)/厚度(T)/宽度(W)]:      //任意指定一点
指定另一个角点或 [面积(A)/尺寸(D)/旋转(R)]: d ✓              //选择指定尺寸方式
指定矩形的长度 <10.0000>: 3260 ✓
指定矩形的宽度 <10.0000>: 2800 ✓
指定另一个角点或 [面积(A)/尺寸(D)/旋转(R)]:                  //在起点右下方单击鼠标
```

（4）绘制装饰石材，本例使用汉白玉。首先使用矩形命令以前面绘制的矩形左下角为起点，向右上方绘制一个长 695，宽 300 的矩形，然后将该矩形向右移动 80，向上移动 40，如图 10-2 所示，命令行提示如下：

```
命令：_rectang//矩形命令
指定第一个角点或 [倒角(C)/标高(E)/圆角(F)/厚度(T)/宽度(W)]: //捕捉大矩形左下角端点
指定另一个角点或 [面积(A)/尺寸(D)/旋转(R)]: d ✓
指定矩形的长度 <3260.0000>: 695 ✓
指定矩形的宽度 <2800.0000>: 300 ✓
指定另一个角点或 [面积(A)/尺寸(D)/旋转(R)]:                  //在起点右上方单击鼠标
命令：_move//移动命令
选择对象: 找到 1 个                                      //选择小矩形
```

选择对象: ↙
指定基点或 [位移(D)] <位移>:   //捕捉小矩形左下角端点
指定第二个点或 <使用第一个点作为位移>: @80,40 ↙   //向右 80 向上 40

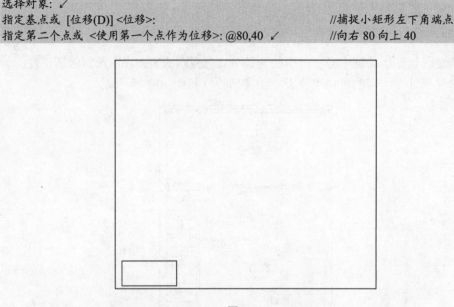

图 10-2

（5）使用偏移命令将小矩形向内复制两个，距离均为 20，如图 10-3 所示，命令行提示如下：

命令: _offset
当前设置: 删除源=否   图层=源   OFFSETGAPTYPE=0
指定偏移距离或 [通过(T)/删除(E)/图层(L)] <通过>:   20 ↙
选择要偏移的对象，或 [退出(E)/放弃(U)] <退出>:   //选择小矩形
指定要偏移的那一侧上的点，或 [退出(E)/多个(M)/放弃(U)] <退出>:   //在内部单击鼠标
选择要偏移的对象，或 [退出(E)/放弃(U)] <退出>:   //选择刚生成的矩形
指定要偏移的那一侧上的点，或 [退出(E)/多个(M)/放弃(U)] <退出>:   //在内部单击鼠标
选择要偏移的对象，或 [退出(E)/放弃(U)] <退出>: ↙

图 10-3

（6）在"绘图"工具栏中单击 （图案填充）按钮，对最里边的矩形进行填充。图案选择 AR-CONC，比例为 1，详细参数如图 10-4 所示。

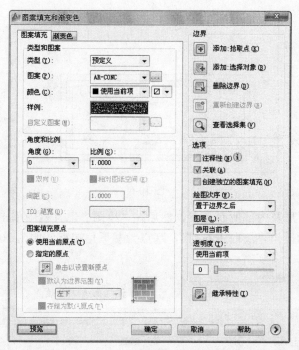

图 10-4

（7）单击"添加：拾取点"按钮，在绘图窗口中单击最里边矩形的内部，填充效果如图 10-5 所示，命令行提示如下：

```
命令: _hatch
拾取内部点或 [选择对象(S)/删除边界(B)]:  正在选择所有对象...//在矩形内部单击鼠标
正在选择所有可见对象...
正在分析所选数据...
正在分析内部孤岛...
拾取内部点或 [选择对象(S)/删除边界(B)]: ✓              //返回"图案填充和渐变色"对话框
```

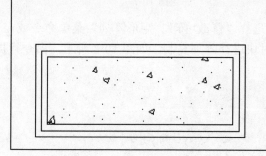

图 10-5

（8）为了表现汉白玉石材，需要再绘制一些用来表示石材花纹的曲线。选择"绘图>直线"菜单命令，在最里边矩形内部随机绘制一些曲线，如图 10-6 所示。

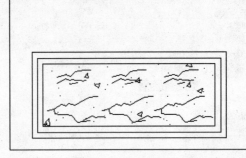

图 10-6

（9）选择三个矩形及内部所有元素，然后在"绘图"工具栏中单击 （创建块）按钮将其创建成块，块名称设为"汉白玉石材"，基点为左下角端点，如图 10-7 所示，命令行提示如下：

命令：_block 找到 109 个
指定插入基点：　　　　　　　　　　　　　　　　　//捕捉矩形左下角端点

图 10-7

（10）对块进行复制。选择"修改>阵列>矩形阵列"菜单命令或在"修改"工具栏中单击 （矩形阵列）按钮，对块进行阵列复制，如图 10-8 所示，命令行提示如下：

命令：_arrayrect
选择对象：找到 1 个
选择对象：
类型 = 矩形　关联 = 是
为项目数指定对角点或 [基点(B)/角度(A)/计数(C)] <计数>：c ✓　　　　　//输入阵列数目
输入行数或 [表达式(E)] <4>：8 ✓
输入列数或 [表达式(E)] <4>：4 ✓
指定对角点以间隔项目或 [间距(S)] <间距>：s ✓　　　　　　//指定行列间距
指定行之间的距离或 [表达式(E)] <450.0000>：340 ✓
指定列之间的距离或 [表达式(E)] <1042.5000>：795 ✓
按 Enter 键接受或 [关联(AS)/基点(B)/行(R)/列(C)/层(L)/退出(X)] <退出>：✓

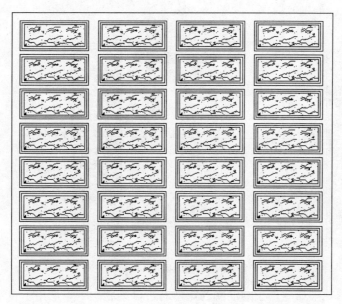

图 10-8

（11）绘制顶部装饰条。使用直线命令在顶边下方 40mm 处绘制一条直线，然后再使用直线命令将其与最左上角一块石材的左上角顶点连接，如图 10-9 所示。

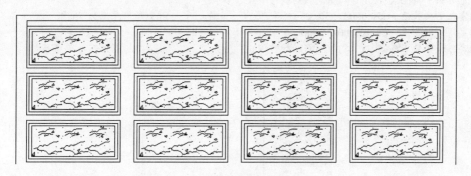

图 10-9

10.1.2 绘制电视墙侧视图和顶视图

（1）首先使用矩形命令绘制一个矩形用于表示电视墙的墙体，使其与正视图顶边对齐，如图 10-10 所示，命令行提示如下：

```
命令: _rectang
指定第一个角点或 [倒角(C)/标高(E)/圆角(F)/厚度(T)/宽度(W)]:          //捕捉正视图右上角顶点水平延
长线上的一点
指定另一个角点或 [面积(A)/尺寸(D)/旋转(R)]: d ↙
指定矩形的长度 <10.0000>: 120 ↙
指定矩形的宽度 <10.0000>: 2800 ↙
指定另一个角点或 [面积(A)/尺寸(D)/旋转(R)]:                         //在起点右下方单击鼠标
```

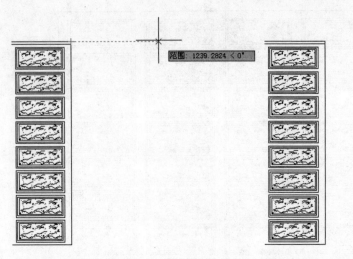

图 10-10

（2）再次使用矩形命令，在刚绘制的矩形右边再绘制一个矩形用于表示石材的厚度，使两者高度一致，如图 10-11 所示，命令行提示如下：

```
命令: _rectang
指定第一个角点或 [倒角(C)/标高(E)/圆角(F)/厚度(T)/宽度(W)]:    //捕捉矩形右上角端点
指定另一个角点或 [面积(A)/尺寸(D)/旋转(R)]: d ✓
指定矩形的长度 <120.0000>: 30 ✓                            //石材厚度为 30
指定矩形的宽度 <2800.0000>: 2800 ✓
指定另一个角点或 [面积(A)/尺寸(D)/旋转(R)]:                  //在起点右下方单击鼠标
```

图 10-11

（3）选择"绘图>图案填充"菜单命令或在"绘图"工具栏中单击▨（图案填充）按钮，对石材进行填充。图案选择 AR-B816，比例使用 0.05，如图 10-12 所示。

（4）单击"添加：拾取点"按钮，在绘图窗口中单击矩形内部，填充效果如图 10-13 所示，命令行提示如下：

图 10-12

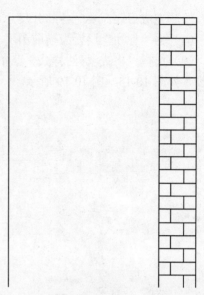

图 10-13

命令: _hatch
拾取内部点或 [选择对象(S)/删除边界(B)]:   正在选择所有对象...//在矩形内部单击鼠标
正在选择所有可见对象...
正在分析所选数据...
正在分析内部孤岛...
拾取内部点或 [选择对象(S)/删除边界(B)]: ↙   //返回 "图案填充和渐变色" 对话框

（5）重复使用绘制侧视图的方法绘制电视墙的顶视图，区别只是两个矩形的尺寸分别为 3260×120 和 3260×30，如图 10-14 所示。

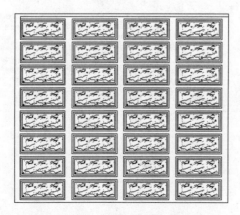

图 10-14

10.1.3 标注电视墙

绘制完成后还需要对各部分尺寸及材料进行标注。

（1）将"标注"层设为当前图层。

（2）选择"格式>标注样式"菜单命令，新建一个名为 new 的新样式，新样式的各种参数设置如图 10-15～图 10-19 所示。

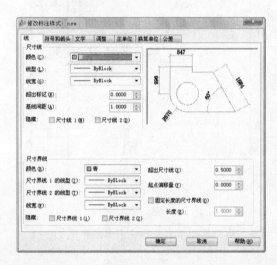

图 10-15

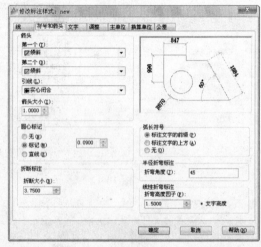

图 10-16

图 10-17

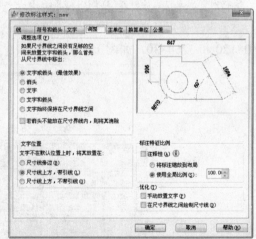

图 10-18

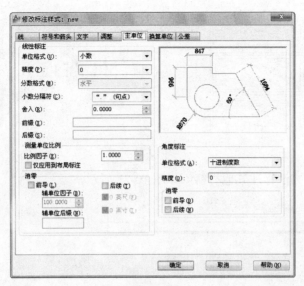

图 10-19

（3）选择"标注>线性"菜单命令，标注出电视墙各个部分的尺寸，如图 10-20 所示。

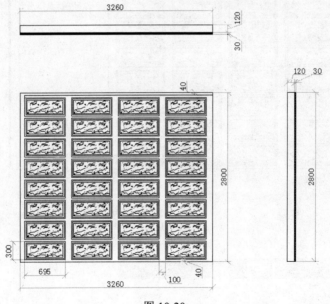

图 10-20

（4）在命令行中执行 Leader（引线）命令，标注出各部分的材料，如图 10-21 所示，命令行提示如下：

```
命令: LEADER ✓                                      //执行引线命令
指定引线起点:
指定下一点:
指定下一点或 [注释(A)/格式(F)/放弃(U)] <注释>: ✓
输入注释文字的第一行或 <选项>: 石材(汉白玉) ✓        //输入文字
输入注释文字的下一行: ✓                             //结束命令
```

图 10-21

（5）使用同样的方法标注其他材料，如图 10-22 所示。

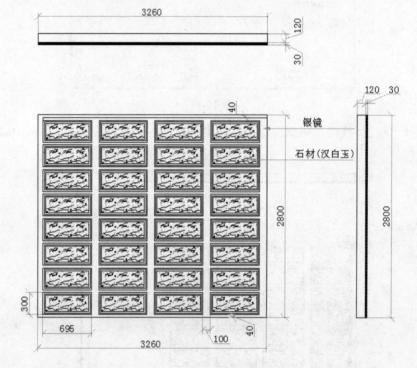

图 10-22

10.1.4　添加图框和标题

（1）将"图框"层设为当前图层。

（2）使用矩形命令绘制图框，使其将电视墙几个视图全部框住。

（3）使用直线命令在图形下方正中绘制两条平行直线。

（4）选择"绘图>文字>单行文字"菜单命令，为图纸加上标题"电视墙立面图"，最终效果如图 10-23 所示，命令行提示如下：

```
命令: _text
当前文字样式:  "Standard"   文字高度:  500.0000   注释性:  否
指定文字的起点或 [对正(J)/样式(S)]:
指定高度 <500.0000>: 150 ✓
指定文字的旋转角度 <0>: ✓
```

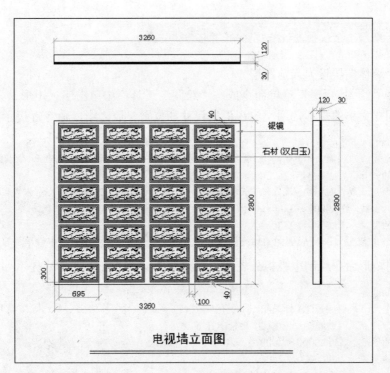

图 10-23

10.2 绘制电视柜立面图

电视柜通常位于电视墙正前方。本例电视柜最终结果如图 10-24 所示。

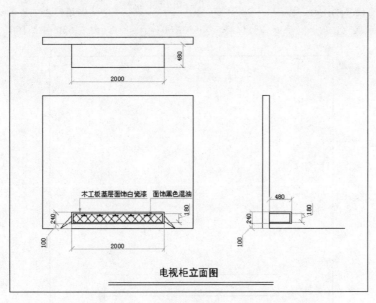

图 10-24

10.2.1 绘制电视柜正视图

（1）将"墙体"层设为当前图层。

（2）选择"绘图>矩形"菜单命令或在"绘图"工具栏中单击口（矩形）按钮，绘制一个和电视墙同样大小的矩形，用于电视柜的尺寸和位置参照之用，命令行提示如下：

```
命令: _rectang
指定第一个角点或 [倒角(C)/标高(E)/圆角(F)/厚度(T)/宽度(W)]: //捕捉电视墙正视图右上角顶点水平
延长线上的一点
指定另一个角点或 [面积(A)/尺寸(D)/旋转(R)]: d ✓        //选择指定尺寸方式
指定矩形的长度 <10.0000>: 3260 ✓
指定矩形的宽度 <10.0000>: 2800 ✓
指定另一个角点或 [面积(A)/尺寸(D)/旋转(R)]:          //在起点右下方单击鼠标
```

（3）使用矩形命令绘制电视柜外轮廓，尺寸为 2m×0.24m，命令行提示如下：

```
命令: _rectang
指定第一个角点或 [倒角(C)/标高(E)/圆角(F)/厚度(T)/宽度(W)]: //捕捉上一矩形左下角端点
指定另一个角点或 [面积(A)/尺寸(D)/旋转(R)]: d ✓
指定矩形的长度 <3260.0000>: 2000 ✓
指定矩形的宽度 <2800.0000>: 240 ✓
指定另一个角点或 [面积(A)/尺寸(D)/旋转(R)]:          //在起点右上方单击鼠标
```

（4）使用移动命令移动较小矩形的位置，使其距离电视墙底边 0.1m，并相对电视墙居中，如图 10-25 所示，命令行提示如下：

```
命令: _move
选择对象: 找到 1 个                           //选择较小矩形
选择对象: ✓
指定基点或 [位移(D)] <位移>:                  //捕捉矩形左下角端点
指定第二个点或 <使用第一个点作为位移>: @630,100 ✓   //向右 630 向上 100
```

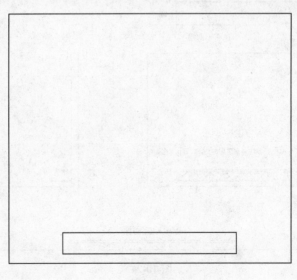

图 10-25

（5）将电视柜轮廓向内偏移复制一个，用于表示抽屉，如图 10-26 所示，命令行提示如下：

命令：_offset
当前设置：删除源=否　图层=源　OFFSETGAPTYPE=0
指定偏移距离或 [通过(T)/删除(E)/图层(L)] <通过>：　30 ✓
选择要偏移的对象，或 [退出(E)/放弃(U)] <退出>：　　　　　　//单击较小矩形
指定要偏移的那一侧上的点，或 [退出(E)/多个(M)/放弃(U)] <退出>：//在矩形内部单击鼠标
选择要偏移的对象，或 [退出(E)/放弃(U)] <退出>：✓

图 10-26

（6）绘制两条斜直线，使其下顶点与电视柜左下角水平距离为 250mm，上顶点与电视柜左上角和左下角顶点垂直距离分别为 70mm 和 50mm。

首先使用直线命令绘制一条以电视柜左下角顶点为起点并与电视墙底边相关的直线，然后选择该直线，分别移动直线两端的夹点，如图 10-27 所示，命令行相关提示如下：

命令：　　　　　　　　　　　　　　　　　　　　　　　//选择直线下端夹点
** 拉伸 **
指定拉伸点或 [基点(B)/复制(C)/放弃(U)/退出(X)]:@-250,0 ✓　　//向左 250
命令：　　　　　　　　　　　　　　　　　　　　　　　//选择直线上端夹点
** 拉伸 **
指定拉伸点或 [基点(B)/复制(C)/放弃(U)/退出(X)]:@0,50 ✓　　　//向上 50

图 10-27

（7）使用同样的方法绘制另外一条斜线，如图 10-28 所示，命令行提示如下：

命令：　　　　　　　　　　　　　　　　　　　　　　　//选择直线下端夹点
** 拉伸 **
指定拉伸点或 [基点(B)/复制(C)/放弃(U)/退出(X)]:@-250,0 ✓　　//向左 250
命令：　　　　　　　　　　　　　　　　　　　　　　　//选择直线上端夹点
** 拉伸 **
指定拉伸点或 [基点(B)/复制(C)/放弃(U)/退出(X)]:@0,170 ✓　　　//向上 170

（8）选择"修改>镜像"菜单命令或在"修改"工具栏中单击 ⚹ （镜像）按钮，在电视柜的另一侧镜像复制一份斜线，如图 10-29 所示，命令行提示如下：

```
命令: _mirror
选择对象: 找到 1 个                          //选择斜线 1
选择对象: 找到 1 个，总计 2 个               //选择斜线 2
选择对象: ↙
指定镜像线的第一点:                          //捕捉电视柜上边中点
指定镜像线的第二点:                          //捕捉电视柜下边中点
要删除源对象吗? [是(Y)/否(N)] <N>: ↙        //保留源对象
```

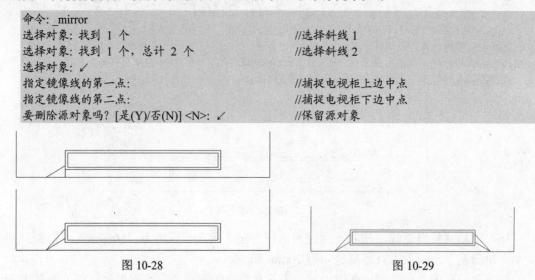

图 10-28   图 10-29

（9）绘制花纹图案。选择"绘图>图案填充"菜单命令或在"绘图"工具栏中单击 ▨ （图案填充）按钮，然后设置图案填充的各个参数，如图 10-30 所示。

图 10-30

（10）设置完成后选择"添加：拾取点"按钮，在绘图区中单击电视柜内部矩形，填充效果如图 10-31 所示，命令行提示如下：

```
命令: _hatch
拾取内部点或 [选择对象(S)/删除边界(B)]:  正在选择所有对象...
正在选择所有可见对象...
正在分析所选数据...
```

正在分析内部孤岛...
拾取内部点或 [选择对象(S)/删除边界(B)]: ✓

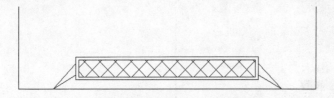

图 10-31

（11）绘制抽屉拉手，思路是先绘制两个六边形，然后使用矩形将其连接起来。选择"绘图>多边形"菜单命令或在"绘图"工具栏中单击 ⬡（多边形）按钮，绘制一个六边形，然后将其复制一个，使两者之间距离为 100，命令行提示如下：

```
命令: _polygon
输入侧面数 <4>: 6 ✓
指定正多边形的中心点或 [边(E)]:              //在电视柜任意位置指定一点
输入选项 [内接于圆(I)/外切于圆(C)] <I>:       //使用"内接于圆方式"
指定圆的半径: 10 ✓
命令: _copy
选择对象: 找到 1 个                          //选择六边形
选择对象: ✓
当前设置: 复制模式 = 多个
指定基点或 [位移(D)/模式(O)] <位移>:         //捕捉六边形最右边端点
指定第二个点或 [阵列(A)] <使用第一个点作为位移>: @100,0   //向左 100
指定第二个点或 [阵列(A)/退出(E)/放弃(U)] <退出>: ✓         //结束复制命令
```

（12）使用矩形命令绘制一个矩形，使其通过两个六边形的中点，如图 10-32 所示，命令行提示如下：

```
命令: _rectang
指定第一个角点或 [倒角(C)/标高(E)/圆角(F)/厚度(T)/宽度(W)]:
指定另一个角点或 [面积(A)/尺寸(D)/旋转(R)]: d ✓
指定矩形的长度 <2000.0000>:100 ✓
指定矩形的宽度 <240.0000>:5 ✓
指定另一个角点或 [面积(A)/尺寸(D)/旋转(R)]:
```

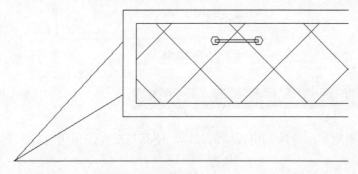

图 10-32

（13）对六边进行填充。选择"绘图>图案填充"菜单命令或在"绘图"工具栏中单击 ▦

（图案填充）按钮，填充参数设置如图 10-33 所示。

填充效果如图 10-34 所示。

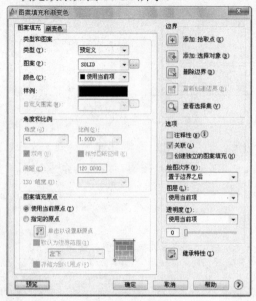

图 10-33

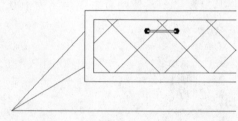

图 10-34

（14）将拉手包括的六边形和矩形一起选择进行多次复制并放置到合适的位置，从而完成电视柜正视图的绘制，如图 10-35 所示。

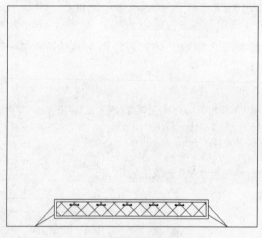

图 10-35

10.2.2 绘制电视柜侧视图和顶视图

（1）首先使用矩形命令绘制电视墙的截面，使其与正视图顶边对齐。

```
命令：_rectang
指定第一个角点或 [倒角(C)/标高(E)/圆角(F)/厚度(T)/宽度(W)]: //捕捉正视图右上角顶点水平延长线
上的一点
指定另一个角点或 [面积(A)/尺寸(D)/旋转(R)]: d ↙
```

指定矩形的长度 <10.0000>: 150 ↙
指定矩形的宽度 <10.0000>: 2800 ↙
指定另一个角点或 [面积(A)/尺寸(D)/旋转(R)]:   //在起点右下方单击鼠标

（2）绘制电视柜侧面轮廓。选择"绘图>多段线"菜单命令或在"绘图"工具栏中单击 ⌐ （多段线）按钮，按指定尺寸绘制一条多段线，然后将其向上移动100mm，如图10-36所示，命令行提示如下：

命令: _pline   //多段线命令
指定起点: //捕捉电视墙截面右下角顶点
当前线宽为 0.0000
指定下一个点或 [圆弧(A)/半宽(H)/长度(L)/放弃(U)/宽度(W)]: @480,0 ↙   //向右 480
指定下一点或 [圆弧(A)/闭合(C)/半宽(H)/长度(L)/放弃(U)/宽度(W)]: @0,240 ↙   //向上 240
指定下一点或 [圆弧(A)/闭合(C)/半宽(H)/长度(L)/放弃(U)/宽度(W)]: @-480,0 ↙   //向左 480
指定下一点或 [圆弧(A)/闭合(C)/半宽(H)/长度(L)/放弃(U)/宽度(W)]: ↙   //结束多段线命令
命令: _move   //移动命令
选择对象: 找到 1 个   //选择多段线
选择对象: ↙
指定基点或 [位移(D)] <位移>:   //捕捉电视墙截面右下角顶点
指定第二个点或 <使用第一个点作为位移>: @0,100 ↙   //向上 100

（3）选择"修改>偏移"菜单命令或在"修改"工具栏中单击 ⌐ （偏移）按钮，将多段线向里偏移复制一个，如图10-37所示，命令行提示如下：

命令: _offset
当前设置: 删除源=否 图层=源   OFFSETGAPTYPE=0
指定偏移距离或 [通过(T)/删除(E)/图层(L)] <通过>: 30 ↙
选择要偏移的对象，或 [退出(E)/放弃(U)] <退出>:   //单击多段线
指定要偏移的那一侧上的点，或 [退出(E)/多个(M)/放弃(U)] <退出>: //在多段线内部单击鼠标
选择要偏移的对象，或 [退出(E)/放弃(U)] <退出>: ↙

（4）使用直线命令以电视墙截面右下角顶点为起点向右绘制一条水平直线用于表示地面，如图10-38所示。

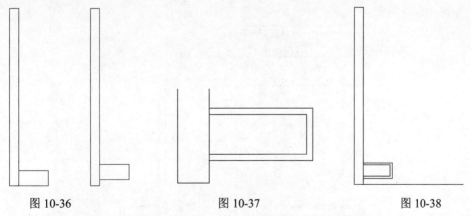

图 10-36   图 10-37   图 10-38

（5）绘制电视柜顶视图。首先使用矩形命令绘制出电视墙的顶视截面，然后再使用矩形命令绘制电视柜的顶视图，从而完成电视柜立面图的绘制，如图10-39所示，命令行提示如下：

命令: _rectang
指定第一个角点或 [倒角(C)/标高(E)/圆角(F)/厚度(T)/宽度(W)]:
                            //捕捉电视墙正视图左上角顶点垂直延长线上的一点

```
指定另一个角点或 [面积(A)/尺寸(D)/旋转(R)]: d ↙
指定矩形的长度 <10.0000>: 3260 ↙
指定矩形的宽度 <10.0000>: 150 ↙
指定另一个角点或 [面积(A)/尺寸(D)/旋转(R)]:              //在起点右下方单击鼠标
命令: _rectang
指定第一个角点或 [倒角(C)/标高(E)/圆角(F)/厚度(T)/宽度(W)]:
                                    //捕捉电视柜正视图左上角顶点垂直延长线与上一矩形底边交点
指定另一个角点或 [面积(A)/尺寸(D)/旋转(R)]: d ↙
指定矩形的长度 <3260.0000>: 2000 ↙
指定矩形的宽度 <150.0000>: 480 ↙
指定另一个角点或 [面积(A)/尺寸(D)/旋转(R)]:              //在起点右下方单击鼠标
```

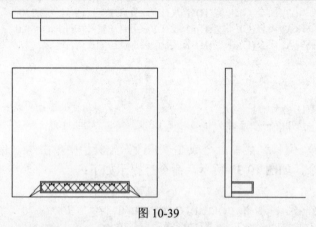

图 10-39

10.2.3 ▶ 标注电视柜

（1）将"标注"层设为当前图层。

（2）选择"标注>线性"菜单命令，使用前面创建的标注样式标注出电视柜各个部分的尺寸，如图 10-40 所示。

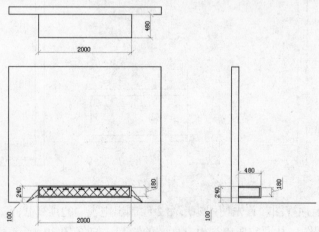

图 10-40

（3）在命令行中执行 Leader（引线）命令，使用文字标注出电视柜各主要部分的材料，如图 10-41 所示。

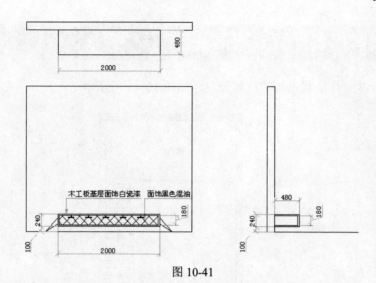

图 10-41

10.2.4　添加图框和标题

（1）将"图框"层设为当前图层。

（2）使用矩形命令绘制图框，使其将电视柜几个视图全部框住。

（3）使用直线命令在图形下方正中绘制两条平行直线。

（4）选择"绘图>文字>单行文字"菜单命令，为图纸加上标题"电视柜立面图"，最终效果如图 10-42 所示，命令行提示如下：

```
命令: _text
当前文字样式:  "Standard"   文字高度:  500.0000   注释性: 否
指定文字的起点或 [对正(J)/样式(S)]:
指定高度 <500.0000>: 150 ✓
指定文字的旋转角度 <0>: ✓
```

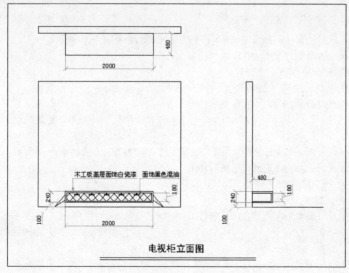

图 10-42

10.3 绘制客厅餐厅背景墙展开图

本例的客厅与餐厅的背景墙的位置及尺寸如图 10-43 所示。

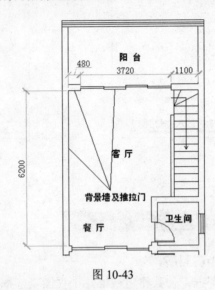

图 10-43

10.3.1 绘制客厅餐厅背景墙展开图

本例的客厅与餐厅的背景墙比较特殊，可以连同推拉门作为一个整体进行装饰，因此在绘制的过程中应该以展开图的形式进行绘制。

（1）将"墙体"层设为当前图层。

（2）首先使用矩形命令绘制 4 个矩形用于表示展开的几大部分，如图 10-44 所示，命令行提示如下：

```
命令: _rectang
指定第一个角点或 [倒角(C)/标高(E)/圆角(F)/厚度(T)/宽度(W)]://任意指定一点
指定另一个角点或 [面积(A)/尺寸(D)/旋转(R)]: d ↙
指定矩形的长度 <2000.0000>: 6200 ↙
指定矩形的宽度 <480.0000>: 2800 ↙
指定另一个角点或 [面积(A)/尺寸(D)/旋转(R)]:              //在起点右下方单击鼠标
命令: ↙                                               //重复执行矩形命令
RECTANG
指定第一个角点或 [倒角(C)/标高(E)/圆角(F)/厚度(T)/宽度(W)]://捕捉前一矩形右上角顶点
指定另一个角点或 [面积(A)/尺寸(D)/旋转(R)]: d ↙
指定矩形的长度 <6200.0000>: 480 ↙
指定矩形的宽度 <2800.0000>: 2800 ↙
指定另一个角点或 [面积(A)/尺寸(D)/旋转(R)]:              //在起点右下方单击鼠标
命令: ↙                                               //重复执行矩形命令
RECTANG
指定第一个角点或 [倒角(C)/标高(E)/圆角(F)/厚度(T)/宽度(W)]:              //捕捉前一矩形右上角顶点
指定另一个角点或 [面积(A)/尺寸(D)/旋转(R)]: d ↙
```

```
指定矩形的长度 <480.0000>: 3720 ✓
指定矩形的宽度 <2800.0000>: 2800 ✓
指定另一个角点或 [面积(A)/尺寸(D)/旋转(R)]:          //在起点右下方单击鼠标
命令: ✓                                          //重复执行矩形命令
RECTANG
指定第一个角点或 [倒角(C)/标高(E)/圆角(F)/厚度(T)/宽度(W)]:   //捕捉前一矩形右上角顶点
指定另一个角点或 [面积(A)/尺寸(D)/旋转(R)]: d ✓
指定矩形的长度 <3720.0000>: 1100 ✓
指定矩形的宽度 <2800.0000>: 2800 ✓
指定另一个角点或 [面积(A)/尺寸(D)/旋转(R)]:          //在起点右下方单击鼠标
```

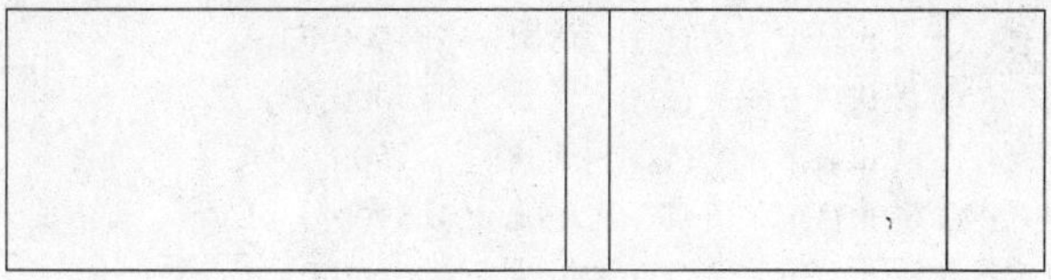

图 10-44

（3）绘制水平辅助线。将"辅助线"层设为当前图层，使用直线命令在距离底边 200、550、1950、2300 的位置绘制两条水平辅助线，命令行提示如下：

```
命令: _line
指定第一点:                                       //捕捉左下角端点
指定下一点或 [放弃(U)]:                            //捕捉右下角端点
指定下一点或 [放弃(U)]: ✓
命令: _move
选择对象: 找到 1 个                                 //选择辅助线
选择对象: ✓
指定基点或 [位移(D)] <位移>:                        //捕捉辅助线左端点
指定第二个点或 <使用第一个点作为位移>: @0,200 ✓      //向上 200
命令: _copy
选择对象: 找到 1 个                                 //选择辅助线
选择对象: ✓
当前设置: 复制模式 = 多个
指定基点或 [位移(D)/模式(O)] <位移>:                 //捕捉辅助线左端点
指定第二个点或 [阵列(A)] <使用第一个点作为位移>: @0,350 ✓   //向上 350
指定第二个点或 [阵列(A)] <使用第一个点作为位移>: @0,1750 ✓  //向上 1750
指定第二个点或 [阵列(A)] <使用第一个点作为位移>: @0,2100 ✓  //向上 2100
指定第二个点或 [阵列(A)/退出(E)/放弃(U)] <退出>: ✓
```

（4）绘制垂直辅助线。首先绘制一条与左边界重合的辅助线，然后向右复制，如图 10-45所示，命令行提示如下：

```
命令: _line
指定第一点:                                       //捕捉左上角端点
指定下一点或 [放弃(U)]:                            //捕捉左下角端点
指定下一点或 [放弃(U)]: ✓
命令: _copy
选择对象: 找到 1 个                                 //选择垂直辅助线
选择对象: ✓
当前设置: 复制模式 = 多个
```

```
指定基点或 [位移(D)/模式(O)] <位移>:                    //捕捉垂直辅助线下端点
指定第二个点或 [阵列(A)] <使用第一个点作为位移>: @200,0 ✓      //向右 200
指定第二个点或 [阵列(A)/退出(E)/放弃(U)] <退出>: @900,0 ✓
指定第二个点或 [阵列(A)/退出(E)/放弃(U)] <退出>: @1300,0 ✓
指定第二个点或 [阵列(A)/退出(E)/放弃(U)] <退出>: @2000,0 ✓
指定第二个点或 [阵列(A)/退出(E)/放弃(U)] <退出>: @2400,0 ✓
指定第二个点或 [阵列(A)/退出(E)/放弃(U)] <退出>: @2700,0 ✓
指定第二个点或 [阵列(A)/退出(E)/放弃(U)] <退出>: @3150,0 ✓
指定第二个点或 [阵列(A)/退出(E)/放弃(U)] <退出>: @3550,0 ✓
指定第二个点或 [阵列(A)/退出(E)/放弃(U)] <退出>: @4000,0 ✓
指定第二个点或 [阵列(A)/退出(E)/放弃(U)] <退出>: @4500,0 ✓
指定第二个点或 [阵列(A)/退出(E)/放弃(U)] <退出>: @5000,0 ✓
指定第二个点或 [阵列(A)/退出(E)/放弃(U)] <退出>: @5500,0 ✓
指定第二个点或 [阵列(A)/退出(E)/放弃(U)] <退出>: @5900,0 ✓
指定第二个点或 [阵列(A)/退出(E)/放弃(U)] <退出>: @6100,0 ✓
指定第二个点或 [阵列(A)/退出(E)/放弃(U)] <退出>: @6900,0 ✓
指定第二个点或 [阵列(A)/退出(E)/放弃(U)] <退出>: @7400,0 ✓
指定第二个点或 [阵列(A)/退出(E)/放弃(U)] <退出>: @9550,0 ✓
指定第二个点或 [阵列(A)/退出(E)/放弃(U)] <退出>: @10050,0 ✓
指定第二个点或 [阵列(A)/退出(E)/放弃(U)] <退出>: @10270,0 ✓
指定第二个点或 [阵列(A)/退出(E)/放弃(U)] <退出>: ✓
```

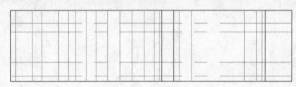

图 10-45

　　（5）绘制背景墙装饰轮廓。将"墙体"层设为当前图层，然后选择"绘图>多段线"菜单命令或在"绘图"工具栏中单击 （多段线）按钮，以各辅助线为参照，绘制出图 10-46 所示的形状，命令行提示如下：

```
命令: _pline
指定起点:
当前线宽为 0.0000
指定下一个点或 [圆弧(A)/半宽(H)/长度(L)/放弃(U)/宽度(W)]:
指定下一点或 [圆弧(A)/闭合(C)/半宽(H)/长度(L)/放弃(U)/宽度(W)]:
指定下一点或 [圆弧(A)/闭合(C)/半宽(H)/长度(L)/放弃(U)/宽度(W)]:
指定下一点或 [圆弧(A)/闭合(C)/半宽(H)/长度(L)/放弃(U)/宽度(W)]:
指定下一点或 [圆弧(A)/闭合(C)/半宽(H)/长度(L)/放弃(U)/宽度(W)]:
指定下一点或 [圆弧(A)/闭合(C)/半宽(H)/长度(L)/放弃(U)/宽度(W)]:
指定下一点或 [圆弧(A)/闭合(C)/半宽(H)/长度(L)/放弃(U)/宽度(W)]:
指定下一点或 [圆弧(A)/闭合(C)/半宽(H)/长度(L)/放弃(U)/宽度(W)]:
指定下一点或 [圆弧(A)/闭合(C)/半宽(H)/长度(L)/放弃(U)/宽度(W)]:
指定下一点或 [圆弧(A)/闭合(C)/半宽(H)/长度(L)/放弃(U)/宽度(W)]:
指定下一点或 [圆弧(A)/闭合(C)/半宽(H)/长度(L)/放弃(U)/宽度(W)]:
指定下一点或 [圆弧(A)/闭合(C)/半宽(H)/长度(L)/放弃(U)/宽度(W)]:
```

指定下一点或 [圆弧(A)/闭合(C)/半宽(H)/长度(L)/放弃(U)/宽度(W)]:
指定下一点或 [圆弧(A)/闭合(C)/半宽(H)/长度(L)/放弃(U)/宽度(W)]:
指定下一点或 [圆弧(A)/闭合(C)/半宽(H)/长度(L)/放弃(U)/宽度(W)]: ✓

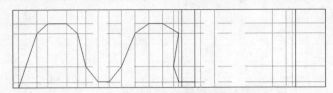

图 10-46

（6）对多段线进行圆角处理。选择"修改>圆角"菜单命令或在"修改"工具栏中单击 （圆角）按钮，圆角后的效果如图 10-47 所示，命令行提示如下：

命令: _fillet
当前设置: 模式 = 修剪, 半径 = 0.0000
选择第一个对象或 [放弃(U)/多段线(P)/半径(R)/修剪(T)/多个(M)]: r ✓
指定圆角半径 <0.0000>: 400 ✓
选择第一个对象或 [放弃(U)/多段线(P)/半径(R)/修剪(T)/多个(M)]: m ✓
选择第一个对象或 [放弃(U)/多段线(P)/半径(R)/修剪(T)/多个(M)]:   //单击需圆角的直线 1
选择第二个对象，或按住 Shift 键选择对象以应用角点或 [半径(R)]: //单击需圆角的直线 2
选择第一个对象或 [放弃(U)/多段线(P)/半径(R)/修剪(T)/多个(M)]:
选择第二个对象，或按住 Shift 键选择对象以应用角点或 [半径(R)]:
选择第一个对象或 [放弃(U)/多段线(P)/半径(R)/修剪(T)/多个(M)]:
选择第二个对象，或按住 Shift 键选择对象以应用角点或 [半径(R)]:
选择第一个对象或 [放弃(U)/多段线(P)/半径(R)/修剪(T)/多个(M)]:
选择第二个对象，或按住 Shift 键选择对象以应用角点或 [半径(R)]:
选择第一个对象或 [放弃(U)/多段线(P)/半径(R)/修剪(T)/多个(M)]:
选择第二个对象，或按住 Shift 键选择对象以应用角点或 [半径(R)]:
选择第一个对象或 [放弃(U)/多段线(P)/半径(R)/修剪(T)/多个(M)]:
选择第二个对象，或按住 Shift 键选择对象以应用角点或 [半径(R)]:
选择第一个对象或 [放弃(U)/多段线(P)/半径(R)/修剪(T)/多个(M)]:
选择第二个对象，或按住 Shift 键选择对象以应用角点或 [半径(R)]:
选择第一个对象或 [放弃(U)/多段线(P)/半径(R)/修剪(T)/多个(M)]:
选择第二个对象，或按住 Shift 键选择对象以应用角点或 [半径(R)]:
选择第一个对象或 [放弃(U)/多段线(P)/半径(R)/修剪(T)/多个(M)]:
选择第二个对象，或按住 Shift 键选择对象以应用角点或 [半径(R)]:
选择第一个对象或 [放弃(U)/多段线(P)/半径(R)/修剪(T)/多个(M)]:
选择第二个对象，或按住 Shift 键选择对象以应用角点或 [半径(R)]:
选择第一个对象或 [放弃(U)/多段线(P)/半径(R)/修剪(T)/多个(M)]:
选择第二个对象，或按住 Shift 键选择对象以应用角点或 [半径(R)]:
选择第一个对象或 [放弃(U)/多段线(P)/半径(R)/修剪(T)/多个(M)]:
选择第二个对象，或按住 Shift 键选择对象以应用角点或 [半径(R)]:
选择第一个对象或 [放弃(U)/多段线(P)/半径(R)/修剪(T)/多个(M)]: ✓

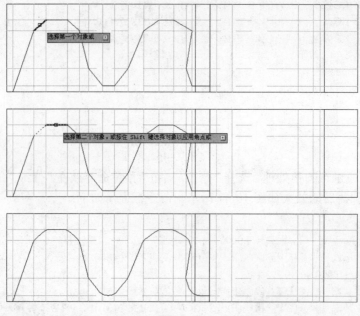

图 10-47

（7）绘制推拉门轮廓。选择"绘图>多段线"菜单命令或在"绘图"工具栏中单击 ⌐ （多段线）按钮，以各辅助线为参照，绘制出图 10-48 所示的形状，命令行提示如下：

```
命令: _pline
指定起点:
当前线宽为 0.0000
指定下一个点或 [圆弧(A)/半宽(H)/长度(L)/放弃(U)/宽度(W)]:
指定下一点或 [圆弧(A)/闭合(C)/半宽(H)/长度(L)/放弃(U)/宽度(W)]: a ↙    //使用"圆弧"模式
指定圆弧的端点或[角度(A)/圆心(CE)/闭合(CL)/方向(D)/半宽(H)/直线(L)/半径(R)/第二个点(S)/放弃
(U)/宽度(W)]:
指定圆弧的端点或[角度(A)/圆心(CE)/闭合(CL)/方向(D)/半宽(H)/直线(L)/半径(R)/第二个点(S)/放弃
(U)/宽度(W)]: 1 ↙                                       //使用"直线"模式
指定下一点或 [圆弧(A)/闭合(C)/半宽(H)/长度(L)/放弃(U)/宽度(W)]:
指定下一点或 [圆弧(A)/闭合(C)/半宽(H)/长度(L)/放弃(U)/宽度(W)]: a ↙    //使用"圆弧"模式
指定圆弧的端点或[角度(A)/圆心(CE)/闭合(CL)/方向(D)/半宽(H)/直线(L)/半径(R)/第二个点(S)/放弃
(U)/宽度(W)]:
指定圆弧的端点或[角度(A)/圆心(CE)/闭合(CL)/方向(D)/半宽(H)/直线(L)/半径(R)/第二个点(S)/放弃
(U)/宽度(W)]: 1 ↙                                       //使用"直线"模式
指定下一点或 [圆弧(A)/闭合(C)/半宽(H)/长度(L)/放弃(U)/宽度(W)]:
指定下一点或 [圆弧(A)/闭合(C)/半宽(H)/长度(L)/放弃(U)/宽度(W)]: ↙
```

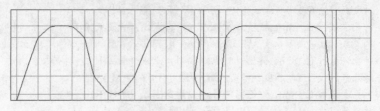

图 10-48

（8）将"辅助线"图层关闭。

（9）选择"修改>偏移"菜单命令或在"修改"工具栏中单击 （偏移）按钮，将背景墙与推拉门轮廓线均向内偏移 30mm，然后使用"修剪"命令对超出边界部分处进行修剪，如图 10-49 所示。

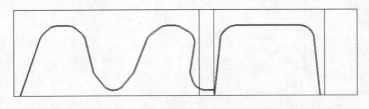

图 10-49

（10）将背景墙轮廓与推拉门轮廓连接起来。选择"修改>延伸"菜单命令或在"修改"工具栏中单击 （延伸）按钮，然后根据命令提示进行操作，如图 10-50 所示，命令行提示如下：

```
命令: _extend
当前设置:投影=UCS，边=无
选择边界的边...
选择对象或 <全部选择>:  找到 1 个                    //选择推拉门外轮廓
选择对象: ↙
选择要延伸的对象，或按住 Shift 键选择要修剪的对象，或
[栏选(F)/窗交(C)/投影(P)/边(E)/放弃(U)]:              //单击上面需要延伸的直线
选择要延伸的对象，或按住 Shift 键选择要修剪的对象，或
[栏选(F)/窗交(C)/投影(P)/边(E)/放弃(U)]:              //单击下面需延伸的直线
选择要延伸的对象，或按住 Shift 键选择要修剪的对象，或
[栏选(F)/窗交(C)/投影(P)/边(E)/放弃(U)]: ↙
```

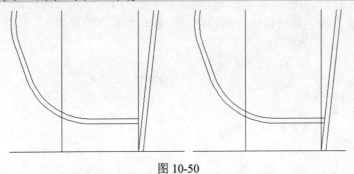

图 10-50

10.3.2 标注背景墙

（1）将"标注"层设为当前图层。

（2）选择"标注>线性"菜单命令，使用前面创建的标注样式标注出背景墙以及推拉门各个部分的尺寸，如图 10-51 所示。

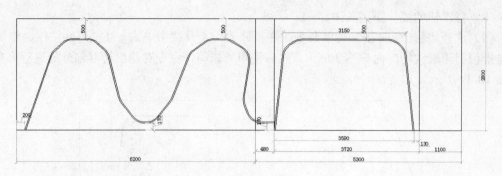

图 10-51

（3）在命令行中执行 Leader（引线）命令和 Text（单行文字）命令，使用文字标注出背景墙以及推拉门各主要部分的材料，如图 10-52 所示。

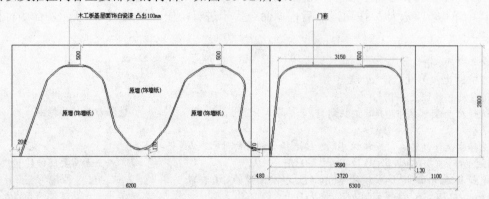

图 10-52

（4）由于该图为几面墙的展开图，因此还需要在图 10-53 所示的转角处进行标注。

选择"绘图>直线"菜单命令，然后绘制两条互相垂直的直线，如图 10-54 所示，命令行提示如下：

图 10-53

```
命令: _line
指定第一点:                              //捕捉转角处交点
指定下一点或 [放弃(U)]: @200<135 ↙       //向 135 度方向绘制 200 长
指定下一点或 [放弃(U)]: ↙
命令: ↙ //重复执行直线命令
LINE
指定第一点:                              //捕捉转角处交点
指定下一点或 [放弃(U)]: @200<45 ↙        //向 45 度方向绘制 200 长
指定下一点或 [放弃(U)]: ↙
```

（5）使用 Text（单行文字）命令在两条直线中间输入文字"90 度"，如图 10-55 所示，命令行提示如下：

```
命令: text ↙
当前文字样式: "Standard"   文字高度: 100.0000   注释性: 否
指定文字的起点或 [对正(J)/样式(S)]:
指定高度 <100.0000>: 70 ↙
指定文字的旋转角度 <0>:↙
```

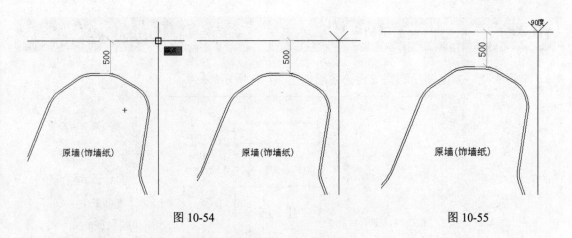

图 10-54　　　　　　　　　　　　　　图 10-55

10.3.3 添加图框和标题

（1）将"图框"层设为当前图层。

（2）使用矩形命令绘制图框，使其背景墙和推拉门及相关物体全部框住。

（3）使用直线命令在图形下方正中绘制两条平行直线。

（4）选择"绘图>文字>单行文字"菜单命令，为图纸加上标题"餐厅客厅背景墙"，最终效果如图 10-56 所示，命令行提示如下：

```
命令: _text
当前文字样式: "Standard"  文字高度: 70.0000  注释性: 否
指定文字的起点或 [对正(J)/样式(S)]:
指定高度 <70.0000>: 150 ✓
指定文字的旋转角度 <0>: ✓
```

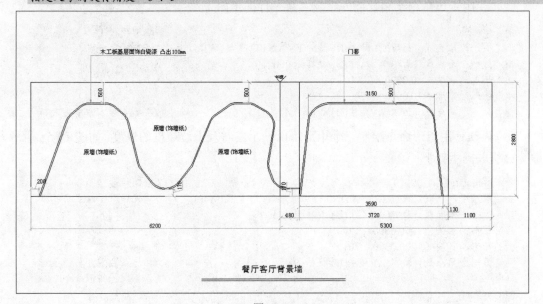

图 10-56

10.4 绘制鞋柜立面图

本例的鞋柜立面图绘制完成后的效果如图 10-57 所示。

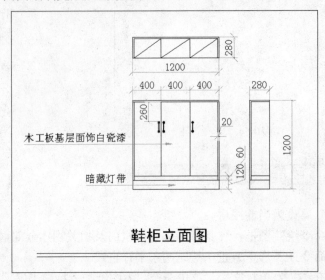

图 10-57

10.4.1 绘制鞋柜正视图

（1）将"墙体"层设为当前图层。

（2）使用矩形命令绘制鞋柜外轮廓，命令行提示如下：

```
命令: _rectang                                          //绘制矩形 1
指定第一个角点或 [倒角(C)/标高(E)/圆角(F)/厚度(T)/宽度(W)]:    //任意指定一点
指定另一个角点或 [面积(A)/尺寸(D)/旋转(R)]: d ↙
指定矩形的长度 <10.0000>: 1200 ↙
指定矩形的宽度 <10.0000>: 1200 ↙
指定另一个角点或 [面积(A)/尺寸(D)/旋转(R)]:                   //在起点右下方单击鼠标
```

（3）再次使用矩形命令绘制三个矩形用以表示左右及上边边框的厚度，如图 10-58 所示，命令行相关提示如下：

```
命令: _rectang                                          //绘制矩形 2
指定第一个角点或 [倒角(C)/标高(E)/圆角(F)/厚度(T)/宽度(W)]:    //捕捉矩形 1 左上角端点
指定另一个角点或 [面积(A)/尺寸(D)/旋转(R)]: d ↙
指定矩形的长度 <1200.0000>: 1200 ↙
指定矩形的宽度 <1200.0000>: 20 ↙
指定另一个角点或 [面积(A)/尺寸(D)/旋转(R)]:                   //在起点右下方单击鼠标
命令: ↙                                                 //重复执行矩形命令
RECTANG                                                 //绘制矩形 3
指定第一个角点或 [倒角(C)/标高(E)/圆角(F)/厚度(T)/宽度(W)]:    //捕捉矩形 2 左下角端点
指定另一个角点或 [面积(A)/尺寸(D)/旋转(R)]: d ↙
指定矩形的长度 <1200.0000>: 20 ↙
```

指定矩形的宽度 <20.0000>: 1060 ↙
指定另一个角点或 [面积(A)/尺寸(D)/旋转(R)]:   //在起点右下方单击鼠标
命令: ↙   //重复执行矩形命令
RECTANG   //绘制矩形 4
指定第一个角点或 [倒角(C)/标高(E)/圆角(F)/厚度(T)/宽度(W)]:   //捕捉矩形 2 右下角端点
指定另一个角点或 [面积(A)/尺寸(D)/旋转(R)]: d ↙
指定矩形的长度 <20.0000>: ↙
指定矩形的宽度 <1060.0000>: ↙
指定另一个角点或 [面积(A)/尺寸(D)/旋转(R)]:   //在起点左下方单击鼠标

（4）再在下方绘制一个矩形表示底面的厚度，如图 10-59 所示，命令行提示如下：

命令: _rectang
指定第一个角点或 [倒角(C)/标高(E)/圆角(F)/厚度(T)/宽度(W)]:   //捕捉矩形 3 右下角端点
指定另一个角点或 [面积(A)/尺寸(D)/旋转(R)]: d ↙
指定矩形的长度 <20.0000>: 1160 ↙
指定矩形的宽度 <1060.0000>: 60 ↙
指定另一个角点或 [面积(A)/尺寸(D)/旋转(R)]:   //在起点右上方单击鼠标

（5）使用矩形命令绘制出鞋柜的隔板，如图 10-60 所示，命令行提示如下：

命令: _rectang
指定第一个角点或 [倒角(C)/标高(E)/圆角(F)/厚度(T)/宽度(W)]:   //捕捉矩形 3 右上角端点
指定另一个角点或 [面积(A)/尺寸(D)/旋转(R)]: d ↙
指定矩形的长度 <1160.0000>: 380 ↙
指定矩形的宽度 <60.0000>: 1000 ↙
指定另一个角点或 [面积(A)/尺寸(D)/旋转(R)]:   //在起点右下方单击鼠标
命令: _rectang
指定第一个角点或 [倒角(C)/标高(E)/圆角(F)/厚度(T)/宽度(W)]:   //捕捉上一矩形右上角端点
指定另一个角点或 [面积(A)/尺寸(D)/旋转(R)]: d ↙
指定矩形的长度 <380.0000>: 400 ↙
指定矩形的宽度 <1000.0000>: ↙
指定另一个角点或 [面积(A)/尺寸(D)/旋转(R)]:   //在起点右下方单击鼠标

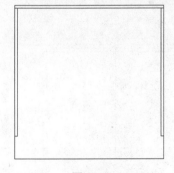

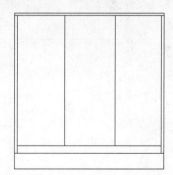

图 10-58   图 10-59   图 10-60

（6）绘制拉手。首先使用圆命令绘制两个圆，使两者圆心垂直距离为 120，然后绘制一个矩形将两个圆连接起来，如图 10-61 所示，命令行提示如下：

命令: _circle
指定圆的圆心或 [三点(3P)/两点(2P)/切点、切点、半径(T)]:   //在合适的位置指定一点
指定圆的半径或 [直径(D)]: 15 ↙

```
命令: _copy
选择对象: 找到 1 个                                              //选择圆
选择对象: ✓
当前设置: 复制模式 = 多个
指定基点或 [位移(D)/模式(O)] <位移>:                            //捕捉圆心
指定第二个点或 [阵列(A)] <使用第一个点作为位移>: @0,-120 ✓      //向下 120
指定第二个点或 [阵列(A)/退出(E)/放弃(U)] <退出>: ✓             //退出复制命令
命令: _rectang
指定第一个角点或 [倒角(C)/标高(E)/圆角(F)/厚度(T)/宽度(W)]:    //捕捉圆心水平延长线上的一点
指定另一个角点或 [面积(A)/尺寸(D)/旋转(R)]: d ✓
指定矩形的长度 <400.0000>: 8 ✓
指定矩形的宽度 <1000.0000>: 120 ✓
指定另一个角点或 [面积(A)/尺寸(D)/旋转(R)]:
```

（7）选择"绘图>图案填充"菜单命令对圆进行填充，图案填充参数设置以及填充效果如图 10-62 所示。

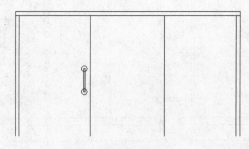

图 10-61

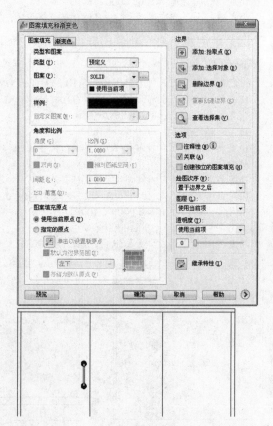

图 10-62

（8）将拉手所包含的所有物体（两个圆及填充、矩形）选中，将其复制两份并放置到正确的位置上，如图 10-63 所示。

至此，鞋柜的正视图就全部绘制完成了，最终效果如图 10-64 所示。

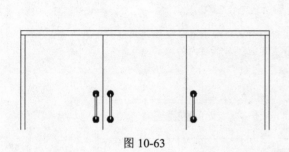

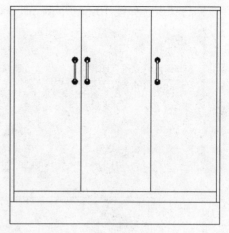

图 10-63   图 10-64

10.4.2 绘制鞋柜顶视图与侧视图

（1）以鞋柜正视图左上角端点垂直延长线上的一点为起点，向上绘制一个矩形，命令行提示如下：

```
命令: _rectang
指定第一个角点或 [倒角(C)/标高(E)/圆角(F)/厚度(T)/宽度(W)]: //捕捉正视图左上角顶点垂直延长线
上的一点
指定另一个角点或 [面积(A)/尺寸(D)/旋转(R)]: d ✓
指定矩形的长度 <8.0000>: 1200 ✓
指定矩形的宽度 <120.0000>: 280 ✓
指定另一个角点或 [面积(A)/尺寸(D)/旋转(R)]:               //在起点右上方单击鼠标
```

（2）选择"绘图>多段线"菜单命令绘制顶视图的厚度，如图 10-65 所示，命令行提示如下：

```
命令: _pline
指定起点:                                          //捕捉上一矩形左下角端点
当前线宽为 0.0000
指定下一个点或 [圆弧(A)/半宽(H)/长度(L)/放弃(U)/宽度(W)]: @20,0 ✓        //向右 20
指定下一点或 [圆弧(A)/闭合(C)/半宽(H)/长度(L)/放弃(U)/宽度(W)]: @0,260 ✓    //向上 260
指定下一点或 [圆弧(A)/闭合(C)/半宽(H)/长度(L)/放弃(U)/宽度(W)]: @1160,0 ✓   //向右 1160
指定下一点或 [圆弧(A)/闭合(C)/半宽(H)/长度(L)/放弃(U)/宽度(W)]: @0,-260 ✓   //向下 260
指定下一点或 [圆弧(A)/闭合(C)/半宽(H)/长度(L)/放弃(U)/宽度(W)]: ✓
```

图 10-65

（3）绘制隔板。使用直线命令绘制两条直线，使其通过正视图隔板垂直延长线与顶视图上下边界的交点，如图 10-66 所示，命令行提示如下：

```
命令: _line
指定第一点:                        //捕捉正视图左边隔板垂直延长线与顶视图底边的交点
指定下一点或 [放弃(U)]:            //捕捉垂直延长线与顶边内轮廓的交点
指定下一点或 [放弃(U)]: ↙
命令: ↙
LINE
指定第一点:                        //捕捉正视图右边隔板垂直延长线与顶视图底边的交点
指定下一点或 [放弃(U)]:            //捕捉垂直延长线与顶边内轮廓的交点
指定下一点或 [放弃(U)]: ↙
```

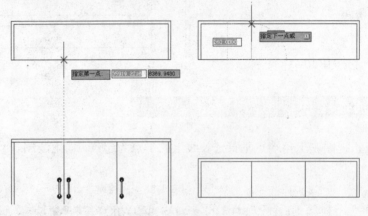

图 10-66

（4）使用直线命令在三个格子里分别绘制经过对角点的斜线，如图 10-67 所示。

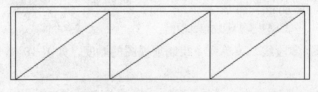

图 10-67

（5）绘制侧视图。首先使用矩形命令绘制侧视图的外轮廓，命令行提示如下：

```
命令: _rectang
指定第一个角点或 [倒角(C)/标高(E)/圆角(F)/厚度(T)/宽度(W)]: //捕捉正视图右上角顶点水平延长线
上点
指定另一个角点或 [面积(A)/尺寸(D)/旋转(R)]: d ↙
指定矩形的长度 <1200.0000>: 280 ↙
指定矩形的宽度 <280.0000>: 1200 ↙
指定另一个角点或 [面积(A)/尺寸(D)/旋转(R)]:            //在起点右下方单击鼠标
```

（6）选择"绘图>多段线"菜单命令绘制侧视图的厚度，如图 10-68 所示，命令行提示如下：

```
命令: _pline
指定起点:                                            //捕捉上一矩形右上角端点
当前线宽为 0.0000
指定下一个点或 [圆弧(A)/半宽(H)/长度(L)/放弃(U)/宽度(W)]: @0,-20 ↙    //向下 20
指定下一点或 [圆弧(A)/闭合(C)/半宽(H)/长度(L)/放弃(U)/宽度(W)]: @-260,0 ↙    //向左 260
```

指定下一点或 [圆弧(A)/闭合(C)/半宽(H)/长度(L)/放弃(U)/宽度(W)]: @0,-1060 ↙	//向下 1060
指定下一点或 [圆弧(A)/闭合(C)/半宽(H)/长度(L)/放弃(U)/宽度(W)]: @-20,0 ↙	//向左 20
指定下一点或 [圆弧(A)/闭合(C)/半宽(H)/长度(L)/放弃(U)/宽度(W)]: ↙	

（7）使用直线命令绘制两条直线，使其通过正视图下边两条直线水平延长线与侧视图左右边界的交点，如图 10-69 所示。

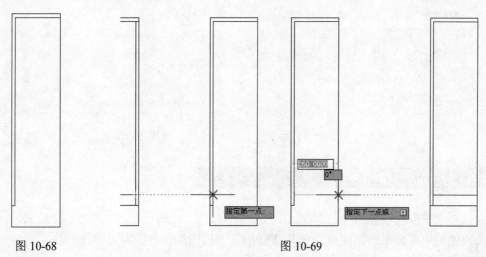

图 10-68   图 10-69

这样就完成了鞋柜立面图的基本绘制，整体效果如图 10-70 所示。

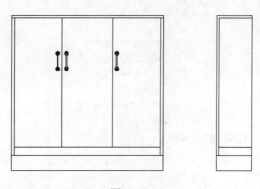

图 10-70

10.4.3 ▶ 标注鞋柜

（1）将"标注"层设为当前图层。

（2）选择"标注>线性"菜单命令，使用前面创建的标注样式标注出鞋柜各个视图的尺寸，如图 10-71 所示。

（3）在命令行中执行 Leader（引线）命令和 Text（单行文字）命令，使用文字标注出相关位置的材料说明，如图 10-72 所示。

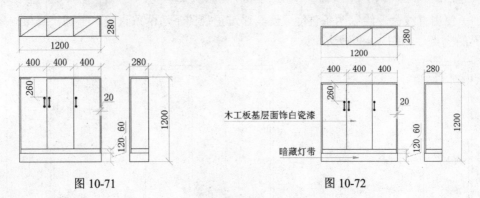

图 10-71　　　　　　　　　　　　　　　　图 10-72

10.4.4 添加图框和标题

（1）将"图框"层设为当前图层。

（2）使用矩形命令绘制图框，使其将鞋柜几个视图所包含的对象全部框住。

（3）使用直线命令在图形下方正中绘制两条平行直线。

（4）选择"绘图>文字>单行文字"菜单命令，为图纸加上标题"鞋柜立面图"，最终效果如图 10-73 所示，命令行提示如下：

```
命令: _text
当前文字样式:  "Standard"  文字高度: 70.0000  注释性: 否
指定文字的起点或 [对正(J)/样式(S)]:
指定高度 <70.0000>: 150 ✓
指定文字的旋转角度 <0>: ✓
```

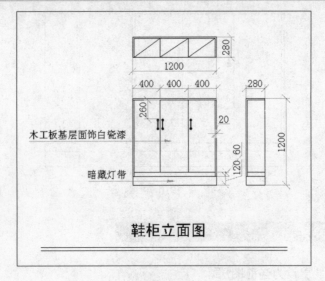

图 10-73